网络信息安全与技术创新

赵智超　著

中国纺织出版社

图书在版编目(CIP)数据

网络信息安全与技术创新 / 赵智超著 . -- 北京：
中国纺织出版社 , 2018.5（2022.1 重印）
　ISBN 978-7-5180-3977-7

　Ⅰ. ①网… Ⅱ. ①赵… Ⅲ. ①计算机网络—信息安全
—安全技术 Ⅳ. ① TP393.08

中国版本图书馆 CIP 数据核字 (2017) 第 207400 号

责任编辑：汤　浩　　　　　　　　　　　　　　　　责任印制：储志伟

中国纺织出版社出版发行
地　　　址：北京市朝阳区百子湾东里 A407 号楼　邮政编码：100124
销售电话：010-67004422　　　　　　传真：010-87155801
http://www.c-textilep.com
E-mail: faxing@c-textilep.com
中国纺织出版社天猫旗舰店
官方微博 http://weibo.com/2119887771
北京市金木堂数码科技有限公司印刷　　　各地新华书店经销
2018 年 5 月第 1 版　　　2022年1月第9次印刷
开　　本：787×1092　　1/16　　印张：21.875
字　　数：300 千字　　定价：85.00 元

前　言

　　信息技术的发展和推广，为人类开辟了一个新的生活空间，它正对世界范围内的经济、政治、科教及社会发展各方面产生重大的影响。如何建设安全的网络空间已成为一个迫切需要人们研究、解决的问题。目前，与此相关的新技术、新方法不断涌现，社会也更加需要这类专门人才。

　　人类已经进入信息化社会，随着互联网在全世界日益普及，政府、军队、企业等部门越来越需要利用网络传输与管理信息。虽然计算机与网络技术为信息的获取、传输与处理利用提供了越来越先进的手段，但也为好奇者与入侵者提供了方便，使得计算机与网络中的信息变得越来越不安全。由于网络"黑客"与"入侵者"的活动越来越频繁，人们对计算机与网络中信息的安全也越来越担心。不仅金融、商业、政府部门担心，军事部门更为担心。信息技术发展到今天，迫切要求发展各种信息安全技术。想要使计算机与网络中的信息更安全，就必须研究网络与计算机本身的安全机制和措施，研究"黑客"与"入侵者"的攻击方法以及对他们的防范措施，这也是作者编写本书的主要宗旨。

　　信息安全是指信息网络的硬件、软件及系统中的数据受到保护，不因偶然的或者恶意的原因而遭到破坏、更改或泄露，使系统连续、可靠、正常地运行，信息服务不中断。熟悉信息安全技术，应该了解信息安全技术的网络支持环境、信息系统的物理安全、操作系统的系统管理与安全设置等内容。

　　由于编者水平有限，书稿难免存在一些不足与缺陷，希望广大读者多提宝贵意见，以便我们不断改进和完善。

编者

2017 年 5 月

CONTENTS

第一章 概 述 ……………………………………………………… 1

    第一节 网络信息安全概述 ……………………………………… 1

    第二节 网络信息安全概念与技术的发展 ……………………… 4

    第三节 信息安全技术的技术环境 ……………………………… 11

    第四节 信息系统的物理安全 …………………………………… 18

第二章 网络信息系统的安全性评价标准 ………………………… 26

    第一节 可信计算机系统评价标准 ……………………………… 27

    第二节 计算机网络安全等级评价标准 ………………………… 36

    第三节 我国信息系统安全评价标准 …………………………… 43

    第四节 通用评价准则 …………………………………………… 47

第三章 计算机系统安全 …………………………………………… 68

    第一节 计算机硬件安全 ………………………………………… 68

    第二节 环境安全 ………………………………………………… 79

    第三节 操作系统安全技术概述 ………………………………… 84

第四节　自主访问控制与强制访问控制 ………………… 94

第五节　用户认证 ………………………………………… 110

第六节　可信操作系统的设计 …………………………… 131

第七节　程序系统安全 …………………………………… 149

第八节　安全软件工程 …………………………………… 163

第四章　数据库安全 ……………………………………… 176

第一节　数据库安全问题 ………………………………… 176

第二节　推理泄露问题 …………………………………… 190

第三节　统计数据库模型 ………………………………… 193

第四节　推理控制机制 …………………………………… 195

第五节　推理攻击方法 …………………………………… 198

第六节　限制统计的机制 ………………………………… 199

第七节　加噪音机制 ……………………………………… 203

第八节　数据库的多级安全问题 ………………………… 209

第五章　网络安全问题 …………………………………… 220

第一节　网络安全框架与机制 …………………………… 221

第二节　IPv4 网络的安全问题 …………………………… 224

第三节　因特网服务的安全问题 ………………………… 232

第四节　网络安全的增强技术 …………………………… 242

第五节　网络多级安全技术 ……………………………… 257

第六节　IPv6 网络的安全机制 …………………………… 260

第六章　加密与认证技术 ……………………………………… 270

第一节　加密技术与 DES 加解密算法 …………………… 270

第二节　电子邮件加密软件 PGP …………………………… 276

第三节　加密算法与认证技术 ……………………………… 280

第七章　防火墙与网络隔离技术 ………………………… 288

第一节　防火墙技术及 Windows 防火墙配置 …………… 288

第二节　网络隔离技术与网闸应用 ………………………… 295

第八章　安全检测技术 …………………………………………… 301

第一节　入侵检测技术与网络入侵检测系统产品 ………… 301

第二节　漏洞检测技术和微软系统漏洞检测工具 MBSA …… 310

第九章　病毒防范技术 …………………………………………… 316

第一节　病毒防范技术与杀病毒软件 ……………………… 316

第二节　解析计算机蠕虫病毒 ……………………………… 321

第三节　反垃圾邮箱技术 …………………………………… 324

第十章　虚拟专用网络技术 …………………………………… 327

第一节　VPN 的安全性 ……………………………………… 327

第二节　因特网的安全协议 IP Sec ……………………… 329

第三节　VPN 应用 …………………………………………… 333

参考文献 …………………………………………………………… 336

第一章　概　述

第一节　网络信息安全概述

　　"信息"是一个广泛的概念，不仅包括计算机文件系统或数据库系统中存储的各种数据、正文、图形、图像、声音等形式的多媒体数据文件、软件或各种文档资料，也包括存放或管理这些信息的硬件信息，如计算机硬件及其网络地址、网络结构、网络服务等都属于本书中所涉及的"信息"。尽管在许多文献中都大量引用"数据"与"信息"两个术语，却没有一个被公认的对数据与信息的定义。本书将不对信息与数据加以区分，信息安全与数据安全是指同一个概念。在字典中，"安全"一词是指"远离危险、威胁的状态或特性"和"为防范间谍活动或恶意破坏、犯罪、攻击等而采取的措施"。信息安全则是指防止任何对数据进行未授权访问的措施，或者防止造成信息有意无意泄露、破坏、丢失等问题的发生，让数据处于远离危险、免于威胁的状态或特性。

一、信息的安全需求

　　计算机网络信息系统的安全需求主要用四方面表征：保密性、完整性、可用性和不可否认性。

　　保密性表示对信息资源开放范围的控制，不让不应涉密的人涉及秘密信息。实现保密性的方法一般是通过信息的加密、对信息划分密级，并为访问者分配访问权限，系统根据用户的身份权限控制对不同密级信息的访问。除了考虑数据加密、访问控制外，还要考虑计算机电磁泄漏可能造成的信息泄露。

完整性是指保证计算机系统中的信息处于"保持完整或一种未受损的状态"，任何对系统信息应有特性或状态的中断、窃取、篡改或伪造都是破坏系统信息完整性的行为。其中中断是指在某一段时间内因系统的软、硬件的故障或恶意的破坏、删除造成系统信息的受损、丢失或不可利用；窃取是指系统的信息被未经授权的访问者非法获取，造成信息不应有的泄露，使得信息的价值受到损失或者失去了存在的意义；篡改是指故意更改正确的数据，破坏了数据的真实性状态；伪造是指恶意的未经授权者，故意在系统信息中添加假信息，造成真假信息难辨，破坏了信息的可信性。

可用性是指合法用户在需要的时候，可以正确使用所需的信息而不遭服务拒绝。系统为了控制非法访问可以采取许多安全措施，但系统不应该阻止合法用户对系统中信息的利用。信息的可用性与保密性之间存在一定的矛盾。

不可否认性是指网络信息系统应该提供适当机制保证，使发送方不能否认已发送的信息，使接收方不能否认已接收的信息。这种不可否认性质是电子商务、电子政务等领域中不可或缺的安全性要求。

二、网络信息安全的层次性

为了确保网络信息安全，必须考虑每一个层次可能的信息泄露或所受到的安全威胁。因此，本书将从以下几个层次分析网络信息安全问题：计算机硬件与环境安全、操作系统安全、计算机网络安全、数据库系统安全和应用系统安全。

计算机硬件安全主要介绍计算机硬件防信息泄露的各种措施，其中包括防复制技术、敏感数据的硬件隔离技术、硬件用户认证技术、防硬件电磁辐射技术和计算机运行环境安全问题。

操作系统安全主要介绍操作系统的各种安全机制，其中包括各种安全措施、访问控制和认证技术；可信操作系统的评价准则；操作系统的安全模型和可信操作系统的设计方法，其中有单级模型、多级安全性的格模型和信息流模型。操作系统的安全模型主要研究如何监管主体（用户、应用程序、进程等）集合对客体（用户信息、文件、目录、内存、设备等）集合的访问，在本书中，客体（object）也称为目标或对象。

　　计算机网络安全主要介绍与网络功能有关的各种安全问题，如传输信息加密、访问控制问题、用户鉴别问题、节点安全问题、信息流量控制、局域网安全问题、网络多级安全等问题，还要介绍 ISO 的网络安全框架和目前正在发展的各种网络安全增强技术。

　　数据库系统安全主要介绍数据库的完整性、元素的完整性、可审计性、访问控制、用户认证、可利用性、保密性等问题；还要介绍数据库安全的难点问题：敏感数据的泄露与防范，将讨论直接泄露与推理泄露问题。

　　应用系统安全主要介绍应用系统可能受到的程序攻击、因编程不当引起敏感信息开放的问题、隐蔽信道问题、导致服务拒绝的原因、开发安全的应用系统的方法、操作系统对应用系统的安全控制与软件配置管理等内容。

三、信息对抗的阶段性

　　信息安全与信息对抗的方法与手段是密切相关的，熟悉信息对抗的特点是有助于信息安全的。信息的生命期是指信息从产生到消亡的整个过程，可以划分若干个阶段：信息获取、信息传输、信息储存、决策处理、信息作用、信息废弃等阶段。任何主体要想达到某种目的，比如某公司希望到某国开拓市场，那么首先应该派人到该国了解市场的需求信息，这叫信息获取；这些信息通过无线与有线信道传输到国内公司的计算机系统中存储到数据库中，这里经历了信息传输和信息存储两个阶段，当然在数据库中还存放着该公司的生产能力、销售网络、成本核算等信息；为了决策是否到国外开拓市场，需要利用决策软件对信息进行处理和做出相应的决策；信息作用则是把决策信息返回给前端的执行机构，由执行机构实现决策的意图。信息一般都具有时效性，过了某个时效后，信息也就失去了作用，失去效用的信息应该及时废弃。信息的时效可以根据需要决定，为了留作历史资料，需要对一些信息做长时间的存储保留。

　　利益冲突的双方进行的信息对抗遍布信息生命期的每个阶段，而且在不同的阶段采取不同的对抗形式。在信息获取阶段，对抗的一方需要获取对方真实完整的信息，而另一方则可以通过各种手段，如伪装、欺骗的方法使对方不能获取所需要的信息。在信息传输阶段，对抗的一方要设法让信息正确传输到目的地，而另一方则通过截获、弄假、干扰等手段妨碍信息的正确传输。在信息的存储阶段，对抗的双方围绕信息的完整性和保密性展开争斗。决策处理阶段的信息对抗体现为双方信息处理与决策支持系统之间的对抗。在信息作用阶段的信息对抗则体现为对双方信息执行机构控制权的争夺。网络黑客对信息的攻击一般都集中在信息的传输、存储和决策处理三个阶段中。要针对不同阶段中信息所处的不同状态来研究不同的对抗手段。

第二节　网络信息安全概念与技术的发展

随着人类社会对信息的依赖程度越来越大，人们对信息的安全性越来越关注。随着应用与研究的深入，信息安全的概念与技术不断得到创新。早期在计算机网络广泛使用之前主要是开发各种信息保密技术，在 Internet 在全世界范围商业化应用之后，信息安全进入网络信息安全阶段。近几年又发展出了"信息保障（IA，Information Assurance）"的新概念。下面将介绍信息安全的各个发展阶段的主要内涵与所开发的新概念与新技术。

信息安全的最根本属性是防御性的，主要目的是防止己方信息的完整性、保密性与可用性遭到破坏。信息安全的概念与技术是随着人们的需求、随着计算机、通信与网络等信息技术的发展而不断发展的。大体可以分为单机系统的信息保密、网络信息安全和信息保障等三个阶段。

一、单机系统的信息保密阶段

几千年前，人类就会使用加密的办法传递信息。在 1988 年莫里斯"蠕虫"事件发生以前，信息保密技术的研究成果主要有两类：一类是发展各种密码算法及其应用，另一类是计算机信息系统保密性模型和安全评价准则。主要开发的密码算法有：1977 年美国国家标准局采纳的分组加密算法 DES（数据加密标准）；双密钥的公开密钥体制 RSA，该体制是根据 1976 年 Diffie，Hellman 在"密码学新方向"这篇开创性论文中提出来的思想，由 Rivest，Shamir，Adleman 三人创造的；1985 年 N. koblitz 和 V. Miller 提出了椭圆曲线离散对数密码体制（ECC），该体制的优点是可以利用更小规模的软件、硬件实现有限域上同类体制的相同安全性；另外，还创造出一批用于实现数据完整性和数字签名的杂凑函数，如数字指纹、消息摘要（MD）、安全杂凑算法（SHA——用于数字签名的标准算法）等。当然，其中有的算法是 20 世纪 90 年代提出的。

为了验证与评价计算机信息系统的安全性，在 20 世纪七八十年代，人们研究出了一批信息系统安全模型和安全性评价准则，主要有以下几种：访问矩阵模型，这是一种最基本的访问控制模型；多级安全模型，包括军用安全模型、基于信息保密性的 Bell-La Padula 信息流模型与基于信息完整性的 Biba 信息流模型；一些用于理论研究的抽象安全模型，如 Graham-Denning（GD）模型、对 GD 模型的修正模型——HRU 模型和 Take-Grant 保护系统（TGS）等。1985 年，美国国防部推出了可信计算机系统评价准则 TCSEC，该标准是信息安全领域中的重要创举，也为后来由英、法、德、荷四国联合提出的包含保密性、完整性和可用性概念的"信息技术安全评价准则"（ITSEC）及"信息技术安全评价通用准则"（CC for ITSEC）的制定打下了基础。

二、网络信息安全阶段

1988 年 11 月 3 日，莫里斯"蠕虫"造成 Internet 几千台计算机瘫痪的严重网络攻击事件，引起了人们对网络信息安全的关注与研究，并于第二年成立了计算机紧急事件处理小组（CERT）负责解决 Internet 的安全问题，从而开创了网络信息安全的新阶段。在该阶段中，除了采用和研究各种加密技术外，还开发了许多针对网络环境的信息安全与防护技术，这些防护技术是以被动防御为特征的。具体如下：

（1）安全漏洞扫描器。用于检测网络信息系统存在的各种漏洞，并提供相应的解决方案。

（2）安全路由器。在普通路由器的基础上增加更强的安全性过滤规则，增加认证与防瘫痪性攻击的各种措施。安全路由器完成在网络层与传输层的报文过滤功能。

（3）防火墙。在内部网与外部网的入口处安装的堡垒主机，在应用层利用代理功能实现对信息流的过滤功能。

（4）入侵检测系统（IDS）。根据已知的各种入侵行为的模式判断网络是否遭到入侵的一类系统，IDS一般也同时具备告警、审计和简单的防御功能。

（5）各种防网络攻击技术。其中包括网络防病毒、防木马、防口令破解、防非授权访问等技术。

（6）网络监控与审计系统。监控内部网络中的各种访问信息流，并对指定条件的事件做审计记录。

当然在这个阶段中还开发了许多网络加密、认证、数字签名的算法和信息系统安全评价准则（如CC通用评价准则）。这一阶段的主要特征是对于自己部门的网络采用各种被动的防御措施与技术，目的是防止内部网络受到攻击，保护内部网络的信息安全。

三、信息保障阶段

信息保障的概念与思想是美国国防部在20世纪90年代末提出来的，该思想的基本完善是在2000年的下半年，因此信息保障阶段可以大致认为是从21世纪初开始的。下面介绍信息保障阶段的主要内容。

（一）信息保障框架

1. 信息保障的概念

信息保障（IA）这一概念最初是由美国国防部长办公室提出来的，后被写入命令 *DoD Directive S-3600.1: Information Operation* 中，在1996年12月9日以国防部的名义发表。在这个命令中信息保障被定义为：通过确保信息和信息系统的可用性、完整性、可验证性、保密性和不可抵赖性来保护信息系统的正常运转，包括综合利用保护、探测和反应能力以恢复系统的功能。1998年1月30日美国国防部批准发布了《国防部信息保障纲要》（DI-AP），认为信息保障工作是持续不间断的，它贯穿于平时、危机、冲突及战争期间的全时域。信息保障不仅能支持战争时期的国防信息攻防，而且能够满足和平时期国家信息的安全需求。

1998年5月美国公布了由国家安全局NSA起草的1.0版本《信息保障技术框架》（IATF），在1999年8月31日IATF论坛发布了IATF2.0版本，2000年9月22日又推出了IATF3.0版本。遵循IATF3.0中定义的原则，就可以对信息基础设施做到多重保护，这称为"纵深防卫策略"（DiD，Defense-in-

Depth Strategy），其内涵已经超出了传统的信息安全保密，而是保护（Protection）、检测（Detection）、反应（Reaction）、恢复（Restore）的有机结合，这就是所谓的 PDRR 模型。根据 PDRR 模型的含义，信息保障阶段不仅包含安全防护的概念，更重要的是增加了主动的和积极的防御观念。

信息保障（IA）依赖于人、技术及运作三者去完成使命（任务），还需要掌握技术与信息基础设施。要获得鲁棒（即健壮）的信息保障状态，需要通过组织机构的信息基础设施的所有层次的协议去实现政策、程序与技术。IATF 主要包含：说明 IATF 的目的与作用（帮助用户确定信息安全需求和实现他们的需求）；说明信息基础设施及其边界、IA 框架的范围及威胁的分类和纵深防御策略（DiD, Depth in Defense）；DiD 的深入介绍；信息系统的安全工程过程（ISSE）的主要内容；各种网络威胁与攻击的反制技术或反措施；信息基础设施、计算环境与飞地的防御；信息基础设施的支撑（如密钥管理 / 公钥管理，KMI/PKI）、检测与响应以及战术环境下的信息保障问题。下面简要介绍 IA 框架的区域划分和纵深防御的目标、ISSE 的主要内容、和信息安全技术的反制措施。

信息基础设施的要素包括网络连接设施和各单位内部包括局域网在内的计算设施。网络连接设施包括由传输服务提供商 TSP 提供专用网（其中还可能包括密网）、公众网（Internet）和通过 Internet 服务提供商 ISP 提供信息服务的公用电话网与移动电话网。

IA 框架是建筑在上述信息基础设施之上的。IA 划分为四类区域：

（1）本地计算环境：包括服务器、客户机，以及安装在它们上面的应用软件。应用软件包括那些提供调度、时间管理、打印、字处理和目录服务等功能的软件，为用户提供信息处理的平台。

（2）飞地边界：是指围绕本地计算环境的边界。受控于单个的安全策略，并通过局域网互联的本地计算设备的一个集合称为一个"飞地"（enclave）。由于针对不同类型和不同级别的信息的安全策略是不同的，所以一个单个的物理设施会有多个飞地。对一个飞地内设备的本地和远程访问必须满足该飞地的安全策略。飞地分为与内部网连接的内部飞地、与专用网连接的专用飞地和与 Internet 连接的公众飞地。

（3）网络及其基础设施：提供了飞地之间的连接能力，包括可运作区域网络（Operational Area Networks, OAN）、城域网（MAN）、校园网（CAN）和局域网（LAN），其中也包括专用网、Internet 和公用电话网及它们的基础设施。

（4）基础设施的支撑：提供了能应用信息保障机制的基础设施。支撑基础设施为网络、终端用户工作站、Web 服务器、文件服务器等提供了安全服务。在 IATF 中，支撑基础设施主要包括两个方面：一是密钥管理基础设施（KMI），包括公开密钥基础设施（PKI）；二是检测与响应基础设施。

2. 纵深防御（Defense-in-Depth）

IATF 的一个突出的贡献就是提出了纵深防御的概念。纵深防御是一种安全策略，用来获得高效的信息保障态势。纵深防御策略的基本原则可以适用于任何的信息系统，而不管它是属于何种机构的。从本质上说，信息保障依赖于人、技术及操作三者去完成任务并掌握技术及信息基础设施，即人在技术的支持下去执行操作从而对信息系统进行保障。

纵深防御的策略包括对人、技术和操作三种因素的要求与控制。

（1）人的因素：包括培训、了解、物理安全、人员安全、系统安全和行政管理等内容。

（2）技术因素：包括纵深防御技术、框架的四个领域、安全准则、IT/IA 采购、风险评估和确证与认可。

（3）操作因素：包括评估、监视、入侵检测、告警、应急响应和系统恢复。

纵深防御的目标就是要解决 IA 框架中四个领域中目标的防御问题。首先根据用户计算信息安全性等级的高低，将用户计算环境划分为绝密飞地、机密飞地、秘密飞地、无密飞地和公共飞地非敏感区等区域，然后分别为这些飞地提供相应安全等级的网络信道。对于飞地的边界要增设防卫，如防火墙、路由器过滤等。对于远程用户需要采取远程接入防护措施，如通信服务的安全性和加密等。在整个基础设施中要采用密钥管理 / 公钥管理（KMI/PKI），要坚持检测，以便及时发现入侵，并能及时进行应急响应与处理，确保信息基础设施的随时安全。

（二）信息系统安全工程过程（ISSE）

ISSE 主要告知人们如何根据系统工程的原则构建安全信息系统的方法、

步骤与任务。系统工程过程主要包括以下步骤与任务。

1. 发现需求

包括以下任务：

（1）使命／业务的描述。使命是指一个单位所担负的特定任务，由任务可以划分为功能。

（2）有关政策方面的考虑。例如，国家或军队的信息管理要求；原始与历史资源的管理要求；与 C3I 系统的兼容性、互操作与集成要求等。

2. 系统功能的定义

（1）目标：确定系统的功能及与外部的接口，并转换成工程图的定义、接口与系统的边界。

（2）系统的上下文环境：包括系统的物理及逻辑边界、连接到系统的输入和输出的特点，还应标明支持用户完成使命所需的信息处理类型（交互通信、广播通信、信息存储、一般访问、受限访问等）。

（3）要求：描述任务、行动及完成系统需求的活动等。

3. 系统的设计

（1）功能分配。

（2）概要设计。

（3）详细设计。

4. 系统的实现

（1）获得一切必要的资源，包括通过采办手段。

（2）按照需求构建系统。

（3）系统测试。

（4）评估性能。

5. ISSE 过程

ISSE 作为上述系统工程过程的一个子过程，其重点是针对信息保护方面的需求，从理论上讲它是与上述系统工程平行出现的，分布在各个阶段。ISSE 的活动包括：

（1）描述信息保护的需求。

（2）基于前述系统工程过程，形成信息安全方面的要求（安全要适度）。

（3）根据这些要求构建功能性的信息安全体系结构。

（4）把信息保护功能分配给物理体系结构及逻辑体系结构。

（5）在系统设计中实现信息保护体系结构。

（6）实现适度安全，在费用、进度及运作合适度与有效度的总体范围内平衡信息保护风险管理及 ISSE 的其他方面的考虑。

（7）参与和其他信息保护及系统工程条令有关平衡、折中的研究，以及使命、威胁、政策对信息保护要求的影响。

（三）信息安全的技术反制措施的强度

反制措施是一种防御网络攻击的专门技术、产品或程序。在有效的安全总体解决方案中，不管技术的还是非技术的反制措施都是非常重要的。但制定合适的技术反制措施需要遵循一些原则，其中包括对各种威胁、重要安全服务的鲁棒性策略、互操作性框架、KMI/PKI 的评估。

敌对方信息攻击的目的可以归纳为三大类：非法访问、非法修改和阻止提供合法服务。安全总体解决方案就是为了不让敌方达到他们的目的。己方网络需要提供 5 种基本安全服务：访问控制、保密性、完整性、可用性及不可否认性。这些安全服务需要利用以下安全机制完成：加密、鉴别或识别（identification）、认证、访问控制、安全管理及可信赖技术，这些机制综合到一起可以构成防止攻击的壁垒。

鲁棒性策略针对某种信息价值和可能遭到的威胁水平，提供一种在确定信息安全机制强度的指导思想。这种策略还定义了对技术性反制措施的测量及评估其鲁棒性不同等级的策略。在鲁棒性策略中把信息的价值分为 5 级（V1 ~ V5），其价值依次递升；威胁分为 7 级（T1 ~ T7），其大小也依次递升。

美国社会高度依赖信息，投入巨额经费研究信息安全的新技术，发展出许多信息安全的新概念。本文介绍的"信息保障"概念，就是这类新概念之一。随着我国现代化建设的进展，我国党、政、军、企各部门对信息的依赖程度越来越高，各单位领导对信息安全问题也越来越重视。美国对信息安全的新理论，如信息保障技术框架是值得我国参考与借鉴的。我们应该研究这些新概念与新理论，并结合自己的情况，提出符合我国国情的信息保障技术框架，作为指导我国各部门信息安全建设的参考。

第三节　信息安全技术的技术环境

信息安全是一门涉及计算机科学、网络技术、通信技术、密码技术、信息安全技术、应用数学、数论、信息论等多种学科的综合性学科。从广义来说，凡是涉及网络上信息的保密性、完整性、可用性、真实性和可控性的相关技术和理论都属于信息安全的研究领域。

如今，基于网络的信息安全技术也是未来信息安全技术发展的重要方向。由于因特网（Internet）是一个全开放的信息系统，窃密和反窃密、破坏与反破坏广泛存在于个人、集团甚至国家之间，资源共享和信息安全一直作为一对矛盾体而存在着，网络资源共享的进一步加强以及随之而来的信息安全问题也日益突出。

一、信息安全的目标

无论是在计算机上存储、处理和应用，还是在通信网络上传输，信息都可能被非授权访问而导致泄密，被篡改破坏而导致不完整，被冒充替换而导致否认，也有可能被阻塞拦截而导致无法存取。这些破坏可能是有意的，如黑客攻击、病毒感染；也可能是无意的，如误操作、程序错误等。因此，普遍认为，信息安全的目标应该是保护信息的机密性、完整性、可用性、可控性和不可抵赖性（即信息安全的五大特性）。

（一）机密性

机密性是指保证信息不被非授权访问，即使非授权用户得到信息也无法知晓信息的内容，因而不能使用。

（二）完整性

完整性是指维护信息的一致性，即在信息生成、传输、存储和使用过程中不发生人为或非人为的非授权篡改。

（三）可用性

可用性是指授权用户在需要时能不受其他因素的影响，方便地使用所需信息。这一目标对信息系统的总体可靠性要求较高。

(四) 可控性

可控性是指信息在整个生命周期内部可由合法拥有者加以安全地控制。

(五) 不可抵赖性

不可抵赖性是指保障用户无法在事后否认曾经对信息进行的生成、签发、接收等行为。

事实上，安全是一种意识，一个过程，而不仅仅是某种技术。进入 21 世纪后，信息安全的理念发生了巨大的变化，从不惜一切代价把入侵者阻挡在系统之外的防御思想，开始转变为预防—检测—攻击响应—恢复相结合的思想，出现了 PDRR（protect/detect/react/restore）等网络动态防御体系模型。

PDRR 倡导一种综合的安全解决方法，即针对信息的生存周期，以"信息保障"模型作为信息安全的目标，以信息的保护技术、信息使用中的检测技术、信息受影响或攻击时的响应技术和受损后的恢复技术作为系统模型的主要组成元素。在设计信息系统的安全方案时，综合使用多种技术和方法，以取得系统整体的安全性。

PDRR 模型强调的是自动故障恢复能力，把信息的安全保护作为基础，将保护视为活动过程，用检测手段来发现安全漏洞，及时更正；同时采用应急响应措施对付各种入侵；在系统被入侵后，采取相应的措施将系统恢复到正常状态，使信息的安全得到全方位的保障。

二、信息安全技术发展的四大趋势

信息安全技术的发展主要呈现四大趋势，即可信化、网络化、标准化和集成化。

(一) 可信化

可信化是指从传统计算机安全理念过渡到以可信计算理念为核心的计算机安全。面对愈演愈烈的计算机安全问题，传统安全理念很难有所突破，而可信计算的主要思想是在硬件平台上引入安全芯片，从而将部分或整个计算平台变为"可信"的计算平台。目前，主要研究和探索的问题包括基于 TCP 的访问控制、基于 TCP 的安全操作系统、基于 TCP 的安全中间件、基于 TCP 的安全应用等。

(二) 网络化

由网络应用和普及引发的技术和应用模式的变革，正在进一步推动信息安全关键技术的创新发展，并引发新技术和应用模式的出现。如安全中间件、安全管理与安全监控等都是网络化发展所带来的必然发展方向。网络病毒、垃圾信息防范、网络可生存性、网络信任等都是需要继续研究的领域。

(三) 标准化

安全技术要走向国际，也要走向实际应用，政府、产业界和学术界等必将更加高度重视信息安全标准的研究与制定，如密码算法类标准 (如加密算法、签名算法、密码算法接口)、安全认证与授权类标准 (如 PKI、PMI、生物认证)、安全评估类标准 (如安全评估准则、方法、规范)、系统与网络类安全标准 (如安全体系结构、安全操作系统、安全数据库、安全路由器、可信算平台)、安全管理类标准 (如防信息泄露、质量保证、机房设计) 等。

(四) 集成化

集成化即从单一功能的信息安全技术与产品，向多种功能融于某一个产品，或者是几个功能相结合的集成化产品发展。安全产品呈硬件化 / 芯片化发展趋势，这将带来更高的安全度与更高的运算速率，也需要发展更灵活的安全芯片的实现技术，特别是密码芯片的物理防护机制。

三、因特网选择的几种安全模式

目前，在因特网应用中采取的防卫安全模式归纳起来主要有以下几种。

(一) 无安全防卫

在因特网应用初期多数采取此方式，安全防卫上不采取任何措施，只使用随机提供的简单安全防卫措施。这种方法是不可取的。

(二) 模糊安全防卫

采用这种方式的网站总认为自己的站点规模小，对外无足轻重，没人知道；即使知道，黑客也不会对其进行攻击。事实上，许多入侵者并不是瞄准特定目标，只是想闯入尽可能多的机器，虽然它们不会永远驻留在你的站点上，但它们为了掩盖闯入网站的证据，常常会对网站的有关内容进行破坏，从而给网站带来重大损失。为此，各个站点一般要进行必要的登记注册。这样一旦有人使用服务时，提供服务的人知道它从哪来，但是这种站点防卫信息很容易被发现，如登记时会有站点的软、硬件以及所用操作系统的信息，黑客就能从这发现安全漏洞，同样在站点与其他站点连机或向别人发送信息时也很容易被入侵者获得有关信息，因此这种模糊安全防卫方式也是不可取的。

(三) 主机安全防卫

这可能是最常用的一种防卫方式，即每个用户对自己的机器加强安全防卫，尽可能地避免那些已知的可能影响特定主机安全的问题，这是主机安全防卫的本质。主机安全防卫对小型网站是很合适的，但是由于环境的复杂性和多样性，如操作系统的版本不同、配置不同以及不同的服务和不同的子系统等都会带来各种安全问题。即使这些安全问题都解决了，主机防卫还要受到软件本身缺陷的影响，有时也缺少有合适功能和安全保障的软件。

(四) 网络安全防卫

这是目前因特网中各网站所采取的安全防卫方式，包括建立防火墙来保护内部系统和网络、运用各种可靠的认证手段 (如一次性密码等)，对敏感数据在网络上传输时，采用密码保护的方式进行。

四、安全防卫的技术手段

在因特网中，信息安全主要是通过计算机安全和信息传输安全这两个技术环节来保证网络中各种信息的安全。

(一) 计算机安全技术

1. 健壮的操作系统

操作系统是计算机和网络中的工作平台，在选用操作系统时应注意软件工具齐全和丰富、缩放性强等因素，如果有很多版本可供选择，应选用户群最少的版本，这样使入侵者用各种方法攻击计算机的可能性减少，另外还要有较高访问控制和系统设计等安全功能。

2. 容错技术

尽量使计算机具有较强的容错能力，如组件全冗余、没有单点硬件失效、动态系统域、动态重组、错误校正互连；通过错误校正码和奇偶检验的结合保护数据和地址总线；在线增减域或更换系统组件，创建或删除系统域而不干扰系统应用的进行，也可以采取双机备份同步检验方式，保证网络系统在一个系统由于意外而崩溃时，计算机进行自动切换以确保正常运转，保证各项数据信息的完整性和一致性。

(二) 防火墙技术

这是一种有效的网络安全机制，用于确定哪些内部服务允许外部访问，以及允许哪些外部服务访问内部服务，其准则就是：一切未被允许的就是禁止的；一切未被禁止的就是允许的。防火墙有下列几种类型。

1. 包过滤技术

通常安装在路由器上，对数据进行选择，它以 IP 包信息为基础，对 IP 源地址、IP 目标地址、封装协议 (如 TCP/UDP/ICMP/IP tunnel)、端口号等进行筛选，在 OSI 协议的网络层进行。

2. 代理服务技术

通常由两部分构成，服务端程序和客户端程序。客户端程序与中间节点 (Proxy Server) 连接，中间节点与要访问的外部服务器实际连接，与包过滤防火墙的不同之处在于内部网和外部网之间不存在直接连接，同时提供审计和日志服务。

3. 复合型技术

把包过滤和代理服务两种方法结合起来，可形成新的防火墙，所用主机称为堡垒主机，负责提供代理服务。

4. 审计技术

通过对网络上发生的各种访问过程进行记录和产生日志，并对日志进行统计分析，从而对资源使用情况进行分析，对异常现象进行追踪监视。

5. 路由器加密技术

加密路由器通过对路由器的信息流进行加密和压缩，然后通过外部网络传输到目的端进行解压缩和解密。

(三) 信息确认技术

安全系统的建立依赖于系统用户之间存在的各种信任关系，目前在安全解决方案中多采用两种确认方式：一种是第三方信任，另一种是直接信任，以防止信息被非法窃取或伪造。可靠的信息确认技术应具有：身份合法的用户可以检验所接收的信息是否真实可靠，并且十分清楚发送方是谁；发送信息者必须是合法身份用户，任何人不可能冒名顶替伪造信息；出现异常时，可由认证系统进行处理。目前，信息确认技术已较成熟，如信息认证、用户认证和密钥认证、数字签名等，为信息安全提供了可靠保障。

(四) 密钥安全技术

网络安全中的加密技术种类繁多，它是保障信息安全最关键和最基本的技术手段和理论基础，常用的加密技术分为软件加密和硬件加密。信息加密的方法有对称密钥加密和非对称加密，两种方法各有所长。

1. 对称密钥加密

在此方法中，加密和解密使用同样的密钥，目前广泛采用的密钥加密标准是 DES 算法，其优势在于加密解密速度快、算法易实现、安全性好，缺点是密钥长度短、密码空间小，"穷举"方式进攻的代价小，它的机制就是采取初始置换、密钥生成、乘积变换、逆初始置换等几个环节。

2. 非对称密钥加密

在此方法中加密和解密使用不同密钥，即公开密钥和秘密密钥，公开密钥用于机密性信息的加密；秘密密钥用于对加密信息的解密。一般采用 RSA 算法，优点在于易实现密钥管理，便于数字签名。不足是算法较复杂，加密解密花费时间长。

在安全防范的实际应用中，尤其是信息量较大，网络结构复杂时，采取对称密钥加密技术，为了防范密钥受到各种形式的黑客攻击，如基于因特网的"联机运算"，即利用许多台计算机采用"穷举"方式进行计算来破译密码，密钥的长度越长越好。目前，一般密钥的长度为 64 位、1024 位，实践证明它是安全的，同时也满足计算机的速度。2048 位的密钥长度也已开始在某些软件中应用。

(五) 病毒防范技术

计算机病毒实际上就是一种在计算机系统运行过程中能够实现传染和侵害计算机系统的功能程序。在系统穿透或违反授权攻击成功后，攻击者通常要在系统中植入一种能力，为攻击系统、网络提供方便。如向系统中渗入各类病毒，如蛀虫、特洛伊木马、逻辑炸弹；或通过窃听、冒充等方式来破坏系统正常工作。从因特网上下载软件和使用盗版软件是病毒的主要来源。

针对病毒的严重性，我们应提高防范意识，做到：所有软件必须经过严格审查，经过相应的控制程序后才能使用；采用防病毒软件，定时对系统中的所有工具软件、应用软件进行检测，防止各种病毒的入侵。

五、实训与思考：信息安全技术基础

(一) 实训目的

1. 熟悉信息安全技术的基本概念，了解信息安全技术的基本内容。

2. 通过因特网搜索与浏览，了解网络环境中主流的信息安全技术网站，掌握通过专业网站不断丰富信息安全技术最新知识的学习方法，尝试通过专业网站的辅助与支持来开展信息安全技术应用实践。

(二) 工具/准备工作

在开始本实训之前，请认真阅读本课程中的相关内容。

需要准备一台带有浏览器，能够访问因特网的计算机。

六、阅读与思考：丹·布朗及其《数字城堡》

丹·布朗是《数字城堡》《欺骗要诀》《天使与魔鬼》及《达·芬奇密码》等文学作品的作者，现居住在新英格兰。丹·布朗堪称当今美国最著名的畅销书作家，他的小说《达·芬奇密码》自问世以来，一直高居《纽约时报》畅销书排行榜榜首。

丹·布朗的父亲是一位知名数学教授，母亲则是一位宗教音乐家，成长于这样的特殊环境中，科学与宗教这两种在人类历史上看似如此截然不同却又存在着千丝万缕关联的知识与信仰成为他的创作主题。

1996年，出于他对密码破译和秘密情报机构的兴趣，丹·布朗创作了他的第一部小说《数字堡垒》，探讨了公民隐私与国家安全的矛盾，迅速成为当年美国畅销榜上排行第一的电子书。他接下来的作品《欺骗要诀》也是这一主题的延伸，关注政治道德、国家安全与保密高科技。此后，他更接连创作了畅销书《天使与魔鬼》，把"科学+宗教"的惊险小说类型发挥到极致。

结合本课程的学习，建议用户找时间来阅读一下丹·布朗的《数字城堡》，尝试从广泛阅读中体会学习的乐趣和汲取丰富的知识。阅读后，建议用户找个机会和老师、同学来分享所获得的体会和认识。

第四节　信息系统的物理安全

物理安全也称实体安全（physical security），是指包括环境、设备和记录介质在内的所有支持信息系统运行的硬件的总体安全，是信息系统安全、可靠、不间断运行的基本保证。物理安全保护计算机设备、设施（网络及通信线路）免遭地震、水灾、火灾、有害气体和其他环境事故（如电磁污染等）破坏的措施和过程，主要考虑的问题是环境、场地和设备的安全及实体访问控制和应急处置计划等。

一、物理安全的内容

物理安全主要包括环境安全、电源系统安全、设备安全和通信线路安全等。

（一）环境安全

环境安全是对系统所在环境的安全保护，如区域保护和灾难保护等。计算机网络通信系统的运行环境应按照国家有关标准设计实施，应具备消防报警、安全照明、不间断供电、温湿度控制系统和防盗报警等，以保护系统免受水、火、有害气体、地震、静电等的危害。

（二）电源系统安全

电源在信息系统中占有重要地位，主要包括电力能源供应、输电线路安全、保持电源的稳定性等。

（三）设备安全

要保证硬件设备随时处于良好的工作状态，建立健全使用管理规章制度，建立设备运行日志。

(四) 媒体安全

媒体安全包括媒体数据的安全及媒体本身的安全。存储媒体本身的安全主要是安全保管、防盗、防毁和防病毒；数据安全是指防止数据被非法复制和非法销毁等。

(五) 通信线路安全

通信设备和通信线路的装置安装要稳固牢靠，具有一定对抗自然因素和人为因素破坏的能力，包括防止电磁信息的泄露、线路截获，以及抗电磁干扰等。具体来说，物理安全包括以下主要内容。

(1) 计算机机房的场地、环境及各种因素对计算机设备的影响。

(2) 计算机机房的安全技术要求。

(3) 计算机的实体访问控制。

(4) 计算机设备及场地的防火与防水。

(5) 计算机系统的静电防护。

(6) 计算机设备及软件、数据的防盗、防破坏措施。

(7) 计算机中重要信息的磁介质的处理、存储和处理手续的有关问题。

与物理安全相关的国家标准主要有：

(1)《电子计算机场地通用规范》。该标准由主题内容与适用范围、引用标准、术语、计算机场地技术要求、测试方法等五章和一个附录组成。

(2)《计算站场地安全要求》。该标准由中华人民共和国电子工业部批准并于1988年10月1日正式实施。该标准由适用范围、术语、计算机机房的安全分类、场地的选择、结构防火、计算机机房内部装修、计算机机房专用设备、火灾报警及消防设施、其他防护和安全管理共九个部分组成。

(3)《信息技术设备用不间断电源通用技术条件》。该标准主要针对UPS系统提出相关的技术测试要求，含输出电压、输出频率、电源效率、过载能力、备用时间及切换时间共六个项目的测试标准及方法。

(4)《电子计算机机房设计规范》。该标准由原国家技术监督局和中华人民共和国建设部联合发布并于1993年9月1日正式实施。标准由总则、机房位置及设备布置、环境条件、建筑、空气调节、电气技术、给水排水、消防与安全共八章和两个附录组成。

计算机机房建设至少应满足防火、防磁、防水、防盗、防电击、防虫害等要求，并配备相应的设备。

二、环境安全技术

环境安全技术涵盖的范围很广泛。

(1) 安全保卫技术措施，包括防盗报警、实时监控、安全门禁等。

(2) 计算机机房的温度、湿度等环境条件保持技术可以通过加装通风设备、排烟设备、专业空调设备来实现。

(3) 计算机机房的用电安全技术主要包括不同用途电源分离技术、电源和设备有效接地技术、电源过载保护技术和防雷击技术等。

(4) 计算机机房安全管理技术是指制定严格的计算机机房工作管理制度，并要求所有进入机房的人员严格遵守管理制度，将制度落到实处。

计算机机房环境的安全等级可分为 A、B 和 C 三个基本类别。其中 A 类机房对计算机机房的安全有严格的要求，有完善的计算机机房安全措施；B 类机房对计算机机房的安全有较严格的要求，有较完善的计算机机房安全措施；C 类机房对计算机机房的安全有基本的要求，有基本的计算机机房安全措施。

三、电源系统安全技术

电源系统安全包括供电系统安全、防静电措施和接地与防雷要求等。

(一) 供电系统安全

电源系统中电压的波动、浪涌电流和突然断电等意外情况的发生，可能引起计算机系统存储信息的丢失、存储设备的损坏等情况的发生。因此，电源系统的稳定可靠是计算机系统物理安全的一个重要组成部分，是计算机系统正常运行的先决条件。

对机房安全供电做出了明确的要求。例如，将供电方式分为三类：

一类供电：需要建立不间断供电系统。

二类供电：需要建立带备用的供电系统。

三类供电：按一般用户供电考虑。

电源系统安全不仅包括外部供电线路的安全，更重要的是指室内电源设备的安全。

1. 电力能源的可靠供应

为了确保电力能源的可靠供应，以防外部供电线路发生意外故障，必须有详细的应急预案和可靠的应急设备。应急设备主要包括：备用发电机、大容量蓄电池和 UPS 等。除了要求这些应急电源设备具有高可靠性外，还要求它们具有较高的自动化程度和良好的可管理性，以便在意外情况发生时可以保证电源的可靠供应。

2. 电源对用电设备安全的潜在威胁

这种威胁包括脉动与噪声、电磁干扰等。电磁干扰会产生电磁兼容性问题，当电源的电磁干扰比较强时，其产生的电磁场就会影响到硬盘等磁性存储介质，久而久之就会使存储的数据受到损害。

（二）防静电措施

不同物体间的相互摩擦、接触会产生能量不大但电压非常高的静电。如果静电不能及时释放，就可产生火花，容易造成火灾或损坏芯片等意外事故。计算机系统的 CPU、ROM、RAM 等关键部件大都采用 MOS 工艺的大规模集成电路，对静电极为敏感，容易因静电而损坏。

机房的内装修材料一般应避免使用挂毯、地毯等吸尘、容易产生静电的材料，而应采用乙烯材料。为了防静电，机房一般要安装防静电地板，并将地板和设备接地，以便将设备内积聚的静电迅速释放到大地（机房内的专用工作台或重要的操作台应有接地平板）。此外，工作人员的服装和鞋最好用低阻值的材料制作，机房内应保持一定湿度，特别是在干燥季节应适当增加空气湿度，以免因干燥而产生静电。

（三）接地与防雷要求

接地与防雷是保护计算机网络系统和工作场所安全的重要安全措施。接地可以为计算机系统的数字电路提供一个稳定的 0V 参考电位，从而可以保证设备和人身的安全，同时也是防止电磁信息泄露的有效手段。

机器设备应有专用地线，机房本身有避雷设施，包括通信设备和电源设备有防雷击的技术设施，机房的内部防雷主要采取屏蔽、等电位连接、合理布线或防闪器、过电压保护等技术措施以及拦截、屏蔽、均压、分流、接地等方法达到防雷的目的，机房的设备本身也应有避雷装置和设施。

四、电磁防护与设备安全技术

电磁防护与设备安全包括硬件设备的维护和管理、电磁兼容和电磁辐射的防护以及信息存储媒体的安全管理等内容。

(一) 硬件设备的维护和管理

计算机信息网络系统的硬件设备一般价格昂贵，一旦被损坏又不能及时修复，不仅会造成经济损失，而且可能导致整个系统瘫痪，产生严重的不良影响。因此，必须加强对计算机信息系统硬件设备的使用管理，坚持做好硬件设备的日常维护和保养工作。

(二) 电磁兼容和电磁辐射的防护

计算机网络系统的各种设备都属于电子设备，在工作时都不可避免地会向外辐射电磁波，同时也会受到其他电子设备的电磁波干扰，当电磁干扰达到一定的程度就会影响设备的正常工作。

为保证计算机网络系统的物理安全，除在网络规划和场地、环境等方面进行防护之外，还要防止数据信息在空间扩散。为此，通常是在物理上采取一定的防护措施，以减少或干扰扩散到空间的电磁信号。政府、军队、金融机构在构建信息中心时，电磁辐射防护将成为首先要解决的问题。

(三) 信息存储媒体的安全管理

计算机网络系统的信息要存储在某种媒体上，常用的存储媒体有磁盘、磁带、打印纸、光盘、闪存等。对存储媒体的安全管理主要包括以下方面。

(1) 存放有业务数据或程序的磁盘、磁带或光盘，应视同文字记录妥善保管。必须注意防磁、防潮、防火、防盗，必须垂直放置。

(2) 对硬盘上的数据要建立有效的级别、权限，并严格管理，必要时要对数据进行加密，以确保硬盘数据的安全。

(3) 存放业务数据或程序的磁盘、磁带或光盘，管理必须落实到人，并分类建立登记簿、记录编号、名称、用途、规格、制作日期、有效期、使用者、批准者等信息。

（4）对存放有重要信息的磁盘、磁带、光盘，要备份两份并分两处保管。

（5）打印有业务数据或程序的打印纸，要视同档案进行管理。

（6）凡超过数据保存期的磁盘、磁带、光盘，必须经过特殊的数据清除处理。

（7）凡不能正常记录数据的磁盘、磁带、光盘，必须经过测试确认后由专人进行销毁，并做好登记工作。

（8）对需要长期保存的有效数据，应在磁盘、磁带、光盘的质量保证期内进行转储，转储时应确保内容正确。

五、通信线路安全技术

尽管从网络通信线路上提取信息所需要的技术比直接从通信终端获取数据的技术要高几个数量级，但以目前的技术水平也是完全有可能实现的。

用一种简单（但很昂贵）的高技术加压电缆，可以获得通信线路上的物理安全。应用这一技术，通信电缆被密封在塑料套管中，并在线缆的两端充气加压。线上连接了带有报警器的监视器，用来测量压力。如果压力下降，则意味电缆可能被破坏，技术人员还可以进一步检测出破坏点的位置，以便及时进行修复。加压电缆屏蔽在波纹铝钢丝网中，几乎没有电磁辐射，从而大大增强了通过通信线路窃听的难度。

光纤通信线被认为是不可搭线窃听的，其断破处的传输速率会变得极其缓慢而立即会被检测到。光纤没有电磁辐射，所以也不能用电磁感应窃密。但是，光纤通信对最大长度有限制，目前网络覆盖范围半径约100km，大于这一长度的光纤系统必须定期地放大（复制）信号。这就需要将信号转换成电脉冲，然后再恢复成光脉冲，继续通过另一条线路传送。完成这一操作的设备（复制器）是光纤通信系统的安全薄弱环节，因为信号可能在这一环节被搭线窃听。有两个办法可解决这一问题：距离大于最大长度限制的系统之间，不采用光纤线通信；或加强复制器的安全，如采用加压电缆、警报系统和加强警卫等措施。

六、阅读与思考：基本物理安全

物理安全很容易被忽略，尤其是在小企业或家庭中工作时。但一旦黑客进入你的机器，那么几分钟内就会受到安全威胁。请掌握以下这些原则：让你的机器远离人群，将他人阻止在外，保护你的设备。

（一）让你的机器远离人群

很多大公司都严格控制有权进入其数据中心的人员，他们使用钥匙卡或键盘系统、日志簿或人员安全系统（门禁系统）来限制未经授权的访问。由于一般没有数据中心，一些小型企业通常喜欢把他们的服务器放在走廊、接待场所或其他公开的地方。这不仅使服务器容易遭受恶意攻击，而且还增加了发生意外事故的风险，比如咖啡泼到机器上、有人绊到电缆等，如果可能，应该将敏感的服务器放在上锁的门后。其实，不仅应该将门锁住，而且还应该将访问权限局限在一些经过挑选并值得信赖的管理员身上。当然，也不应该只考虑安全问题，而不顾硬件环境的要求。例如，将一台服务器锁在密室里自然安全，但如果房间的通风能力不足，计算机会因过热而出现故障，从而使得你对安全问题的考虑变得毫无意义。

毫无疑问，计算机不是你拥有的唯一有价值的资产：还应该考虑备份磁盘的价值！如果想让你的备份一直都可用，最好将其存放在一个安全的地方，防火、防盗甚至防止茶水洒在上面。

（二）将他人阻止在外

这是限制物理接触和潜在破坏的一个好主意，但是你还不能让每个人都远离你的机器。优秀的物理安全计划的下一阶段就是要限制计算机的具体操作。

当离开时把计算机锁起来。在 Windows XP 中，只需要按快捷键（Ctrl+Alt+ Delete），然后按（K）键（Lock 按钮的快捷键）。虽然身手敏捷的攻击者能在 10s 之内不用密码就进入你的计算机并共享计算机的磁盘，但是如果机器被锁定的话，就不会发生这样的情况。因此，应该养成离开时锁定计算机的习惯。

有了限制对存放计算机的地方的物理接触的想法，其必然结果就是限制人们接触计算机的部件。可以通过内建于计算机的物理安全特性来实现这一目标。几乎每一台计算机都具备一些有用的安全特性。可以利用这些特性，让你的计算机更难于受攻击或被盗（或者发生了最坏的情况，比如计算机被盗，那么也只是损失一台对他人毫无价值的机器而已）；Windows 也提供了许多有用的特性。

（1）锁住安放 CPU 的机箱。许多台式机机箱和塔式机柜都有锁片，可以用来阻止窃贼打开机箱。

（2）使用电缆式安全锁来防止别人窃取整台计算机。对于可以轻易地藏在背包或外套里的便携式计算机或小型台式机来说，这是一个非常好的主意。

（3）配置 BIOS 使计算机不能从软驱启动，这使得入侵者更难于从你的系统盘中删除密码或账户数据。

（4）考虑是否值得花一些钱，在存放计算机的房间里安装活动探测报警器。但对于家庭办公室，建立覆盖整个办公区域的安全系统通常是一笔没有必要的业务开支。

（5）使用 syskey 实用程序（Windows XP 支持）来保护本地账户数据库、EFS（encrypting file system，加密文件系统）加密密钥的本地副本以及其他不想让攻击者获取的重要数据。

（6）使用 EFS 对计算机上的敏感文件夹进行加密。不管使用的是便携机、台式机或服务器，EFS 都可以添加一层额外的保护。

（三）保护你的设备

网络电缆连接、集线器甚至外部网络接口都是网络中非常易于受到攻击的地方。能够连接到你的网络中的攻击者可以窃取正在传送的数据，或者对你的网络或其他网络中的计算机发动攻击！如果可能，将集线器和交换机放在有人看管的房间里，或者放在上锁的机柜中，沿着墙和天花板分布电缆，使其不容易接触到。此外，还要确保你的外部数据连接点处于锁定状态。

其他方面的技巧还有：

（1）如果家用计算机或办公计算机使用 DSL 连接，应确保电话公司的接口盒已经上锁——如果电缆连接出现状况，则 DSL 服务也将中断。

（2）如果想使用无线网络连接，应确保自己了解安全要求。简单地说，需要保护网络的安全，这样外部攻击者就无法截获你的流量或进入你的网络。这在 Windows XP 中都很容易办到。

加强物理安全很容易做到，而且不需要很大的开销，尤其与之所带来的安全利益相比，这点花费是非常值得的。

第二章　网络信息系统的安全性评价标准

　　信息安全评价标准是评价信息系统安全性或安全能力的尺度，安全评价是以安全模型为基础的。自从 20 世纪 60 年代末美国国防科学委员会提出计算机安全保护问题后，就开始了计算机系统安全模型与计算机安全评估的研究。本章将要系统地介绍一些重要的信息安全模型与评价标准。

　　有几种对计算机信息系统的安全性评价的方法，它们的目的各不一样。风险评估主要是评估计算机（网络）系统本身的脆弱性、所面临的威胁与攻击及其对系统安全所造成的影响程度，风险评估一般从财产遭受威胁和攻击引起的损失等方面来考虑，损失程度按有意或无意破坏、修改、泄露信息，以及设备误用所出现的概率来定量地确定。美国已经制定了一个自动数据处理系统（ADPS）风险评估准则（FIP65）。

　　电子信息处理（EDP）审计也是一种安全性评价方法，EDP 安全审计的主要任务是对系统及其环境的连续性和完整性的管理方法进行评估，并且对获得的数据进行评估。EDP 审计一般采用定性方法，将注意力放在控制威胁和风险上，对威胁与攻击频度和财产进行考虑。审计任务可以通过判断特殊的打印输出内容正确与否、运用已知测试结果的测试数据对系统进行检查性的测试、通过评估计算机系统中各种交易的处理状态进行系统设计等方法来完成。

　　安全性评价是评估系统可能受到的威胁与攻击和防止威胁与攻击的方法，评估的重点放在系统的安全控制能力和保护措施上，强调系统可能存在的泄露，确保系统的安全保密，确认是否存在不可预料的破坏或可绕过的控制。安全评估是定性的。美国国防部制定的"可信计算机评估准则"既是最早的安全评估，也是最典型的安全评估。

第一节　可信计算机系统评价标准

随着计算机越来越多地在政府机关、金融、经济和军事部门中应用，大量机密信息越来越多地进入计算机，计算机系统的安全性越来越引起人们的重视。什么样的计算机系统是安全的，如何评价计算机系统的安全，成为各国政府和广大计算机用户关心的问题。早在 1967 年美国国防科学委员会就提出计算机安全保护问题，1970 年美国国防部（DoD）在国家安全局（NSA）建立了一个计算机安全评估中心（NCSC），开始了计算机安全评估的理论与技术的研究。计算机系统安全的核心问题是操作系统的安全问题。在确认操作系统安全方面，工作做得最多的组织是美国国防部（DoD），具体工作是美国国家计算机安全中心（NCSC）完成的。1985 年美国国防部提出了评价安全计算机系统的六条标准。这套标准的文献名称是"可信计算机系统评价准则（Trusted Computer System Evaluation Criteria, TC–SEC）"，该标准又称"橘皮书"。"可信"就是可信赖的简称，是安全可靠的意思。本节着重介绍 NCSC 对可信计算机的评价标准。

一、评价准则主要概念

评价准则的制定是根据对信息系统的安全性考核要求制定的，为了便于具体评估，准则的制定需要一些确切概念的支持。评估准则又需要有普遍适应性，因此它又必须有一定的抽象性，需要通用安全模型的支持。

（一）安全性考核要求

为了更具有一般性，把计算机系统中的主动访问者称为主体（Sublet），如用户、入侵者、用户运行中的程序、子程序、入侵者的恶意程序、用户的复制、删除操作等都是主体，被访问或被使用的对象称为客体或目标（Object）。对资源的访问控制抽象为主体集合对客体集合的访问与控制。美国国防部对可信计算机系统的评价提出了六方面的考核要求。

1. 安全政策（Security Policy）

必须有一项明确的、定义好的、由计算机系统实施的安全政策（或策略）。系统中必须有可供系统使用的访问规则的集合，以便决定是否允许某个唯一的主体对特定的客体进行访问。这些访问规则包括：阻止未经适当安全认证的用户对敏感信息的访问；支持自主访问控制，保证只有指定的用户或用户组才能获得对数据的访问。必须根据一种安全策略，在可信计算机系统中实现这些访问规则。

2. 标识（Identification）

必须能够对系统中的每个主体进行标识，使得对它们的辨别是唯一的和可靠的。为了能够让系统检验每个主体/客体的访问请求，这种标识是非常需要的。必须在系统对每个主体识别后，才允许它对客体进行访问。在系统中每次对客体的访问，都需要识别主体的身份、安全级别和其有权访问的客体，对主体的识别与授权信息必须由计算机系统秘密地确认，并与完成某些安全有关动作的每个活动元素结合起来。

3. 标记（Marking）

对每一个客体都要作一个敏感性标记，用于规定各客体的安全等级（类别），并且是不可修改的（除最高权限者外）。系统要保证每次访问任一客体时都能得到该客体的标记，以便在被访问之前可以进行核查。对每个客体进行标记也是为了支持强制访问控制的安全策略。客体的标记既要包含可靠地表示客体的敏感级别，也包括允许哪些主体可以对本客体进行访问的方式。

4. 可审计性（Accountability）

系统必须能够记录所有影响系统安全的各种活动。这些活动包括有新用户登录到系统中，发生了修改主体或客体的安全级别的事件，发生了拒绝访问的事件，发生了多次注册失败的事件等。对与系统信息安全有关的事件应该有选择地记录与保存（称为审计），以便对影响系统安全的活动进行追踪。系统对审计信息必须妥善保护，防止对审计信息的修改与未经授权的毁坏。

5. 保障机制（Assurance）

为了实现上述各种安全能力与要求，在系统中必须提供相应的硬件与软件的保障机制与设施，并且能够对这些机制的有效性给出评价。这些机制可以嵌入在操作系统内，并用秘密的方法执行指定的任务。应该在文档中写清楚，这些机制是否能够独立考察、评估和检验其结果是否充分。

6. 连续保护（Continuous Protection）

系统的上述安全机制必须受到连续性的保护，防止未经许可的中途修改或损坏。如果实现了上述策略的硬件和软件本身是客体，那么这些安全机制的可靠性就受到威胁，进而就威胁计算机系统的可信性。

（二）安全性评价的概念

在可信计算机评价标准中，提出了许多重要的概念来描述计算机系统的安全问题，如安全性、可信计算基、最小特权原理、自主访问控制、强制访问控制、隐蔽信道、认证、加密、授权与保护等概念，许多概念已经介绍过了，这里不再进一步解释了，下面仅介绍前两个概念。

安全性概念包括安全政策、策略模型、安全服务和安全机制等内容，其中安全政策是为了实现软件系统的安全而制定的有关管理、保护和发布敏感信息的规定与实施细则；策略模型是指实施安全策略的模型；安全服务则是指根据安全政策和安全模型提供的安全方面的服务；安全机制是实现安全服务的方法。如果一个计算机系统的安全策略是正确与完整的，都有相应的安全机制支持，能够保证系统中每一次访问都是授权的，那么该系统就是安全的。

可信计算基（TCB, Trusted Computing Base）是软件、硬件与固件的有机集合，它根据访问控制策略处理主体集合对客体集合的访问，TCB 中包含了所有与系统安全有关的功能。TCB 具有以下性质：

（1）TCB 处理各个主体对客体集合中客体的每一个访问。

（2）TCB 是抗篡改的。

（3）TCB 足够小，便于分析、测试与验证。

在实际系统中，TCB 可以是一个安全核、前端安全过滤器，甚至可以是整个系统。

橘皮书把计算机系统的安全分为 A、B、C、D，共 4 个大等级 7 个安全级别。按照安全程度由弱到强的排列顺序是：D，C1，C2，B1，B2，B3，A1。在下一节中将详细说明各个安全级别提供的安全能力。

（三）采用的系统模型

评估准则中的可信计算机系统的安全模型采用了由 Roger Sehell 提出的

访问监控器概念。访问监控器映射计算机系统的可信计算基（TCB），即安全核，它的作用是负责实施系统的安全策略，在主体与实体之间对所有的访问操作实施监控。

访问监控器支持的安全策略是由 BLP 模型所抽象形式化处理的 DoD 的安全策略。该模型使用数学和集合论的工具精确地定义保护（安全）状态、基本的访问方式和为了授予主体对客体进行特殊访问所需要的规则，再用基本的安全理论去证明规则能够保证安全操作。基本安全理论认为，对于处于保护状态的系统，任何规则子集的使用将导致系统进入一个新的状态，只要规则子集本身是安全的，这个新状态也将是安全的。

BLP 模型在主体的职权级与系统客体的敏感级之间定义了一种关系，称为控制关系。根据这种定义，基本的访问模型在主体与客体之间定义了只读、只写和读 / 写等访问操作。模型把控制授予某主体可以读某一客体的权利称为简单安全条件，而把控制授予某主体可以写某一客体的权利称为特权。根据主体职权级与客体敏感级间的控制关系，简单安全条件和特权二者都包含强制安全措施。在状态转换时，为了授予某主体以特殊的访问方式，也需要定义自主安全访问方式。在主体代表一个用户进程进行处理时，模型需要对可信主体与非可信主体之间加以区别。

二、计算机系统的安全等级

根据美国国防部提出的六条安全考核要求，NCSC 确认了 7 个评价等级的各级安全要求。

根据安全性相近的特点，可以把 7 个安全级别划分为 4 类，一类是 D 等级，这一类什么保护要求也没有；第二类是 C1、C2、B1 等级，目前流行的商用操作系统的安全性大都属于这一类；第三类是 B2 等级，该类要求对基础模型的安全性给出精确的证明，对可信计算基（安全核）有清楚的技术规范说明；第四类是 B3 和 A1 等级，这一类具有更高的安全性，它要求对可信计算基（TCB）有更精确的证明和形式化的设计。每一类内部的不同级别的安全性并不相同，但是 B1 与 B2 之间在安全强度上有明显的差别，B2 和 B3 类之间也有显著的差别。具有 B3 和 A1 等级的系统，要求在一开始就要构造并证明一个安全形式模型。下面介绍每一种安全级别的主要要求。

(一) D 安全级

D 级是可以使用的最低安全级别。由于该标准根本就没有安全措施，整个系统是不可信赖的。这种系统的硬件没有任何保护机制；操作系统很容易受到侵害；用户对这种计算机系统的访问，没有任何身份认证措施与访问权限的控制。早期的 MS-DOS 操作系统就属于这一类系统。

(二) C1 安全级

C1 级系统称为自主安全保护系统（Discretionary Security Protection）。这一类系统适合于多个同敏感级的协作用户进行处理数据的工作环境。这类系统的最主要特征是能把用户与数据隔离，提供自主访问控制功能，允许用户对自己的资源可以自主地确定何时使用或不使用控制，以及允许哪些主体或用户进行访问。通过拥有者的自主定义和控制，可以防止自己的数据被不信任用户有意或无意地读出、篡改、干涉与破坏。该安全级要求在进行任何活动之前，通过 TCB 去确认用户身份 (如利用口令机制)，并保护确认数据，以免未经授权对确认数据的访问和修改。这类系统在硬件上必须提供某种程度的保护机制，使之不易受到损害；要求每个用户必须在系统注册建立账户，系统利用通行字机制识别他们。C1 安全级要求较严格的测试，以检测该类系统是否实现了设计文档上说明的安全要求。另外还要进行攻击性测试，以保证不存在明显的漏洞，让非法用户攻破或绕过系统的安全机制进入系统。C1 级系统要求完善的文档资料。

(三) C2 安全级

C2 级称为可控安全保护级。该类系统实现粒度更细的可控自主访问控制，保护粒度要达到单个用户和单个客体一级。它通过注册过程、与安全有关事件的审计和资源隔离，使得用户的操作具有可追踪性。C2 级增加了审计功能，审计粒度必须能够跟踪每个主体对 (或企图对) 每个客体的每一次访问，审计功能是 C2 级安全较 C1 级新增加的安全要求。在安全策略方面，除了具备 C1 级所有功能外，还提供授权服务和防止访问权利被扩散的控制机制，需要对用户的操作和客体提供防护，避免非授权访问。可以指定哪些用户可以访问哪些客体，未经授权的用户不得访问已指定访问权的客体。C2 级还提出了客体残留信息的处理要求，即要求 TCB 消除存储介质残留信息泄露，要求在一个过程运行结束后，要消除该过程残留在内存、外存和机器中的信息（这些信息不需要保留），并在另一个用户过程运行之前，必须清除或覆盖这些客体上的残留信息。C2 系统的 TCB 必须保存在特定区域中，以防止外部人员的篡改。C2 级是最低军用安全级别。

TCB 应该能够记录确认和识别安全机制的使用、将客体引入一用户地址空间、客体被删除等类事件，还应能记录操作人员、系统管理人员和安全管理人员进行的各种活动，及其与安全相关的活动。C2 级的审计功能要求提供唯一识别计算机系统各个用户身份的能力，并提供将用户身份与其被审计动作联系在一起的能力。要求能够对 TCB 进行建立、维护和保护，对客体的访问可以进行审计追踪，同时能够保护审计信息，防止对审计信息进行修改和未经授权的访问或毁坏。对于每个审计事件，审计记录应该包括：用户名、事件发生时间、事件类型、事件的成功与失败等。对于确认事件，请求源（如终端 ID）也应该包含在审计记录中。对于客体进行访问的事件，在审计记录中还包括客体名。C2 系统还应该允许系统管理员可以有选择地审计任一的或多个用户的活动。

（四）B1 安全级

B 类安全包含 3 个级别：B1、B2 和 B3 级，它们都采用强制保护控制机制。B1 级又称为带标记的访问控制保护级（Labeled Security Protection）。B1 级在 C2 级的基础上增加了或加强了标记、强制访问控制、审计、可记账性和保障等功能。

1. 标记的作用

标记在 B1 级中起着重要作用，是强制访问控制实施的依据。每个主体和存储客体有关的标记都要由 TCB 维护。B1 级对标记的内容与使用有以下要求：

（1）主体与客体的敏感标记的完整性：安全标记应能唯一地指定级别。当 TCB 输出敏感标记时，应准确对应内部标记，并输出相应的关联信息。

（2）标记信息的输出：人工指定每个 I/O 信道与 I/O 设备是单（安全）级的还是多（安全）级的，TCB 应能知晓这种指定，并能对这种指定活动进行审计。

（3）多级设备输出：当 TCB 把一个客体输出到多安全级的 I/O 设备时，敏感标记也应同时输出，并与输出信息一起留存在同一物理介质上。当 TCB 使用多安全级 I/O 信道通信时，协议应能支持多敏感标记信息的传输。

（4）单级设备的输出：虽然不要求对单安全级 I/O 设备和单安全级信道所处理的信息保留敏感标志，但要求 TCB 提供一种安全机制，允许用户利用单级设备与单级 I/O 信道安全地传输单级信息。

（5）对人可读输出的标记输出：系统管理员应该能够指定与输出敏感标记相关联的可打印标记名，这些敏感标记可以是秘密、机密和绝密的。TCB 应能标识这些敏感标记输出的开始与结束。

2. 强制访问控制

每个受控的客体都必须附加上标记，用于标明该客体的安全级，当这些客体被访问的时候，保护系统就依据这些标记对客体进行必要的控制。B1 类要求每个受控的主体和客体都要配备一个安全级，但不要求保护系统控制每个客体。B1 级中的访问控制机制必须依据一种安全模型，在这种模型中，主体与客体的敏感性标记既有等级性级别的，又有无等级性类别的。TCB 应该支持两个以上的安全级。TCB 控制主、客体间的所有访问活动，并要求这些活动必须满足以下要求。

只有主体的敏感等级大于或等于客体的敏感等级时，才允许该主体去读该客体，而且该主体的信息访问类包含该客体中信息访问类的全部内容。信息访问类中所包含的信息是非等级性。只有主体的敏感级不大于客体的敏感级时，才允许该主体去写该客体，而且该主体的信息访问类包含该客体中信息访问类。

军用安全策略可以满足这种要求，它既具有按非密、秘密、机密和绝密的等级性级别的标记，又允许某个主体知道多种级别信息组成的无等级性类别的信息。对于强制性访问控制政策的模型是 Bell-LaPadula 模型，在该模型中要支持军用安全策略。B1 类系统对所有访问都要实现这种模型，同时也支持有限的用户自主访问控制功能。

3. 可审计性

TCB 应该对所有涉及敏感性活动的用户进行身份识别，TCB 应该管理用户的账户、口令、签证与权限信息，防止发生非授权的用户访问。B1 级的审计功能比 C2 级的功能更强，还增加了对任何滥用职权的人可读输出标志和对安全级记录的事件进行审计，也可以对于用户的安全性活动进行有选择的审计。

4. 对实现的要求

在实现过程中，必须彻底分析 B1 类系统的设计文档和源代码，测试目标代码，尽可能发现系统存在的安全缺陷，并保证消除这些缺陷。要有一种非形式的或形式化的模型来描述系统实现的安全策略。

(五) B2 安全级

B2 级称为结构化保护级（Structured Protection）。在 B2 级系统的设计中，要求对系统内部进行结构化的划分，划分成明确而大体上独立的模块，并采用最小特权原则进行管理。B2 级不仅要求对所有对象加标记，而且要求给设备（磁盘、磁带或终端）分配一个或多个安全级别（对设备加标记）。必须对所有的主体与客体（包括设备）实施强制性访问控制保护，必须要有专职人员负责实施访问控制策略，其他用户无权管理。

B2 级较 B1 级有一项更强的设计要求，这类系统的设计与实现必须经得起更彻底的测试和审查，必须给出可验证的顶层设计（Top-Level Design），并且通过测试确认该系统实现了这一设计。还需要对隐蔽信道进行分析，确保系统不存在各种安全漏洞。实现中必须为安全系统自身的执行维护一个保护域，并确证该域的安全性不受外界的破坏，进而保护整个系统的目标代码和数据的完整性不受到外界破坏。

B2 级强调实际中的评价手段，因此增加或加强了以下功能：

1. 安全策略方面

进一步加强了强制访问控制功能，把强制访问控制的对象从主体到客体扩展到 I/O 设备等所有资源，并要求每种系统资源必须与安全标记相联系。

2. 可审计性方面

进一步加强系统的连续保护和防渗漏能力。主要措施包括：能够确保系统和用户之间开始注册与确认时路径是可信的；增加了对使用隐蔽存储信道的标记事件的审计功能。隐蔽存储信道是指进程之间通过对某存储载体的读写来完成信息隐蔽传输的信道，而这种信道是安全策略中没有要求的。

3. 最小特权原则

应能支持操作人员与和系统管理人员的权限分离，对每个主体只授予满足完成任务所需的最小存储权，以保证最小特权原则的执行。还应该划分保护与非保护部分，并使它们维持在一个固定的受保护的域中，防止被外界破坏或恶意篡改。

（六）B3 安全级

B3 级安全又称为安全域保护级（Security Domain Protection）。要求系统有主体 / 客体的区域，有能力实现对每个目标的访问控制，使每次访问都受到检查。用户程序或操作被限定在某个安全域内，安全域间的访问受到严格控制。这类系统通常采用硬件设施来加强安全域的控制，如内存管理硬件用于保护安全域免受无权主体的访问，或防止其他域的主体的修改。该级别要求用户的终端必须通过可信的信道连接到系统上。

为了能够确实进行广泛而可信的测试，B3 级系统的安全功能应该是短小精悍的。为了便于理解与实现，系统的高层设计（High Level Design）必须是简明而完善的，必须组合使用有效的分层、抽象和信息隐蔽等原则。所实现的安全功能必须是高度防突破的，系统的审计功能能够区分出何时能避免一种破坏安全的活动。为了使系统具备恢复能力，B3 系统增加了以下要求：

1. 安全策略

采用访问控制表进行控制，允许用户指定和控制对客体的共享，也可以指定命名用户对客体的访问方式。

2. 可审计性

系统能够监视安全审计事件的发生与积累，当超出某个安全阀值时能够立刻报警，通知安全管理人员进行处理。

3. 保障措施

只能完成与安全有关的管理功能，对其他完成非安全功能的操作要严加限制。当系统出现故障与灾难性事件后，要提供一种过程与机制，保证在不损害保护的条件下使系统得到恢复。

(七) A1 安全级

A1 级又称可验证设计保护（Verified Design Protection）级。A1 类系统的设计要求非常严格，必须是一种可以经过形式化验证的设计。该类系统的能力与 B3 类相同。A1 类系统有五条确认标准：

（1）保护系统的形式模型及其严谨性和充分性的证明。必须能够对安全策略的形式化模型进行验证，包括用数学方法证明模型与公理的一致性，模型对安全策略支持的有效性。

（2）保护系统的顶层技术规格说明。形式化的顶层设计说明必须包括 TCB 完成的抽象化功能定义和用于支持隔离执行区域的硬件、软件或固件机制。

（3）表明该顶层技术规格与系统形式模型的一致性的例证；最好能够利用验证工具，使用形式化方法证明 TCB 的形式化的顶层设计说明和模型的一致性，也可以采用非形式化技术给出验证说明。

（4）能"非正式地"证明系统的实现与该技术规格的一致性，应能证明 TCB 功能（如软件、硬件、固件）与形式化的顶层设计说明是一致的。非形式的证明形式化的顶层设计说明的各要素对应 TCB 的各部件。形式化的顶层设计说明必须能够表达与保护机制一致的安全策略要求，并且映射到 TCB 的部件正是这些保护机制的要素。

（5）对隐蔽信道的形式化分析。必须使用形式化分析技术去识别和分析隐蔽信道，对于时钟隐蔽信道，也可以用非形式化技术去识别。在系统中，必须对被识别的隐蔽信道的连续存在给予证明。

A1 级系统的要求极高，达到这种要求的系统很少，目前已获得承认的这类系统有 Honeywell 公司的 SCOMP 系统。A1 级安全标准是安全信息系统的最高安全级别，一般信息系统很难达到这样的安全能力。

第二节　计算机网络安全等级评价标准

由于计算机网络的物理分布，由众多独立的计算机系统通过通信系统互联到一起，网络的安全性评价问题就比单个计算机系统的安全性评价问题复杂得多，而且也重要得多。美国国防部计算机安全评估中心在制定可信计算机系统评价准则的基础上，又成立了专门的研究组研究可信计算机网络的评估准则。1987年6月NCSC首次发表了可信计算机网络安全说明，该说明是在可信计算机系统评价准则的基础上增加了网络安全评价的内容。

借用单个可信计算机系统安全评估中的可信计算基TCB的概念，在可信网络安全说明中也建立了网络可信计算基（NTCB）概念，它是由所有与网络安全有关的部分组成。网络的安全设计与评价是建立在了解安全机制是如何被分配与指定到各个部件上的，而不考虑网络信道的脆弱性、网络部件的同步和异步操作。可信网络安全说明要求任何被评估的网络系统必须具有清晰的网络安全结构与设计，网络安全结构中要包括对安全策略、目标与协议的说明。网络安全策略包括自主访问控制、强制访问控制、支撑策略（加密、认证与审计）和应用策略（如数据库管理系统DBMS的支持及其安全策略）。为了作为一个可信实体来评价，网络安全设计要说明网络提供的接口与服务。

与计算机系统一样，计算机网络系统也划分为7个安全等级。由于网络还存在对外提供服务的问题，因此，对网络系统的安全要求除了对网络各个安全等级的具体要求外，还包括对网络安全服务的具体要求。本节将分别介绍这两方面的内容。

一、网络系统的安全等级

网络系统的安全等级划分为无安全等级、自主安全等级、强制保护等级和验证设计等级四大安全等级，其中无安全级为D级，自主安全级包括C1和C2两个等级，强制保护级包括B1、B2和B3等级，验证设计级为A1级。它们的安全要求与计算机系统的相应安全等级对应。自主安全级实现自主访问控制。在强制保护级中要求网络系统与系统的主要数据结构必须带有敏感标记，NTCB必须保证敏感标记的完整性，并利用这些敏感标记实现强制访问控制机制。7个安全级别的主要内容如下：

（一）D级

D为无安全等级，是可以使用的最低的网络安全级别。由于该等级根本就没有安全措施，整个系统是不可信赖的。这一等级是为不满足较高等级的网络系统而设定的。

(二) C1 级

C1 级是实现自主访问控制（DAC）的低安全级别。该级别并不要求在全部的网络系统部件内都实现 DAC 的安全机理。C1 级允许用多种方法实现网络环境下的用户认证问题，可以利用网络标识符（即网络地址）解决用户组的识别问题。在安全网络系统的设计与实现时，NTCB 的部分自主访问控制功能可以由可信监控器完成，由它管理系统的所有资源，控制主体与客体的分离。

(三) C2 级

C2 级是实现自主访问控制机制的高安全级别，增加了审计功能是 C2 级明显区别 C1 级的主要特点之一。审计跟踪信息将包含以下类型事件：

(1) 客体的删除。

(2) 将客体引入一用户的地址空间（如打开文件）。

(3) 确认和识别安全机制的使用。

(4) 操作人员与系统管理员所进行的与安全有关的活动。

在网络系统中，与网络结构和网络安全策略有关的安全事件也应该进行审计记录，这些事件有：

(1) 每种访问事件及其主要参数的识别，如网络进程间的连接与断连和它们的主标识符。

(2) 每个访问事件的开始时间与结束时间。

(3) 在两个宿主计算机之间进行信息传输时，对与安全有关的特殊条件的确认（如潜在破坏数据完整性的行为和数据报的路由错误）。

(4) 加密变量的应用。

(5) 网络结构发生了改变（如某个部件脱网或重新入网）。

另外，网络系统部件应该提供另一部件要求的审计能力（如存储、检索、整理、分析等），还要求所审计的数据不能存储在被审计的部件中，而是将这些审计数据传输到某一指定的收集部件。

C2 级允许客体的属主自己去指定与控制哪些用户可以共享和使用自己

的客体，以防止未经授权的访问。同时，NTCB 也具有限制访问权扩散的功能，要求自主访问控制机制必须与其支持的客体隔离。NTCB 能够建立与维护对客体的访问控制关系与权限，防止未经授权的访问和修改。审计信息也受到 NTCB 的保护。

（四）B1 级

B1 级在保留 C2 级的全部功能的基础上增加了强制访问控制策略。B1 级的安全策略要求网络的拥有者应该在网络中定义自主与强制保护策略，防止未经授权的用户读取委托给网络处理的敏感信息。在进程（或设备）中控制着与主体和存储客体有关的敏感标记，这些标记应由 NTCB 保存，并把它们作为强制访问的判断基础。

B1 级要求网络系统中的主要数据结构必须加载敏感标记，NTCB 利用这些敏感标记实现强制完整性策略和强制访问控制功能。当信息在网络部件之间传输时，NTCB 实施的强制完整性策略一般不能防止信息流的修改，但由于在传播期间提供了保护，利用完整性敏感标记完全反映信息提交的可信度。在有多级路由器组成的网络结构中，利用强制完整性安全策略可以防止在转发信息时对信息的可能修改。对于某些结构，可以定义反映特定要求的完整性敏感标记，用以限制信息传输过程中因随机错误或未经授权修改对信息流造成的影响。对于端到端的加密，强制完整性安全策略要求把密钥生成代码与数据隔离，这样可以防止由其他恶意进程在同一部件内对密钥生成代码进行修改。当信息传输到一个容易被破坏的环境中时，NTCB 应该提供诸如加密校验和加密方法，用以保证标记的准确性。这些算法可以在一个独立设备上实现，也可以在一个较大的设备内与主体一起实现。

（五）B2 级

对于 B2 级网络系统，要求对 NTCB 进行明确的定义，并对其安全策略模型进行形式化证明。B2 级要求把 B1 级中实施的强制访问和自主访问控制策略扩展到网络系统中的所有主体与客体。对于保存网络控制信息的客体和其他网络结构（如路由表），必须标有安全标记，从而防止被未经授权的访问所修改。NTCB 应能保证信息从源点准确地传输到目的点，任何导致对信息流的修改（MSM）的活动都被看作对完整性策略的侵犯。因此，B2 级要求

NTCB 具备能够自动测试、检验、报告超出指定网络完整性要求的错误和威胁的能力。

B2 级网络要求严格执行最小特权原则,对每个 NTCB 部件和各个用户都赋予仅能完成其任务的最小特权,为了防止外部主体的介入或修改,NTCB 必须保存在只有它自己能够执行的区域中,对每个用户和个人必须限制其只能访问指定的资源。如果在网络系统中引入了隐蔽信道(例如,网络协议信息的输出将会产生存储隐蔽信道),系统开发人员必须对隐蔽信道进行充分的搜索和判断。

(六) B3 级

B3 级网络中要求通信信道和部件必须标识为单级安全的或多级安全的,并规定单级设备只能连接到单级信道上。要求 NTCB 包含一种具有能够监视安全审计事件(紧急危害安全策略的事件)的发生与积累的机制,且当积累到一定阀值时应该能够立即通知安全管理人员。

B3 级要求根据网络安全结构使用一种简单而精确的语法定义保护机制来设计和构造 NTCB,以便于验证。除某些完整性安全结构(如数据完整性和拒绝服务等)可以驻留在 NTCB 之外,其他所有与安全有关的功能都应该放在 NTCB 内,系统应具有防渗透能力。

本级还要求 NTCB 和其他部分出现故障后,网络系统应提供一种恢复进程,用以隔断故障部分,并保证其他部分能够正常工作。

(七) A1 级

A1 级的安全功能要求与 B3 级要求大致相同,但 A1 级要求给出系统设计的形式化说明,并利用形式化验证技术验证系统的安全功能,确保 NTCB 是完全符合设计要求的。验证设计必须满足 A1 级单机计算机系统的 5 条原则。

A1 系统要求严格的构造管理和日常保证。例如,为了保证描述当前 NTCB 版本的主要参数和复制代码之间映射的完整性,要求提供可信的自动信息处理系统、控制与分配设施;而各个过程(如现场验收过程)则要保证分配到客户的 NTCB 硬件、固件或软件与原主体一样。只有达到了这些要求和保证,才能支持对 NTCB 可能的扩展设计和开发。

二、网络安全服务

在前一节描述了各安全等级网络中需要满足的安全要求和需要提供的安全机制，这些都是支持网络提供安全服务的。除此以外，还要求提供特定安全服务和辅助网络安全服务，下面主要介绍特定安全服务的具体内容。

特定安全服务包括为了保障通信的完整性、防止发生拒绝服务和防止泄露而提供的相应安全措施。

（一）通信完整性

通信完整性由一组安全服务共同完成，其中包括鉴别、通信域完整性和不可否认等安全服务在内。

1. 鉴别

鉴别主要指对等实体之间的鉴别，用于判断正在通信的双方是否是所希望的实体。鉴别的主要方法有：实体已知的东西（如口令）、加密方法和实体具有的特有特征（如指纹信息），这些用于鉴别的信息必须受到网络的保护。

2. 通信域完整性

这里的域是指报文头信息（也称为协议信息）和用户的数据域。通信完整性保护就是指在通信过程中对这些域中内容的保护。一个协议数据单元（PDU）中必须包括协议信息，而用户数据域则是可选的。通信域完整性要做到以下要求。

（1）保证单个无连接 PDU 的完整性。这可以通过检测所接收的 PDU 是否被修改过加以验证。

（2）保证在一个无缝连接的 PDU 内选择域的完整性。可以通过检测选择域是否被修改过加以验证。

（3）保证连接方式选择域的完整性。可以通过检测选择区是否被修改、插入、删除和重放过加以验证。

（4）所有用户信息的完整性。需要检测对任何 PDU 的修改、插入、删除或重放。

3. 不可否认

不可否认服务提供数据的收发双方都不能伪造所收发数据的证明。这种服务能够向数据的接收方提供发送者事后不能否认已发送报文的证明；向发送方提供接收者已接收的文件是否进行过篡改或是伪造来自发送者文件的证明。采用的方法通常是数字签名技术和可信第三方认证技术。

(二) 拒绝服务

拒绝服务是指网络系统不能向用户提供正常应该提供的服务。产生拒绝服务的原因通常是由于网络的吞吐量下降到一定的阀值，或者不能对远程实体进行访问而引起的，也有的是由于系统资源不够而引起的。可以通过检测发现是否存在拒绝服务现象。例如，在一次会话连接时可以通过检测最大等待时间，确定是否存在拒绝服务现象。防止拒绝服务的发生可以通过以下措施实现。

1. 保障操作的连续性

(1) 利用冗余方式 (如网络部件的主、辅替换方式) 使网络具有高可靠性，降低单点故障，提供剩余容量。

(2) 提供灵活的网络控制功能。

(3) 提供一种错误极限机制，以便网络维护与保障网络操作的连续性。这种功能主要包括故障检测、错误处理、风险评估、故障或错误恢复、部件和部分系统崩溃的恢复和整个网络崩溃的恢复。

2. 基于拒绝服务保护机制的协议

确定拒绝服务的机制通常是以协议为基础的，也包括测试和检测。通信有效性服务一般都是尽可能地减少网络开销，但拒绝服务一般都要增加网络开销，严重影响网络性能。例如，为了创造拒绝服务的条件，要使用"请求应答"机制交换报文，这在一般情况下是不允许的。

3. 网络管理

基于系统或报文完整性的拒绝服务，涉及通信协议和网络管理。在这两种情况中，网络管理与维护的任务是监测网络健康状况、检测故障和导致拒绝服务或降低服务的隐蔽活动。通过加强一系列的网络管理功能，可以使拒绝服务减到最小情况。

(三) 泄露保护

防止信息泄露需要采取物理、管理和技术的综合措施。在技术方面，为了防止信息在线路上被搭线窃听，可以采用加密技术。加密措施会对信息的使用带来不方便，需要对密钥的粒度进行合理的折中，适当的粒度是对每个敏感级别使用一种密钥。

网络还可能受到信息流分析攻击，防护的办法是除了采用加密机制外，还可以采用信息流填充技术，使攻击者无法辨别哪些信息是有效的。另外，通过路由选择也可以有效地控制信息的泄露。

第三节 我国信息系统安全评价标准

国家质量技术监督局于 1999 年 9 月 13 日正式公布了新的国家标准"计算机信息系统安全保护等级划分准则"。该标准于 2001 年元旦开始实施。这是我国第一部关于计算机信息系统安全等级划分的标准，而国外同类标准是美国国防部在 1985 年公布的可信计算机系统评价标准 TCSEC（又称橘皮书）。在 TCSEC 中划分了 7 个安全等级：D、C1、C2、B1、B2、B3 和 A1 级，其中 D 级是没有安全机制的级别，A1 级是难以达到的安全级别。在我国的 GB17859 中，去掉了这两个级别，对其他 5 个级别也赋予了新意。

一、各安全级别的主要特征

GB17859 把计算机信息系统的安全保护能力划分的 5 个等级是：用户自主保护级、系统审计保护级、安全标记保护级、结构化保护级和访问验证保护级。这 5 个级别的安全强度自低到高排列，且高一级包括低一级的安全能力。各安全级别的主要标准如下：

第 1 级，系统自主保护级。本级的主要特点是用户具有自主安全保护能力。系统采用自主访问控制机制，该机制允许命名用户以用户或用户组的身份规定并控制客体的共享，能阻止非授权用户读取敏感信息。TCB 在初始执行时需要鉴别用户的身份，不允许无权用户访问用户身份鉴别信息。该安全级通过自主完整性策略，阻止无权用户修改或破坏敏感信息。

第 2 级，系统审计保护级。本级也属于自主访问控制级，但和第一级相比，TCB 实施粒度更细的自主访问控制，控制粒度可达单个用户级，能够控制访问权限的扩散，没有访问权的用户只能由有权用户指定对客体的访问权。身份鉴别功能通过每个用户唯一标识监控用户的每个行为，并能对这些行为进行审计。增加了客体重用要求和审计功能是本级的主要特色。审计功能要求 TCB 能够记录：对身份鉴别机制的使用；将客体引入用户地址空间；客体的删除；操作员、系统管理员或系统安全管理员实施的动作，以及其他与系统安全有关的事件。客体重用要求是指，客体运行结束后在其占用的存储介质（如内存、外存、寄存器等）上写入的信息（称为残留信息）必须加以清除，从而防止信息泄露给其他使用这些介质的客体。

第 3 级，安全标记保护级。本级在提供系统审计保护级的所有功能的基础上，提供基本的强制访问功能。TCB 能够维护每个主体及其控制的存储客体的敏感标记，也可以要求授权用户确定无标记数据的安全级别。这些标记是等级分类与非等级类别的集合（后面将进一步说明），是实施强制访问控制的依据。TCB 可以支持对多种安全级别（如军用安全级别可划分为绝密、机密、秘密、无密 4 个安全级别）的访问控制，强制访问控制规则如下：

仅当主体安全级别中的等级分类高于或等于客体安全级中的等级分类，且主体安全级中的非等级类别包含了客体安全级中的全部非等级类别，主体才能对客体有读权；仅当主体安全级中的等级分类低于或等于客体安全级中的等级分类，且主体安全级中的非等级类别包含于客体安全级中的非等级类别，主体才能写一个客体。

TCB 维护用户身份识别数据，确定用户的访问权及授权数据，并且使用这些数据鉴别用户的身份。审计功能除保持上一级的要求外，还要求记录客体的安全级别，TCB 还具有审计可读输出记号是否发生更改的能力。对数据完整性的要求则增加了在网络环境中使用完整性敏感标记来确信信息在传输过程中未受损。

本级要求提供有关安全策略的模型，主体对客体强制访问控制的非形式化描述，没有对多级安全形式化模型提出要求。

第 4 级，结构化保护级。本级 TCB 建立在明确定义的形式化安全策略模型之上，它要求将自主和强制访问控制扩展到所有主体与客体。它要求系统开发者应该彻底搜索隐蔽存储信道，要标识出这些信道和它们的带宽。本级最主要的特点是 TCB 必须结构化为关键保护元素和非关键保护元素。TCB 的接口要求是明确定义的，使其实现能得到充分的测试和全面的复审。第四级加强了鉴别机制，支持系统管理员和操作员的职能，提供可信设施管理，增强了系统配置管理控制，使系统具有较强的抗渗透能力。

强制访问控制的能力增强，TCB 可以对外部主体能够直接或间接访问的所有资源（如主体、存储客体和输入输出资源）都实行强制访问控制。关于访问客体的主体的范围有了扩大，第 4 级则规定 TCB 外部的所有主体对客体的直接或间接访问都应该满足上一级规定的访问条件。而第 3 级则仅要求那些受 TCB 控制的主体对客体的访问受到访问权限的限制，且没有指明间接访问也应受到限制。要求对间接访问也要进行控制，意味着 TCB 必须具有信息流分析能力。

为了实施更强的强制访问控制，第 4 级要求 TCB 维护与可被外部主体直接或间接访问到的计算机系统资源（如主体、存储客体、只读存储器等）相关的敏感标记。第 4 级还显式地增加了隐蔽信道分析和可信路径的要求。可信路径的要求如下：TCB 在它与用户之间提供可信通信路径，供用户的初始登录和鉴别，且规定该路径上的通信只能由使用它的用户初始化。对于审计功能，本级要求 TCB 能够审计利用隐蔽存储信道时可能被使用的事件。

第 5 级，访问验证保护级。本级的设计参照了访问监视器模型。它要求 TCB 时能满足访问监视器（RM, Reference Monitor）的需求，RM 仲裁主体对客体的全部访问。RM 本身是足够小的、抗篡改的和能够分析测试的。在构造 TCB 时要去掉与安全策略无关的代码，在实现时要把 TCB 的复杂度降到最低。系统应支持安全管理员职能，扩充审计机制，在发生安全事件后要发出信号，提供系统恢复机制，系统应该具有很高的抗渗透能力。

对于实现的自主访问控制功能，访问控制能够为每个命名客体指定命名用户和用户组，并规定它们对客体的访问模式。对于强制访问控制功能的要求与上一级别的要求相同。对于审计功能，要求 TCB 包括可以审计安全事件的发生与积累机制，当超过一定阈值时，能够立即向安全管理员发出报警，并且能以最小代价终止这些与安全相关的事件继续发生或积累。

对于可信路径功能要求如下：当与用户连接时（如注册、更改主体安全级），TCB 要提供它与用户之间的可信通信路径。可信路径只能由该用户或

TCB 激活，这条路径在逻辑上与其他路径上的通信是隔离的，并且是可以正确区分的。

第 5 安全级还增加了可信恢复功能。TCB 提供过程与机制，保证计算机系统失效或中断后，可以进行不损害任何安全保护性能的恢复。

二、对标准的讨论

新安全等级划分标准的一个显著特点是：评价的因素简化，可操作性增强。在 TESEC 标准中，一共有 25 条评价因素。而新标准中只有 10 条评价系统安全能力的因素，而且这些因素的含义都是比较好理解的，这样有助于在实际中对标准的掌握。

(一) 关于强制访问控制的规则

第 3 级中的强制访问控制策略是试图体现军用安全模型和 BLP 安全模型的要求。例如，要求"主体安全级中的非等级类别包含了客体安全级中的全部非等级类别，主体才能对客体有读权"是军用安全模型的要求；虽然规定了写客体的要求是"仅当主体安全级中的等级分类低于或等于客体安全级中的等级分类，且主体安全级中的非等级类别包含于客体安全级中的非等级类别，主体才能写一个客体"，但这样的规则并不符合 BLP 模型中特性的安全性要求，不能保证信息流的安全性。BLP 模型的特性原则用于控制两个客体之间的信息流动，要求只能把从低级别客体中读出的信息写入高级别的客体内（相同级别之间的信息也可以互相流动），这一原则没有在本标准中明确地体现出来。

从第 3 安全级开始，计算机信息系统增加了强制访问控制安全能力，同时保留自主访问控制安全能力。自主访问控制能力允许某客体的主体授权其他主体向其客体写数据，这样可以解决低完整性级别的主体向高完整性级别的客体写入数据的问题，也可以阻止非授权用户修改或破坏敏感数据，但违反了本标准规定的强制访问控制规则。对于要求达到 3 级以上安全能力的系统，需要以强制访问控制为主，只能在有限的主体范围内允许自主访问控制。考虑到在网络环境中数据传输过程中可能受损，因此在数据完整性条款中特意要求使用完整性敏感标记来确信信息在传送过程中没有受到损害。

(二) 关于第 5 安全级的讨论

第 5 安全级并不是简单地对应 TESEC 的 B3 安全级，而且还包含了部分 A1 安全级的要求。B3 安全级要求系统有主体 / 客体安全保护区域，有能力实现对每个客体的访问控制，使每次访问都受到检查。客体的访问区域限定在某个安全域内。但这些要求并未在新的第 5 安全级内明确体现。A1 安全级又称为可验证安全保护级。要求对 A1 类系统的形式模型有充分的验证；要求有顶级设计与系统形式模型一致性的说明；非形式地证明系统的实现与其技术规格的一致性的例证；要求有对隐蔽信道的分析说明。从第 5 级的名称来看，它更贴近 A1 级的要求。

第 5 安全级是最高的安全级，具有该安全能力的计算机信息系统应该具有很完善的安全防护能力。不仅能够控制显式数据流的安全，也能防止隐式信息流的信息泄露问题；既能实现单级安全模型的要求，更能支持多级安全模型的访问控制要求。

第四节　通用评价准则

通用评估准则简称 CC，已经于 1999 年 12 月正式由 ISO 组织所接受与颁布，成为全世界所公认的信息安全技术评估准则。这个准则集多国科学家的辛勤劳动与智慧，最终所形成的结果不仅可以作为安全信息系统的评测标准，而且更可以作为安全信息系统设计与实现的标准与参考。本节以下部分准备比较全面地介绍 CC 标准的内容。认真阅读这部分内容有助于对安全信息系统的总体安全要求有更清楚的了解。

一、CC 的由来与特色

《信息技术、安全技术、信息技术安全性评估准则》(通常也简称通用准则——CC) 已于 2014 年 3 月正式颁布，该标准是评估信息技术产品和系统安全性的基础准则。国际标准化组织统一现有多种评估准则努力的结果，是在美国、加拿大、欧洲等国家和地区分别自行推出测评准则并具体实践的基础上，通过相互间的总结和互补发展起来的。其发展的主要阶段为：

（1）1985年，美国国防部公布《可信计算机系统评估准则》（TCSEC），即橘皮书。

（2）1989年，加拿大公布《可信计算机产品评估准则》（CTCPEC）。

（3）1991年，欧洲公布《信息技术安全评估准则》（ITSEC）。

（4）1993年，美国公布《美国信息技术安全联邦准则》（FC）。

（5）1996年，六国七方（英国、加拿大、法国、德国、荷兰、美国国家安全局和美国标准技术研究所）公布《信息技术安全性通用评估准则》（CC1.0版）。

（6）1998年，六国七方公布《信息技术安全性通用评估准则》（CC2.0版）。

（7）1999年12月，ISO接受CC为国际标准ISO/IEC15408标准，并正式颁布发行。

（8）从CC的发展历史可以看出，CC源于TCSEC，但已经完全改进了TCSEC。针对操作系统的评估，提出的是安全功能要求，目前仍然可以用于对操作系统的评估。随着信息技术的发展，CC全面地考虑了与信息技术安全性有关的所有因素，以"安全功能要求"和"安全保证要求"的形式提出了这些因素，这些要求也可以用来构建TCSEC的各级要求。

CC定义了作为评估信息技术产品和系统安全性的基础准则，提出了目前国际上公认的表述信息技术安全性的结构，即把安全要求分为规范产品和系统安全行为的功能要求，以及解决如何正确有效地实施这些功能的保证要求。功能和保证要求又以"类—族—组件"的结构表述，组件作为安全要求的最小构件块，可以用"保护轮廓""安全目标"和"包"的构建，如由保证组件构成典型的包——"评估保证级"。另外，功能组件还是连接CC与传统安全机制和服务的桥梁，以及解决CC同已有准则（如TCSEC、ITSEC）的协调关系，如功能组件构成TCSEC的各级要求。

CC作为评估信息技术产品和系统安全性的世界性通用准则，是信息技术安全性评估结果国际互认的基础。早在1995年，CC项目组成立了CC国际互认工作组，此工作组于1997年制订了过渡性CC互认协定，并在同年10月，美国的NSA和NIST、加拿大的CSE和英国的CESG签署了该协定。1998年5月，德国的GISA、法国的SCSSI也签署了此互认协定。1999年10

月，澳大利亚和新西兰的 DSD 加入了 CC 互认协定。在 2000 年，又有荷兰、西班牙、意大利、挪威、芬兰、瑞典、希腊、瑞士、以色列等国加入了此互认协定，该协定被更多的国家承认只是时间问题。

CC 分为以下 3 个部分：

第 1 部分是简介和一般模型，正文介绍了 CC 中的有关术语、基本概念和一般模型以及与评估有关的一些框架，附录部分主要介绍保护轮廓（PP）和安全目标（ST）的基本内容。

第 2 部分是安全功能要求，按"类—族—组件"的方式提出安全功能要求，提供了表示评估对象 TOE(target of evaluation) 安全功能要求的标准方法。除正文以外，每一个类还有对应的提示性附录作进一步解释。

第 3 部分是安全保证要求，定义了评估保证级别，介绍了 PP(保护轮廓) 和 ST (安全目标) 的评估，并按"类—族—组件"的方式提出安全保证要求。本部分还定义了 PP 和 ST 的评估准则，并提出了评估保证级别，即定义了评估 TOE 保证的 CC 预定义尺度，这被称为评估保证级别。

CC 的 3 个部分相互依存、缺一不可。其中第 1 部分是介绍 CC 的基本概念和基本原理，第 2 部分提出了技术要求，第 3 部分提出了非技术要求和对开发过程、工程过程的要求。这 3 部分的有机结合，具体体现在 PP 和 ST 中，PP 和 ST 的概念和原理由第 1 部分介绍，PP 和 ST 中的安全功能要求和安全保证要求在第 2、3 部分选取，这些安全要求的完备性和一致性由第 2、3 两部分来保证。

CC 比起早期的评估准则，其特点体现在其结构的开放性、表达方式的通用性，以及结构和表达方式的内在完备性和实用性 4 个方面。

(一) 在结构的开放性方面

CC 提出的安全功能要求和安全保证要求都可以在具体的"保护轮廓"和"安全目标"中进一步细化和扩展，如可以增加"备份和恢复"方面的功能要求或一些环境安全要求，这种开放式的结构更适应信息技术和信息安全技术的发展。

(二) 通用性的特点

通用性即给出通用的表达方式。如果用户、开发者、评估者、认可者等目标读者都使用 CC 的语言，互相之间就更容易理解沟通。如用户使用 CC 的语言表述自己的安全需求，开发者就可以针对性地描述产品和系统的安全性，评估者也更容易有效客观地进行评估，并确保评估结果对用户而言更容易理解。这种特点对规范实用方案的编写和安全性测试评估都具有重要意义。这种特点也是在经济全球化发展、全球信息化发展的趋势下，进行合格评定和评估结果国际互认的需要。

(三) CC 的这种结构和表达方式具有内在完备性和实用性的特点

具体体现在"保护轮廓"和"安全目标"的编制上。"保护轮廓"主要用于表达一类产品或系统的用户需求，在标准化体系中，可以作为安全技术类标准对待。其内容主要包括：对该类产品或系统的界定性描述，即确定需要保护的对象；确定安全环境，即指明安全问题。

(1) 需要保护的资产、已知的威胁、用户的组织安全策略。

(2) 产品或系统的安全目的，即对安全问题的相应对策——技术性和非技术性措施。

(3) 信息技术安全要求，包括功能要求、保证要求和环境安全要求，这些要求通过满足安全目的，进一步提出具体在技术上如何解决安全问题。

(4) 基本原理，指明安全要求对安全目的、安全目的对安全环境是充分且必要的。

(5) 附加的补充说明信息。

"保护轮廓"的编制，一方面解决了技术与真实客观需求之间的内在完备性；另一方面用户通过分析所需要的产品和系统面临的安全问题，明确所需的安全策略，进而确定应采取的安全措施，包括技术和管理上的措施，这样就有助于提高安全保护的针对性、有效性。"安全目标"在"保护轮廓"的基础上，通过将安全要求进一步有针对性地具体化，解决了要求的具体实现。常见的实用方案就可以当成"安全目标"对待。通过"保护轮廓"和"安全目标"这两种结构，就便于将 CC 的安全性要求具体应用到 IT 产品的开发、生产、测试、评估和信息系统的集成、运行、评估、管理中。

二、安全功能要求

CC 准则的第二部分定义了一系列的安全功能组件，这些组件是描述保护轮廓（PP）或安全目标（ST）中所表述的评估对象（TOE，即 Target of Evaluation）所用信息技术的安全功能要求的基础。这些要求描述了对 TOE 所期望的安全行为，以及期望达到的在 PP 与 ST 中规定的安全目标。这些要求还描述了用户通过各种检测手段可检测到的 TOE 的安全特性，检测可以是用户通过与 TOE 直接交互（即输入、输出）或通过 TOE 对刺激的响应来实现。

安全功能组件用于描述与在假定的 TOE 操作环境中安全威胁的对抗，和／或对任何一个已确定的组织的安全策略与假设的安全要求。下面首先介绍 TOE 的安全功能要求的组成概念，然后再介绍各个安全功能组件的基本作用。

（一）TOE 安全功能模型

TOE 是指包含资源的 IT 产品或系统，其中资源用于处理与存储信息，如存储介质、外围设备和计算能力（CPU 时间）等。TOE 评估是为了确信：规定的 TOE 安全策略（TSP）是针对 TOE 资源的。TSP 定义了一些规则，TOE 通过这些规则控制对其资源的访问，这样 TOE 就控制了所有信息与服务。TSP 又可能由多个安全功能策略（SFP）构成，每一个 SFP 都有自己的控制范围，在其中定义了该 SFP 控制下的主体、客体和操作。SFP 是通过安全功能（SF）实现的。以后我们把为正确实施 TSP 而必须依赖的 TOE 的那些部分（包括所有与安全有关的软件、固件和硬件）统称为 TOE 安全功能（TSF）。

访问监控器是 TOE 中实施访问控制策略的抽象机，访问确认机制是访问监控器概念的实现，它具有防拆卸、一直运行的特点，简单到能够进行彻底的分析与测试。TSF 中可能包括一个访问确认机制和其他一些安全功能。

TOE 既可能是一个包含硬件、固定和软件的单个产品，也可能是一个分布式产品。在分布式 TOE 产品内包括多个单独的部分，每一部分都为 TOE 提供一种特别服务，各部分之间由内部通信信道互连，这种信道可以是处理器总线，也可以是包含 TOE 的内部网络。每一部分可拥有自己的 TSF 部分，它通过内部通信信道与本 TSF 内的其他部分交换用户数据与 TSF 数据。这种交互称为内部 TOE 传送。各个部分的 TSF 可以抽象地形成一个复合的 TSF 来实施 TSP。

TOE 界面可以局限到特定的 TOE，它们也可以通过外部信道与其他 IT 产品交互。交互的形式有两种：一种是和远程可信 IT 产品之间的信息交换，称为 TSF 间传送；另一种是和不可信 IT 产品之间的信息交换，称为 TSF 控制外传送。发生在 TOE 或 TOE 内部并且受 TSP 规则影响的这一系列交互称为 TSF 控制范围（TSC）。TSC 包括一系列已定义的基于主体、客体和 TOE 内部操作的交互作用，但它不必包括 TOE 的所有资源。

不管是交互式的人机界面，还是应用开发的编程界面，它们都称为 TSF 界面（TSFI），TSFI 定义了为实施 TSP 而提供的 TOE 功能的边界，通过这些界面可以访问 TSF 的资源中介或从 TSF 中获得信息。

用户分为人类用户和外部 IT 实体，人类用户又进一步分为本地人类用户（通过 TOE 设备直接与 TOE 交互）和远程人类用户（通过其他 IT 产品间接与 TOE 交互）。所有的用户都位于 TOE 的外部，也在 TSC 的外部，为了能够请求 TOE 提供的服务，用户要通过 TSFI 与 TOE 交互。用户与 TSF 的交互期称为用户会话。可以通过用户鉴别、时间、访问 TOE 的方法和每个用户允许的并发会话数量等措施对用户会话实施控制。如果用户已经具有了执行某种操作所必需的权限或特权，则称该用户是已授权的。已授权的用户可以执行 TSP 定义的操作。

标准中明确要求管理角色是为了表达需要管理员责任分离的要求。角色是一组预先定义的一组规则，这些规则建立了 TOE 和用户间所允许的交互。TOE 可以支持任意数目的角色定义。例如，与安全操作相关的角色可能包括"审计管理员"和"用户账号管理员"。

TOE 的资源是用于存储与处理信息的，TSF 的主要目标是完全并正确地对 TOE 所控制的资源与信息实施 TOE 的安全策略 TSP 的。TOE 资源可以用不同的方式构成和利用。由资源产生的实体有两类：一是主动实体，称为主体，它们是 TOE 内部行为发生的原因，并导致对信息的操作；二是被动实体，称为客体，它们是发出或接收信息的容器（介质）。

在 TOE 内有 3 类主体：

（1）代表遵从 TSP 所有规则的已授权用户（如 UNIX 进程）。

（2）作为专用功能进程，可以轮流代表多个用户（如在 C/S 结构中可以找到的功能)。

（3）作为 TOE 本身的一部分（如可信进程）。

客体是可以由主体操作的对象。一个主体也可以成为操作对象，这种情况下，该主体也被称为客体。客体中可以包含信息，这个概念是用于说明信息流控制策略的。

用户、主体、信息和客体都具有确定的属性，它包含使 TOE 正确与安全运转的信息。有些属性，如文件名只是用于提示的，可增加对用户的友好性；另一些属性，如访问控制信息则是专为 TSP 的强制实施而存在的，这类属性称为"安全属性"。

TOE 中的数据分为用户数据和 TSF 数据两类，其中用户数据是存储在 TOE 资源中的信息，用户可根据 TSP 的规则对它们进行操作，而 TSF 对它们不附加任何特别意义。例如，一份电子邮件的内容是用户数据。TSF 数据是在做出 TSP 决策时 TSF 使用的信息。如果 TSP 允许的话，TSF 数据可以受到用户的影响。安全属性、鉴别数据，以及访问控制表（ACL）内容等都是 TSF 数据的例子。

有几个用于数据保护的安全功能策略（SFP），其中有访问控制 SFP 和信息流控制 SFP。实现访问控制 SFP 的机制是基于控制范围内的主体、客体和操作的属性做出策略决策的。这些属性被用于一组规则之中，以便控制各主体对客体的操作。实现信息流控制 SFP 机制是基于控制范围内的主体和信息的属性，并支配主体对信息操作的一组规则做出策略决策的。信息的属性与信息相随，它可能与存储介质的属性相关联（也可能没有关联，如在多级数据库情形中）。

标准中所涉及 TSF 数据分为鉴别数据与保密数据，这两种形式的数据可能相同也可能不同。鉴别数据用于验证向 TOE 请求服务的用户所声明的身份，口令是最普通的鉴别数据，而且还要求保密，否则基于口令的安全机制就失效。但并不是所有的鉴别数据都要求保密，如生物学鉴定设备（指纹、视网膜的识别设备）就不依赖数据的保密，因为这些是用户具有的唯一且不能伪造的特征。依靠密码技术保护在信道中传输信息保密性的可信信道机制，其强度只能与用来使密钥保密防止泄露的方法相当。

(二) 安全功能组件

为了描述 TOE 的安全功能要求,在标准中一共定义了 11 个标准的功能类,它们是安全审计类(FAU)、通信类(FCO)、密码支持类(FCS)、用户数据保护类(FDP)、标识与鉴别类(FIA)、安全管理类(FMT)、隐秘类(FPR)、TSF 保护类(FPT)、资源利用类(FRU)、TOE 访问类(FTA)和可信路径/信道类(FTP)。标准还允许添加新的功能组件。

标准对功能类的表述结构与方法给出了详细的文档格式规定,要求功能用类、族、组件和功能元素 4 级结构来表示。

功能族内包含一个或多个组件,这些组件都可能被选用在 PP、ST 和功能包中。一个功能族内的关系不一定是层次化的,但如果一个组件提供多种安全特性,那么它对别的组件而言是有层次的。功能族内的管理要求是一种提示性信息,给出对组件的管理要求;审计要求说明与本功能族有关需要进行审计的安全性事件。

功能组件的描述结构,一个组件包含若干个相互独立的功能元素;功能元素是一个安全功能要求,它是标准中可标识的最小安全功能要求;依赖关系表示一个组件为完成某个安全功能对其他组件的依赖要求。

标准中规定功能组件可以执行 4 种操作。

(1)反复:允许一个组件与不同的操作一起多次使用。当需要覆盖同一要求的不同方面时(如需要标识多个类型用户),允许使用同一组件保护每个方面。

(2)赋值:允许对一个已标识参数的赋值。某些功能组件元素包含一些参数与变量,通过对它们赋值来满足某个特定的安全目标。

(3)选择:为缩小某个组件元素的范围,从列表中选取一个或多个条目的操作。

(4)细化:为了满足某安全目标,允许增加细节来对某个功能组件元素进行细化。

下面简要介绍各功能类在描述安全功能要求中的作用,由于篇幅的原因,仅给出功能族与组件的简要描述。

1. FAU 类：安全审计

安全审计包括辨别、记录、存储和分析那些与安全有关的活动（即由 TSP 控制的行为）的相关信息。审计记录结果可以用来检测、判断发生了哪些与安全相关的活动，以及这些活动是由哪个用户负责的。在安全审计中包括安全审计自动响应、安全审计数据产生、安全审计分析、安全审计场阅、安全审计事件选择和安全审计事件存储等 6 个功能族。TSF 中要求每个审计记录中至少包括以下信息。

（1）事件的日期和时间、事件类型、主体身份、事件的结果（成功或失败）。

（2）对每个审计事件类型，根据 PP/ST 中的功能组件的可审计事件的定义，说明其他审计相关信息。

2. FCO 类：通信

该功能类提供两个族：原发抗抵赖与接收抗抵赖。它们专用于确保在数据交换中参与方的身份，这些族与确保信息传输的发起者的身份（原发证明）和确保信息传输的接收者的身份（接收证明）相关。这些族既确保发起者不能否认发送过的信息，又确保收信者不能否认收到过的信息。

3. FCS 类：密码支持

TSF 可以利用密码功能来满足一些高级安全目的。这些功能包括（但不限于）：标识与鉴别、抗抵赖、可信路径、可信信道和数据分隔。该类功能可用硬件、固件和 / 或软件来实现，在 TOE 执行密码功能时使用。FCS 类包括两个族：密钥管理与密码运算。前者解决密码管理方面的问题，后者与密码在运算中使用的情况有关。

4. FDP 类：用户数据保护

这是一个很大的功能类，它包括 13 个功能族。这些族规定了与保护用户数据有关的安全功能要求和 TOE 安全功能策略，它们处理 TOE 内部在输入、输出和存储期间的用户数据，以及和用户数据直接相关的安全属性。依据它们的作用，这些族被分为 4 大类。

（1）用户数据保护的安全功能策略组。包括访问控制策略族和信息流控制策略族。这些族中的组件用于命名用户数据保护的安全功能策略，并定义该策略的控制范围。

（2）用户数据保护形式组。为用户数据提供各种形式的安全保护。包括访问控制功能族、信息流控制功能族、内部 TOE 传输族、残留信息保护族、回滚族和存储数据的完整性族。回滚族的行为要求能够从当前状态回滚到以前的某个已知状态，具有撤销前一次或几次操作结果的能力，以便保持用户数据的完整件。

（3）脱机存储、输入和输出组。这些族内的组件处理进出安全功能控制范围时的可信传输。包括数据鉴别族、向 TSF 控制范围之外输出族和从 TSF 控制范围之内或外输入族。

（4）TSF 间通信组。包括 TSF 间用户数据保密性传输保护族与 TSF 间用户数据完整性传输保护族。在这些族内的组件描述了在 TOE 的安全功能与其他可信的 IT 产品间的通信。

5. FIA 类：标识与鉴别

该功能类完成用户身份的建立与验证的安全功能要求。需要通过标识与鉴别的方式确保用户与正确的安全属性（如身份、组、角色、安全类或完整性类）相连接。对授权用户的明确标识，以及为用户与主体关联正确的安全属性是实施预定安全策略的关键。该类中包括鉴别失败、用户属性定义、秘密的规范、用户鉴别、用户标识和用户—主体的绑定等 6 个功能族，它们实现对用户的身份判断与验证、判断是否授权可与 TOE 交互、授权用户是否连接了正确的安全属性等功能。安全审计、用户数据保护等功能类要想生效，就要建立在对用户的正确标识与鉴别上。

6. FMT 类：安全管理

该类试图规定 TSF 对安全属性、TSF 数据与功能的管理，也可以规定不同的管理角色和它们之间的交互，如分离能力。设置该类有以下目的。

（1）TSF 数据的管理，如对标志的管理。

（2）安全属性的管理，如对访问控制表和能力表的管理。

（3）TSF 功能的管理，如功能的选择、影响 TSF 行为的规则或条件。

（4）安全角色的定义。

7. FPR 类：隐秘

FPR 类支持隐秘要求，这些要求可以为用户提供其身份不被其他用户发现或滥用的保护。

8. FPT 类: TSF 保护

该类包含了 16 个功能族。一方面与提供 TSF (和特定的 TSP 无关) 机制的完整性和管理有关，另一方面与 TSF 数据 (和 TSP 数据的特定内容无关) 的完整性有关。FPT 类是专门用于 TSF 数据的保护，而 FDP 类用于对用户数据的保护。但在 FPT 类的族中可能出现与 FDP 类中完全相同的组件。从 FPT 类的观点看，TSF 有以下 3 部分。

(1) TSF 的抽象机器，它可以是虚拟的，也可以是物理机器，这取决于评估执行时特定的 TSF 实现方法。

(2) TSF 的实现方法，在抽象机上执行并实施 TSP 的机制。

(3) TSF 的数据，该数据是指导实施 TSP 的管理数据库。

9. FRU 类: 资源利用

该类提供 3 族分别来支持所需资源的诸如运行能力和 / 或存储能力等应用能力。容限失效族提供保护，以防止由 TOE 失败引起的容限不可用。工作优先级族确保资源将被分配到更重要的和时间要求更苛刻的任务中，而且不能被优先级更低的任务所垄断。资源分配族提供可用资源的使用限制，但防止用户垄断资源。

10. FTA 类: TOE 访问

该类指定功能要求，用以控制用户会话的建立。

11. FTP 类: 可信路径 / 可信信道

该类的各族为用户和 TSF 之间提供了一条需要的可信通信路径，并且在 TSF 和 IT 产品之间也提供了一条需要的可信通信路径。可信路径和信道有以下的一般特点。

(1) 通信路径由所使用的内部和外部通信的信道构成 (对组件而言是适当的)，它是孤立于 TSF 数据鉴别后的子集的，也是独立于 TSF 和用户数据的暗示要求的。

(2) 通信路径的启用通过用户和 / 或 TSF 来实现 (对组件而言是适当的)。

(3) 通信路径有能力保证用户适合正确的 TSF 通信，并且 TSF 也适合正确的用户通信 (对组件而言是适当的)。

在这个范例里，可信信道是一条可能由任何一边信道启动的通信信道，并且依据信道各边的鉴别提供了可信赖的特性。

一条通信路径通过有保证的、直接的 TSF 交互活动，为用户提供了实施其功能的一种方法。可信路径通常用于诸如最初的鉴别和 / 或证明的用户操作中，但也可能用于用户会话过程中的其他时刻。可信路径的改变可能由用户或 TSF 启动完成。用户的反应通过可信路径而不被不可信运用所修改或暴露。

三、安全保证要求

CC 标准的第 3 部分定义了 CC 的保证（Assurance）要求。它包括用以衡量保证级别的评估保证级别（EAL），用以组成保证级别的每个保证组件，以及 PP 和 ST 的评估准则。这里讲的保证就是实现系统安全功能的保障，本部分提出了对 TOE 开发的非技术要求和对开发过程、工程过程的保障性要求。下面将简要介绍 CC 保证要求的基本内容与保证级别的评估准则。

(一) 安全保证要求的基本原则

以下主要介绍 CC 保证方法的基本原则，读者可以了解 CC 保证要求的基本原理。

CC 的基本原则是，尽可能清楚地描述那些对安全的威胁和对组织的安全策略承诺的威胁，并且提出相应的安全方法，以达到所期望的安全目的。具体地说，就是要采纳一些方法以减少可能存在的脆弱性和有意利用或者无意触发（或执行）一个脆弱性的能力，并且减少因一个脆弱性被利用而导致的破坏程度。另外，还需要采纳一定的方法以便于今后识别一些脆弱性，消除、减轻、和 (或) 通报一个已经被利用或触发了的脆弱性。

(二) 保证方法

CC 的基本原则是保证基于对 IT 产品或系统的评估（积极的调查）是可信的。评估是提供保证的传统方法，并且是预评估准则文件的基础。为了与现有的方法保持一致，CC 采用相同的基本原则。CC 建议由专业评估员衡量文档和已完成的 IT 产品或系统的有效性，这些专家将在范围、深度和严格性上不断深化。

(三) 脆弱性产生的原因与意义

以下失败能导致脆弱性产生。

（1）要求，即 IT 产品或者系统具有所有需要的功能和特色，但仍然可能包含着脆弱性，使得产品或系统在安全方面不合适或者无效。

（2）构造，即 IT 产品或系统不符合规范，和／或由于糟糕的构造标准或不正确的系统设计选择导致脆弱性。

（3）操作，即 IT 产品或者系统的构造是正确的，且符合正确的规范，但是在操作中由于不适当的控制导致脆弱性。

假定有积极地寻求违反安全策略漏洞的威胁者，他们无论是为了非法获取还是出于善意，其行动都是不安全的。威胁者也可能偶然地触发安全脆弱性，造成对系统的损害。由于需要处理敏感的信息，以及缺乏足够可信产品或者系统的有效性，IT 安全的失效将会导致很大的风险，因此，破坏 IT 安全可能造成重大的损失。

破坏 IT 安全的事件主要来源于在应用 IT 处理业务过程中，有意地利用或无意地触发了系统的脆弱性。应该采取一定的步骤阻止在 IT 产品和系统中出现脆弱性。切实可行的话，脆弱性应该进行以下三种方式的处理。

（1）消除，即应该采取积极的步骤揭露、除去或者抵消所有可执行的脆弱性。

（2）最小化，即应该采取积极的步骤减少任何可执行的脆弱性的潜在影响，使之达到一个可接受的残留程度。

（3）监视，即应该采取积极的步骤，以确保发现任何执行残留脆弱性的企图，以便采取能限制破坏的步骤。

（四）CC 保证

保证是信任 IT 产品或者系统符合其安全目的的基础。保证可源于对诸如未证实的声明、有关的先期经验或者特定经验等原始资料的参考。然而，CC 通过积极的调查来提供保证。积极的调查是对 IT 产品或者系统的评估，以确定其安全特性。

评估是获取保证的传统手段，并且是 CC 方法的基础。评估技术至少包括以下几种。

（1）对过程和程序的分析和检查。

（2）检查正在使用的过程和程序。

（3）对评估对象（TOE）设计说明之间的一致性分析。

（4）针对要求对评估对象（TOE）设计说明进行的分析。

（5）证据的验证。

（6）指导性文档的分析。

（7）对所开发的功能测试和所提供的结果的分析。

（8）独立的功能测试。

（9）脆弱性分析（包括缺陷假设）。

（10）渗透性测试。

CC的原则断言更大的评估努力将得到更好的保证，然而目的是运用最小的努力来得到必要的保证级别。增加努力的程度基于以下方面。

（1）范围因为包含更多的IT产品或者系统，所以需要更大的努力。

（2）深度因为它被展开到一个更好层次的设计和实现细节，所以需要更大的努力。

（3）严格性因为要以更有条理的、更形式化的方式应用，所以需要更大的努力。

二、安全保证要求的内容

安全保证要求也是采用保证类—保证族—保证组件—保证元素4级结构描述的。保证要求的最大抽象集合称作一个类，每一个类包含多个保证族，每一个族又包含多个保证组件，每一个组件又包含多个保证元素。类和族都是用来提供划分保证要求的分类法，而组件是用来规定PP和ST中的保证要求的。以下简要介绍各个保证类及其所包含的保证族的主要功能。

（一）ACM类：配置管理

配置管理（CM）通过要求在细化和修改TOE和其他有关信息的过程中的规则、控制，有助于确保能保护TOE的完整性。配置管理（CM）阻止对TOE进行非授权的修改、添加或删除，这保证了TOE和评估所用的文件确实是那些准备用来分发的文件。

（二）ADO类：分发和操作

保证类ADO定义了有关安全地分发、安装、操作TOE的措施、程序和标准的要求，以确保 TOE 提供的安全保护在传输、安装、启动和操作时不被削弱。

（三）ADV 类：开发

保证类 ADV 定义了从 ST 中说明的 TOE 摘要到实际的 TSF 的逐步细化的一系列要求。每一个有结果的 TSF 表示都提供信息，以帮助评估员决定 TOE 的功能要求是否已经满足了。

（四）AGD 类：指导性文件

保证类 AGD 定义了对开发者提供的可操作文档的易懂性、覆盖面和完整性方面指导性的要求。该文档提供两种类型的信息：一种是对用户，另一种是对管理员，这是 TOE 安全操作的一个重要因素。

（五）ALC 类：生命周期支持

保证类 ALC，通过采用一个为 TOE 开发的所有步骤所定义的生命周期模型定义了保证要求。这个生命周期包括纠正缺陷的程序和策略、正确使用工具和技术，以及保护开发环境的安全措施。

（六）ATE 类：测试

保证类 ATE 陈述了阐明 TSF 满足 TOE 安全功能要求的测试要求。

（七）AVA 类：脆弱性评定

保证类 AVA 定义了直接有关可利用的脆弱性标识的要求，特别是它指出了在构造、操作、误用或错误配置 TOE 时引入的脆弱性。

四、AMA 类：保证维护

对保证维护的要求也被当作是一个保证类对待，并且也用以上的类结构来定义。这些保保证类 AMA 的目的是维护保证级别，即当 TOE 或其环境发生改变时，TOE 可以继续满足它的安全目标。在成功地评估 TOE 之后，这个类中的每个族都确定了开发者和评估者应有的行为，虽然有些要求可能是在评估的时候执行。

保证维护计划（AMA-AMP）族确定了当 TOE 或其环境改变时，开发者用以确保能维护建立在已评估了的 TOE 基础上的保证、所要实施的计划或程序。

TOE 组件分类报告（AMA-CAT）族确定了根据 TOE 组件（如 TSF 子系统）适当的安全性对它们进行分类，这个分类将作为开发者进行安全影响分析的重点。

保证维护证据（AMA-EVD）族主要寻求建立一种信任关系，即开发者将根据保证维护计划来维护 TOE 保证。

安全影响分析（AMA-SIA）族寻求建立一种信任关系，即在 TOE 通过评估之后，开发者将通过对所有可能影响 TOE 的改变进行安全影响分析，以维护 TOE 保证。

五、TOE 的评估保证级别

评估保证级别（EAL）提供一个逐级增强的尺度，该尺度可以使得要取得的保证级别所花的费用和获得保证度之间得到平衡。在评估结束时在一个 TOE 中标识出保证的各个概念，以及在 TOE 操作使用过程中标识出对保证进行维护的各个概念。

并非第 3 部分中的所有族和组件都包括在 EAL 中，这一点是很重要的。这并不是等于说它们不提供有意义的和预期的保证。相反，希望这些族和组件能被认为是一个 EAL 的附加说明，即在那些 PP 和 ST 中它们可提供有用的东西。

（一）评估保证级别（EAL）概述

在 CC 中对 TOE 的保证等级定义了 7 级有序的评估保证级别。它们按级别排列，每一级 EAL 要比其下的所有 EAL 描述更多的保证。EAL 级别的增加靠替换来自同一保证族的一个更高级别的保证组件（如增加的严格性、范围、深度）和添加来自另外一个保证族的保证组件（如添加新的要求）来实现。

EAL 包含保证组件的一个适当组合，确切地说，每个 EAL 最多包括每个保证族的一个组件，而且指明了每个组件的所有保证依赖性。

尽管 EAL 是在 CC 中定义的，它还是可以用来表示其他保证组件。特别是，"增添"这个概念允许（从不包括在 EAL 中的保证族）向 EAL 中增加保证组件或允许对一个 EAL（用同一个保证族的其他更高级别的保证组件）替换保证组件。在 CC 中定义的保证结构中，只有 EAL 可以增添，但不允许减少。增添时需要在声明部分证明其有效性，并把保证组件的增值添加到 EAL 中。一个 EAL 也能够通过明确陈述的要求来扩展。

（二）评估保证级别

评估保证级别划分为从 EAL1～EAL7 共 7 个等级，而这 7 个等级又与所支持的保证组件功能的强弱有密切关系。但由于篇幅原因，这里也不能给出每个保证组件的功能说明，具体内容请查阅 CC 评估准则的第 3 部分。

1. EAL1：功能测试

EAL1 可以用于需要对正确操作有一定信任，但认为对安全的威胁并不严重的场合。适用于需要独立的保证在人员和相似信息保护方面已经做了足够重视的情况。

EAL1 对一个未经评估的 IT 产品或系统提供了一个有意义的额外保证。

2. EAL2：结构测试

在交付设计信息和测试结果方面，EAL2 需要开发者的合作，但不要因超出良好商业运作的一致性而损害开发方的利益，这样就不能要求过多地投入附加的费用和时间。因此 EAL2 适合于以下情况：在缺乏完整的开发记录的有效情况下，开发者或者使用者需要一种中等以下级别的独立的安全保证。在保护遗留的系统时或者同开发者的交流受到限制时可能会出现这种情况。

EAL2 通过以下的因素来提供支持：对 TOE 安全功能的独立性测试，开发者基于功能规范进行测试得到的证据，对开发者测试结果选择的独立确认，功能强度分析，开发者针对明显脆弱性查找到的证据（如在公共领域）。EAL2 还通过一个对 TOE 的配置列表和安全分发过程的证据来提供保证。

EAL2 在 EAL1 基础上有意识地增加了保证，这是通过对开发者测试的需要、脆弱性分析和基于更详细的 TOE 规范的独立性测试来实现的。

3. EAL3：方法测试和校验

在设计阶段中，EAL3 允许开发者在已有的合理开发实践没有作重大改变的情况下，从肯定的安全工程中获得最大程度的保证。因此，EAL3 适用于开发者或用户需要一个中等级别的独立的保证安全，以及需要在没有重大的再工程的情况下对 TOE 和其开发进行彻底调查的情况。

EAL3 通过对安全功能进行分析以提供保证，它依靠功能和接口的规范、指导性文件和 TOE 的高层设计来理解安全行为。

EAL3 通过由以下的因素来提供支持：对 TOE 安全功能的独立性测试，开发者基于功能规范和高层设计进行测试得到的证据，对开发者测试结果选择的独立确认，功能强度分析，开发者对明显脆弱性查找到的证据（如在公共领域）。

EAL3 还通过开发环境控制的使用、TOE 配置管理和安全分发过程的证据来提供保证。EAL3 在 EAL2 的基础上有意识地增加了保证，这是通过要求更完备的安全功能、机制和 / 或过程的测试范围，以提供 TOE 在开发中不会被篡改的一些信任来实现的。

4. EAL4：系统地设计、测试和评审

EAL4 允许开发者从积极的安全工程中获得最大保证，这种安全工程基于良好的商业开发实践，这种实践虽然很严格，但并不需要专门的知识、技巧和其他资源。在经济上合理的条件下，对一个已经存在的生产线进行翻新时，EAL4 是所能达到的最高级别。因此 EAL4 适用的情况是：开发者或使用者需要一个中等到高等级别的和传统性的 TOE 的独立保证安全，并且准备花费额外的特殊安全工程费用。

EAL4 通过对安全功能的分析以提供安全保证，它靠功能和完整接口的规范、指导性文件、TOE 高层设计和低层设计与实现的一个子集等来理解安全行为，也可通过一个非形式化的 TOE 安全策略模型来获得额外的保证。

EAL4 通过由以下的因素来提供支持：TOE 安全功能的独立性测试，开发者基于功能规范和高层设计的测试的证据，对开发者测试结果进行选择性的独立确认，功能强度分析，开发者搜索脆弱性的证据，以及阐明了对低等攻击可能性进行渗透攻击抵制的独立的脆弱性分析。EAL4 还靠开发环境控制的使用、包括自动化的额外的 TOE 配置管理和安全分发过程的证据来提供保证。

EAL4 在 EAL3 基础上有意识地增加了保证，这是通过要求更多的设计描述、实现的一个子集、改进的机制和能提供 TOE 不会在开发和分发过程中被篡改的可信过程来实现的。

5. EAL5：半形式化设计和测试

EAL5 允许一个开发者从安全工程中获得最大保证，这种安全工程是一种严格的商业开发实践，并且属于专业安全工程技术的中等水平的应用。这样的 TOE 可能将在设计和开发方面得到 EAL5 的保证。相对于没有应用专业技术的严格开发而言，可能可归于 EAL5 要求上的额外开销将不会很大。所以 EAL5 非常适用的情况是：开发者和用户需要在计划好的开发中有一个高级别的独立保证安全，并需要一个没有无故开销的严格的开发方法。

EAL5 通过对安全功能的分析来提供保证，它靠功能的和完整接口的规范、指导性文档、TOE 高层和低层设计，以及所有的实现来理解安全行为。可以通过以下这些方式获得额外的保证：TOE 安全策略的形式化模型、一个功能规范和高层设计的半形式化表示，以及它们之间的对应关系的一个半形式化阐明，此外还需要一个模块化的 TOE 设计。

EAL5 通过以下的因素来提供支持：TOE 安全功能的独立性测试、基于功能规范的开发者测试的证据、高层设计和低层设计、对开发者测试结果进行选择性的独立确认、功能强度分析、开发者搜索脆弱性的证据，以及阐明了对中等攻击可能进行渗透攻击的抵制的一个独立脆弱性分析。这种分析也包括对开发者的隐蔽信道进行分析的确认。

EAL5 也通过开发环境控制的使用，包括自动化的和全面的 TOE 配置管理和安全分发过程的证据等来提供保证。

EAL5 在 EAL4 的基础上有意识地增加了保证，这是通过要求半形式化的设计描述、整个实现、更结构化（且可分析）的体系、隐蔽信道分析、改进的机制和能够相信 TOE 将不会在开发中被篡改的可信过程来实现的。

6. EAL6：半形式化验证的设计和测试

EAL6 允许开发者通过在一个严格的开发环境中使用安全工程技术来获得高度保证，以便生产一个优异的 TOE 来保护高价值的资源避免重大的风险。所以 EAL6 适用于以下情况：安全 TOE 的开发应用于高风险的地方，在这里所保护的资源值得花费额外开销。

EAL6 通过对安全功能的分析来提供保证，它靠功能的和完整接口的一个规范、指导性文档、TOE 的高层和低层设计，以及实现的结构化表示来理解安全行为。通过以下方式获得额外保证: TOE 的安全策略的形式化模型,功能规范的半形式化表示,高层设计和低层设计和它们之间的对应关系的一个半形式化阐明,此外还需要一个模块化分层的 TOE 设计。

EAL6 通过以下因素来提供支持: TOE 安全功能的独立性测试、基于功能规范的开发者测试的证据、高层设计和低层设计、对开发者测试结果进行选择性的独立确认、功能强度分析、开发者搜索脆弱性的证据,以及阐明了对高攻击可能性进行渗透攻击抵制的一个独立脆弱性分析,这里的分析也包括对开发者的系统性隐蔽信道分析的确认。

EAL6 也通过结构化开发流程的使用、开发环境的控制、包括完全自动化的全面的 TOE 配置管理、安全分发过程的证据等来提供保证。

EAL6 在 EAL5 的基础上有意识地增加了保证,这是通过要求更全面的分析、实现的一个结构化表示、更构造化的结构(如分层)、更全面的独立脆弱性分析、系统性隐蔽信道说明、改进了的配置管理和开发环境控制来实现的。

7. EAL7: 形式化验证的设计和测试

EAL7 适用于在极端高风险的形势下,并且所保护的资源价值极高,值得花费更高的开销进行安全 TOE 的开发。EAL7 实际应用于那些需要进行广泛的形式化分析安全功能的 TOE。EAL7 通过对安全功能的分析来提供保证,它靠功能的和完整接口的规范、指导性文档、TOE 的高层和低层设计,实现的结构化表示来理解安全行为。也可通过以下方式额外地获得保证: TOE 安全策略的形式化模型,功能规范的形式化表示和高层设计,低层设计的半形式化表示,以及它们之间对应关系的适当的形式化和半形式化阐明。此外还需要一个模块化的、分层的和简单的 TOE 设计。

EAL7 通过由以下的因素来提供支持: TOE 安全功能的独立性测试、基于功能规范高层设计的开发者测试的证据、低层设计和实现表示、开发者测试结果完整的独立确认、功能强度分析、开发者搜索脆弱性的证据,以及阐明了对高攻击可能性进行渗透攻击抵制的一个独立脆弱性的分析。这里的分析也包括对开发者的系统性隐蔽信道分析的确认。

EAL7 也通过结构化开发流程的使用、开发环境的控制、包括完全自动化的全面的 TOE 配置管理、安全分发过程的证据等来提供保证。

EAL7 在 EAL6 的基础上有意识地增加了保证,这是通过要求使用形式化表示和形式化对应的更全面的分析和全面的测试来实现的。

　　关于 CC 的评估保证级别就介绍这些内容。还需要说明的是，CC 也对保护轮廓（PP）与安全目标（ST）给出了评估准则，这些准则是非常必要的，因为 PP 和 ST 的评估通常是在 TOE 的评估之前进行的。它们在评定 TOE 的有关信息时起着特殊的作用，并且对功能和保证要求的评估是为了找出 PP 和 ST 对 TOE 的评估来说是否有意义的基础。因篇幅问题，这里未对此部分内容进行介绍。

　　其中可信计算机系统评价准则（TCSEC）是其他准则的始祖，但 TCSEC 是对单个计算机系统的评价准则，未考虑网络环境与分布式环境下的系统安全问题。计算机网络安全等级评价准则是 TCSEC 准则在网络环境下的自然延伸与扩展，考虑了网络安全问题，增加了对网络服务的安全要求。CC 通用准则从更全面的角度去评估一个系统，不仅对评估对象（TOE）本身进行评估，还需要对 TOE 的保护轮廓与安全目标进行评估，从 TOE 的构思、设计，一直到 TOE 的实现及其运行环境都要进行评估。有了准则就有了评估依据，但能否完全按照准则要求进行评估还需要借助支持技术和真正安全专家的经验。

第三章　计算机系统安全

计算机系统是存储与管理信息的介质与工具，计算机系统本身的安全决定了存储在其中的信息的安全。计算机系统本身又是网络的一个客户工作站或网络服务器，是一切网络系统的基础，计算机系统的安全也是一切网络安全的基础。本章将研究计算机硬件、操作系统和运行在操作系统之上的程序系统的安全问题与安全措施。由于硬件的安全性与运行环境密切相关，还简要地介绍了环境安全的一些基本知识。最后介绍了安全软件的开发方法与步骤。

第一节　计算机硬件安全

计算机硬件及其运行环境是网络信息系统运行的最基本环境，它们的安全程度对网络信息的安全有着重要的影响。由于自然灾害、设备自然损坏和环境干扰等自然因素，以及人为有意、无意破坏与窃取等原因，计算机设备和其中信息的安全受到很大的威胁。本节主要讨论计算机设备及其运行环境、计算机中的信息面临的各种安全威胁和防护方法，介绍利用硬件技术实现信息安全的一些方法。

一、硬件的安全缺陷

自从1946年计算机问世以来，随着半导体集成技术的发展，计算机硬件的体积已经从几个房间那么大减缩到目前的台式计算机和便携式计算机这样大的体积，而且对环境的要求越来越低。这种变化既方便了使用，也产生了相应的安全问题，容易受到环境与人类（有意、无意）的干扰与破坏。下面将主要围绕个人计算机（PC）讨论这方面的问题，个人计算机指那些可以放在桌面或可携带的计算机，一般每次只能由一个人使用。

PC 机的一个重要用途是建立个人办公环境，可以放在办公室的办公桌上。这样既提供了方便，也产生了安全方面的问题。与大型计算机相比，大多数 PC 机无硬件级的保护，他人很容易操纵控制机器。即使有保护机制，也很简单，很容易被绕过。例如，CMOS 中的口令机制可以通过把 CMOS 的供电电池短路，使 CMOS 电路失去记忆功能，而绕过口令的控制。由于 PC 机箱很容易打开（有的机器甚至连螺丝刀也不需要），做到这一点很容易。

PC 机的硬件是很容易安装的，当然也是很容易拆卸的，硬盘是很容易被偷盗的，其中的信息自然也就不安全了。存储在硬盘上的文件几乎没有任何保护措施，DOS 文件系统的存储结构与管理方法几乎是人所皆知的，对文件附加的安全属性，如隐藏、只读、独占等属性很容易被修改。对磁盘文件目录区的修改，既没有软件保护，也没有硬件保护，掌握磁盘管理工具的人很容易更改磁盘文件目录区，造成整个系统的信息紊乱。在硬盘或软盘的磁介质表面的残留磁信息也是重要的信息泄露渠道，文件删除操作仅仅在文件目录中作了一个标记，并没有删除文件本身数据存区，有经验的用户可以很容易恢复被删除的文件。保存在软盘上的数据很容易因划坏、各种硬碰伤或受潮霉变而无法利用。

内存空间之间没有保护机制，既没有简单的界限寄存器，也没有只供操作系统使用的监控程序或特权指令，任何人都可以编制程序访问内存的任何区域，甚至连系统工作区（如系统的中断向量区）也可以修改，用户的数据区得不到硬件提供的安全保障。有些软件中包含用户身份认证功能，如口令、软件狗等都很容易被有经验的程序员绕过或修改认证数据。有的微机处理器芯片虽然提供硬件保护功能，但这些功能还未被操作系统有效利用。

计算机硬件的尺寸越来越小，容易搬移，尤其是便携机更是如此。这既是优点，也是弱点。这样小的机器并未设计固定装置，使机器能方便地固定在桌面上，盗窃者能够很容易地搬走整个机器，其中的各种文件也就谈不上安全了。

计算机的外围设备是不受操作系统安全控制的，任何人都可以利用系统提供的输出命令打印文件内容，输出设备是最容易造成信息泄露或被窃取的地方。

计算机中的显示器、中央处理器（CPU）和总线等部件在运行过程中能够向外部辐射电磁波，电磁波反映了计算机内部信息的变化。经实际仪器测试，在几百米以外的距离可以接收与复现显示器上显示的信息，计算机屏幕上的信息可以在其所有者毫不知晓的情况下泄露出去。计算机电磁泄漏是一种很严重的信息泄露途径。

计算机的中央处理器（CPU）中常常还包括许多未公布的指令代码，如DOS 操作系统中就利用了许多未公开的 80×86 系列的指令。这些指令常常被厂家用于系统的内部诊断，但也可能被作为探视系统内部信息的"陷门"，有的甚至可能被作为破坏整个系统运转的"炸弹"。

计算机硬件故障也会对计算机中的信息造成威胁，硬件故障常常会使正常的信息流中断，在实时控制系统中，这将造成历史信息的永久丢失；磁盘存储器磁介质的磨损或机械故障使磁盘文件遭到损坏，这些情况都会破坏信息的完整性。

二、硬件安全技术

计算机硬件安全是所有单机计算机系统和计算机网络系统安全的基础，计算机硬件安全技术是指用硬件的手段保障计算机系统或网络系统中的信息安全的各种技术，其中也包括为保障计算机安全可靠运行对机房环境的要求。下面将介绍用硬件技术实现的访问控制技术和防复制技术，让读者对这些技术有初步的了解，以便在实际工作中考虑计算机安全时，从这些技术与措施中选择一些有益的加以应用。

(一) 硬件访问控制技术

访问控制的对象主要是计算机系统的软件与数据资源，这两种资源一般都以文件的形式存放在硬盘或软盘上。所谓访问控制技术，主要是保护这些文件不被非法访问的技术。在 PC 中，文件是以整体为单位被保护的，要么可以访问整个文件，要么无权访问。对 PC 文件的保护通常有以下 4 种形式。

（1）计算机资源的访问控制功能。

（2）由个人用户对文件进行加密。

（3）防止对文件的非法复制。

（4）对整体环境进行保护，表面对文件不保护，实际上在某种范围内保护。

关于文件的加密与解密的算法与实现技术，这里不作介绍了，下面仅介绍用访问控制技术和和防复制技术保护文件的一些方法。

1.访问控制技术

可能是因为过多考虑 PC 的个人特性和使用方便性的缘故，PC 操作系统没有提供基本的文件访问控制机制。在 DOS 系统和 Windows 系统中的文件的隐藏、只读、只执行等属性，以及 Windows 中的文件共享与非共享等机制是一种很弱的文件访问控制机制。一些公司已经开发出各种硬件与软件技术结合的访问控制系统，所提供的软件包可提供 3 种功能：用户认证功能，通常采用验证口令的方法；文件存取权限管理功能，文件权限分为只读、读写、只执行、不能存取等类别；审计功能，记录文件被访问的时间与访问者。

个人系统提供的附加功能还有：

（1）透明加密。系统自动对文件进行加密，无权访问的人即使得到了这些文件也无法阅读它们。

（2）时间检查。限定计算机每天或每周使用的时间，如可以规定计算机只能在每周一至每周五，每天 8:00—18:00 上班时间开机，这样就可以防止非工作时间内对计算机进行未经授权的操作。

（3）自动暂停。该控制功能将监控用户暂停使用计算机的时间，当超过某个限定时间内未发现用户使用计算机键盘或鼠标，就会关闭显示，并自动停止与用户的对话。如果用户要求重新使用计算机，则需要重新进行身份确认。这一功能可以防止在计算机工作时间内用户因有事离开，其他无权用户乘机使用该机器，获取所需信息。

（4）机器识别。在计算机上安装一个附加的硬件设备，其中存放着标识该计算机的唯一机器码，程序可以通过查询该附加硬件内的机器码，确认是否运行在指定机器上。

软硬结合的访问控制系统通常使用一个 PC 插件板，板内装有固化安全控制程序的 ROM 和同步日期与时间的时钟等部件。在机器启动或重新自举的时候该插件板被激活，从而保证在任何时刻下机器都处于安全机制的控制之下。当需要对系统进行更新时，可以通过换装新 ROM 芯片来解决。

由于硬件功能的限制，个人计算机的访问控制功能明显地弱于大型计算机系统。美国国家计算机安全中心已经批准用于大型机的强制访问控制系统，但尚未批准用于微型计算机的附加访问控制系统。微型计算机访问控制系统必须解决以下问题。

（1）防止用户不通过访问控制系统而进入计算机系统。

（2）控制用户对存放敏感数据的存储区域（内存或硬盘）的访问。

（3）对用户的所有 I/O 操作都加以控制。

（4）防止用户绕过访问控制直接访问可移动介质上的文件，或通过程序对文件的直接访问，或通过计算机网络进行的访问。

（5）防止用户对审计日志的恶意修改。

要实现上述目标并非易事，完全利用软件实现的访问控制系统的安全性不高。目前有一些用硬件实现的访问控制系统，如 Kansas 城计算机逻辑公司的 Comlok 系统和 Houston 的 Cortana 系统公司的 Cortana 系统就是用硬件技术实现的访问控制系统。这两个系统都采用通行字方式鉴别用户，Cortana 系统对文件或子目录提供读、写、复制和删除等操作的控制，系统命令的使用也受到限制，也可以通过禁止用户访问系统提示，而把他们限定在一个应用环境里；Comlok 系统用 DES 算法保护系统的访问代码和用户文件，该系统可以存储一年多的审计数据。

2. 令牌或智能卡

这里讲的令牌是一种能标识其持有人身份的特殊标志。例如，可以利用图章认证一个人的身份，公民身份证也是一种认证令牌。为了起到认证作用，令牌必须与持有人之间是一一对应的，要求令牌是唯一的和不能伪造的。身份证应该是不能伪造的，否则身份证就无意义。

各种磁卡，如邮政储蓄卡、电话磁卡等是用网络通信令牌的一种形式，这种磁卡后面记录了一些磁记录信息，通常磁卡读出器读出磁卡信息后，还要求用户输入通行字，以便确认持卡人的身份。因此，如果磁卡丢失，拾到者也无法通过磁卡进入系统。

还有一种更为复杂的信用卡形式——智能卡或芯片卡。这种卡中嵌入了一个微处理器。智能卡不仅可以保存用于辨别持有者的身份信息，还可以保存诸如存款余额的信息。这种卡不仅有存储能力，而且还有计算能力。例如，它可以计算挑战—应答系统的回答函数或者实现链路级的加密处理。智能卡的使用过程大致如下：

一个用户在网络终端上输入自己的名字，当系统提示他输入通行字时，把智能卡插入槽中并输入其通行字，通行字不以明文形式回显，也不以明文方式传输，这是因为智能卡对它加密的结果。在接收端对通行字进行解密，身份得到确认后，该用户便可以进行他希望的网上操作了。

3. 生物特征认证方法

一般而言，生物统计学设备是用于保证某种安全、有效和简单的设备。它可以测量与识别某个人具体的生理特征，如指纹、声音图像、笔迹、打字手法或视网膜图像等特征。生物统计学设备通常用于极重要的安全场合，用以严格而仔细地识别人员身份。

指纹识别技术是一种已经被接受的可以唯一识别一个人的方法。每个人都有唯一的指纹图像，把一个人的指纹图像保存在计算机中，当这个人想进入系统时，便将其指纹与计算机中的指纹匹配比较。有些复杂的系统甚至可以指出指纹是否是一个活着的人的指纹。

手印识别与指纹识别有所不同，手印识别器需要读取整只手而不仅是手指的特征图像。一个人把他的手按在手印读入设备上，同时该手印与计算机中的手印图像进行比较。

每个人的声音都有细微的差别，没有两个人是相同的。在每个人的说话中都有唯一的音质和声音图像，甚至两个说话声音相似的人也是这样。识别声音图像的能力使人们可以基于某个短语的发音对人进行识别。声音识别技术已经商用化了，但当一个人的声音发生很大变化的时候（如患感冒），声音识别器可能会发生错误。

分析某人的笔迹或签名不仅包括字母和符号的组合方式，还包括在书写签名或单词的某些部分用力的大小，或笔接触纸的时间长短和笔移动中的停顿等细微的差别。分析是通过一支生物统计学笔和板设备进行的，可将书写特征与存储的信息相比较。

文件打印出来后看起来是一样的，但它们被打印出来的方法是不一样的。这是击键分析系统的基础，该系统分析一个人的打字速度和节奏等细节特征。

视网膜识别技术是一种可用技术，但还没有像其他技术那样得到广泛的利用。视网膜扫描器用红外线检查人眼的血管图像，并和计算机中存储的图像信息比较。由于我们每个人的视网膜是互不相同的，利用这种方法可以区别每一个人。由于害怕扫描设备出故障伤害人的眼睛，所以这种技术使用不广泛。

（二）防复制技术

由于 PC 结构的统一性使得 PC 上的各种软件不经移植便可以在各个 PC 中运行，除 PC 操作系统提供功能很强的 COPY 软件外，还有许多功能更强的磁盘管理软件（如 PCTOOLS）在市场中流行，使得软件的复制变得非常容易。这既给用户带来了方便，也给软件开发者的知识产权保护带来了困难。为了解决软件产权的保护问题，到目前为止已经研究出许多 PC 软件的保护技术。下面介绍硬件保护技术。

1. 软件狗保护法

纯粹软件保护技术比较容易破解，其安全性不高。软件和硬件结合起来可以增加保护能力，目前常用的办法是使用电子设备"软件狗"，这种设备也称为电子"锁"。软件运行前要把这个小设备插入到一个端口上，在运行过程中程序会向端口发送询问信号，如果"软件狗"给出响应信号，则说明该程序是合法的。当一台计算机上运行多个需要保护的软件时，就需要多个"软件狗"，运行时需要更换不同的"软件狗"，这给用户增加了不方便。这种保护方法也容易被破解，方法是跟踪程序的执行，找出和"软件狗"通信的模块，然后设法将其跳过，使程序的执行不需要和"软件狗"通信。为了提高不可破解性，最好对存放程序的软盘增加反跟踪措施，如一旦发现被跟踪，就停机或使系统瘫痪。

2. 与机器硬件配套保护法

在计算机内部芯片（如 ROM）里存放该机器唯一的标志信息，软件和具体的机器是配套的，如果软件检测到不是在特定机器上运行，便拒绝执行。为了防止跟踪破解，还可以在计算机中安装一个专门的加密、解密处理芯片，密钥也封装于芯片中。软件以加密形式分发，加密的密钥要和用户机器独有的密钥相同，这样可以保证一个机器上的软件在另一台机器上不能运行。这种方法的缺点是软件每次运行前都要解密，会降低机器运行速度。下面举两个实际保护系统的例子。

加拿大 Winnipeg 的 I.S. 国际软件公司生产的 Iri-lock 保护系统在一张软盘上形成一种不可复制的签名，用专门技术把要保护的程序隐蔽存放在该软盘上。当程序运行时，首先验证软盘上是否带有签名，若无则不开始运行程序。这种方法只适用保护可执行程序，不适合保护各种正文文件和数据文件。由于原始软盘是不可复制的，它损坏后也使软件无法运行。

加利福尼亚的彩虹技术公司生产了一种软件监视器，它用一个"软件狗"打开匹配的软件模块。这个"软件狗"也是插在计算机并行口上的，程序在执行时，周期性地向"软件狗"发出询问，而"软件狗"根据不同的询问给出不同的回答，使破解者无法预测下一个回答是什么。

三、硬件防辐射

俗语说"明枪易躲，暗箭难防"，主要是讲人们考虑问题时常常会对某些可能发生的问题估计不到，缺少防范心理。在考虑计算机信息安全问题的时候，往往也存在这种情况，一些用户常常仅会注意计算机内存、硬盘、软盘上信息的泄露问题，而忽视了计算机通过电磁辐射产生的信息泄露。我们把前一类信息的泄露称为信息的"明"泄露，后一类的信息泄露称为信息的"暗"泄露。实际实验表明，普通计算机的显示器辐射的屏幕信息可以在几百米到1000多米的范围内用测试设备清楚地再现出来。实际上，计算机的CPU芯片、键盘、磁盘驱动器和打印机在运行过程中都会向外辐射信息。要防止硬件向外辐射信息，必须了解计算机各部件泄露的原因和程度，然后采取相应的防护措施。国际上把防信息辐射泄露技术简称为 TEMPEST（Transient Electro Magnetic Pulse Emanations Standard Technology）技术，这种技术主要研究与解决计算机和外围设备工作时因电磁辐射和传导产生的信息外漏问题。下面对这一技术作简要介绍。

（一）TEMPEST 技术介绍

计算机及其外围设备可以通过两种途径向外泄露：电磁波辐射和通过各种线路与机房通往屋外的导管传导出去。例如，计算机的显示器是阴极射线管，其强大交变的工作电流会产生随显示信息变化的电磁场，把显示信息向外辐射；计算机系统的电源线、机房内的电话线、暖气管道、地线等金属导体有时会起着无线天线的作用，它们可以把从计算机辐射出来的信息发射出去。计算机电磁辐射强度与载流导线中电流的大小、设备功率的强弱、信号频率的高低成正向影响关系，与离辐射源距离的远近成反向影响关系，与辐射源是否被屏蔽也有很大关系。

1. 研究内容

计算机的 TEMPEST 技术是美国国家安全局（NSA）和国防部（DoD）共同组织领导研究与开发的项目，该项目研究如何减少或防止计算机及其他电子信息设备向外辐射造成信息泄露的各种技术与措施。TEMPEST 研究的范围包括理论、工程和管理等方面，涉及电子、电磁、测量、信号处理、材料和化学等多学科的理论与技术。主要研究内容有以下几方面。

（1）电子信息设备是如何辐射泄露的。研究电子设备辐射的途径与方式，研究设备的电气特性和物理结构对辐射的影响。

（2）电子信息设备辐射泄露的防护方法。研究设备整体结构和各功能模块的布局、系统的接地、元器件的布局与连线，以及各种屏蔽材料、屏蔽方法与结构的效果等问题。

（3）如何从辐射信息中提取有用信息。研究辐射信号的接收与还原技术。由于辐射信号弱小、频带宽等特点，需要研究低噪声、宽频带、高增益的接收与解调技术，进行信号分析和相关分析。

（4）信息辐射的测试技术与测试标准。研究测试内容、测试方法、测试要求、测试仪器，以及测试结果的分析方法，并制订相应的测试标准。

TEMPEST 技术减少计算机信息向外泄露的技术可以分为电子隐藏技术和物理抑制技术两大类。其中电子隐藏技术是利用干扰方法扰乱计算机辐射出来的信息、利用跳频技术变化计算机的辐射频率；物理抑制技术是采用包括结构、工艺、材料和屏蔽等物理措施防止计算机中有用信息的泄露。

2. 辐射抑制技术

辐射抑制技术可以分为包容法与抑源法两类。

（1）包容法主要采用屏蔽技术如屏蔽线路单元、整个设备，甚至整个系统，以防止电磁波向外辐射。包容法主要从结构、工艺和材料等方面考虑减少辐射的各种方法，成本比较高，适合于少量应用。

（2）抑源法试图从线路和元器件入手，消除计算机和外围设备内部产生较强电磁波的根源。主要采用的措施有：选用低电压、低功率的元器件；在电路布线设计中注意降低辐射和耦合；采用电源滤波与信号滤波技术；采用可以阻挡电磁波的透明膜；采用"红/黑"隔离技术，其中"红"是指设备中有信息泄露危险的区域、元器件、部件和连线，"黑"表示无泄露危险的区域或连线。将"红"与"黑"隔离可以防止它们之间的耦合，可以重点加强对红区的防护措施。这种方法的技术复杂，但成本较低，适合大量应用。

（二）计算机设备的一些防泄露措施

对计算机与外围设备究竟要采取哪些防泄露措施，要根据计算机中信息的重要程度而定。对于企业而言，需要考虑这些信息的经济效益，对于军队则需要考虑这些信息的保密级别。在选择保密措施时，不应该花费100万元去保护价值10万元的信息。下面是一些常用的防泄露措施。

1. 整体屏蔽

对于需要高度保密的信息，如军、政首脑机关的信息中心和驻外使馆等地方，应该将信息中心的机房整个屏蔽起来。屏蔽的方法是采用金属网把整个房间屏蔽起来。为了保证良好的屏蔽效果，金属网接地要良好，要经过严格的测试验收。整个房间屏蔽的费用比较高，如果用户承担不起，可以采用设备屏蔽的方法，即把需要屏蔽的计算机和外围设备放在体积较小的屏蔽箱内，该屏蔽箱要保证很好的接地。对于从屏蔽箱内引出的导线也要套上金属屏蔽网。

2. 距离防护

让计算机房远离可能被侦测的地点，这是因为计算机辐射的距离有一定限制。对于一个单位而言，计算机房尽量建在单位辖区的中央地区。若一个单位辖区的半径少于300m，距离防护的效果就有限。

3. 使用干扰器

在计算机旁边放置一个辐射干扰器，不断地向外辐射干扰电磁波，该电磁波可以扰乱计算机发出的信息电磁波，使远处侦测设备无法还原计算机信号。挑选干扰器时，要注意干扰器的带宽是否与计算机的辐射带宽相近，否则起不到干扰作用，这需要通过测试验证。

4. 利用铁氧体磁环

在屏蔽的电缆线的两端套上铁氧体磁环，可以进一步减少电缆的辐射强度。

计算机的键盘、磁盘、显示器等输入、输出设备的辐射泄露问题比计算机主机的泄露更严重，需要采用多种防护技术，这里不作进一步介绍，有兴趣的读者可以参阅有关文献。

(三) TEMPEST 标准

为了评估计算机设备辐射泄露的严重程度，评价 TEMPEST 设备的性能好坏、制订相应的评估标准是必要的。TEMPEST 标准中一般包含规定计算机设备电磁泄漏的极限和规定防止辐射泄露的方法与设备，下面介绍美国和国际有关 TEMPEST 的标准，供读者在实际工作中参考。

1. 美国 TEMPEST 标准

美国联邦通信委员会（FCC）于 1979 年 9 月制订了计算机设备电磁辐射标准，简称 FCC 标准。该标准把计算机设备分为 A、B 两类。A 类设备用于商业、工业或企事业单位中的计算机设备，B 类设备是用于居住环境的计算机设备。A 类设备的辐射强度要高于 B 类设备。

2. 国际 TEMPEST 标准

国际无线电干扰特别委员会（CISPR）是国际电子技术委员会（1EC）的一个标准化组织，该组织一直从事电子数据处理设备的电磁干扰问题。1984 年 7 月发布了电磁干扰标准和测试方法的建议，称为 CISPR 建议。该建议对信息处理设备的分类与美国 FCC 的分类相同。

我国也参照 CISPR 标准和美国军用 MIL 标准，制订了自己的电子信息处理设备电磁辐射的民用标准和军用标准。对于设备的外屏蔽技术，有的厂家研制出 P-22 双层铜网可拆卸式屏蔽室和 GP-1 单（双）层钢板可拆卸式屏蔽室两种产品。

第二节　环境安全

一、环境对计算机的威胁

计算机的运行环境对计算机的影响非常大，环境影响因素主要有温度、湿度、灰尘、腐蚀、电气与电磁干扰等，这些因素从不同侧面影响计算机的可靠工作，下面分别加以说明。

计算机的电子元器件、芯片都密封在机箱中，有的芯片工作时表面温度相当高，如586CPU芯片需要带一个小风扇散热，电源部件也是一个大的热源，虽然机箱后面有小型排风扇，但计算机工作时，箱内的温度仍然相当高。如果周边温度也比较高的话，机箱内的温度很难降下来。一般电子元器件的工作温度范围是0~45℃，当环境温度超过60℃时，计算机系统就不能正常工作，温度每升高10℃，电子元器件的可靠性就会降低25%。元器件可靠性的降低无疑将影响计算机的正确运算，影响结果的正确性。

温度对磁介质的磁导率影响很大，温度过高或过低都会使磁导率降低，影响磁头读写的正确性。温度还会使磁带、磁盘表面热胀冷缩，造成数据的读写错误。温度过高会使插头、插座、计算机主板、各种信号线腐蚀的速度加快，容易造成接触不良，温度过高也会使显示器各线圈骨架尺寸发生变化，使图像质量下降。温度过低会使绝缘材料变硬、变脆，使漏电流增大，也会使磁记录媒体性能变差，也会影响显示器的正常工作。计算机工作的环境温度最好是可调节的，一般控制在21℃±3℃。

环境的相对湿度若低于40%时，环境相对是干燥的；相对湿度若高于60%时，环境相对是潮湿的。湿度过高或过低对计算机的可靠性与安全性都有影响。当相对湿度超过65%以后，就会在元器件的表面附着一层很薄的水膜，会造成元器件各引脚之间的漏电，甚至可能出现电弧现象。当水膜中含有杂质时，它们会附着在元器件引脚、导线、接头表面，会造成这些表面发霉和触点腐蚀。磁性介质是多孔材料，在相对湿度高的情况下，它会吸收空气中的水分而变潮，使其磁导率发生明显变化，造成磁介质上的信息读写错误。

在高湿度的情况下，打印纸会吸潮变厚，也会影响正常的打印操作。当相对湿度低于20%时，空气相当干燥，这种情况下极易产生很高的静电（实验测量可达10kV），如果这时有人去碰MOS器件，会造成这些器件的击穿或产生误动作。过分干燥的空气也会破坏磁介质上的信息，会使纸张变脆、印刷电路板变形。如果对计算机运行环境没有任何控制，温度与湿度高低交替大幅度变化，会加速对计算机中的各种器件与材料腐蚀与破坏作用，严重影响计算机的正常运行与寿命。计算机正常的工作湿度应该是40%~60%。

空气中的灰尘对计算机中的精密机械装置，如磁盘、光盘驱动器影响很大，磁盘机与光盘机的读头与盘片之间的距离很小，不到1μm。在高速旋转过程中，各种灰尘，其中包括纤维性灰尘，会附着在盘片表面。当读头靠近盘片表面读信号的时候，由于附着灰尘，就可能擦伤盘片表面或者磨损读头，造成数据读写错误或数据丢失。放在无防尘措施的空气中，平滑的光盘表面经常会带有许多看不见的灰尘，如果用干净的布稍微用点力去擦抹，就会在盘面上形成一道道划痕。如果灰尘中还包括导电尘埃和腐蚀性尘埃的话，它们会附着在元器件与电子线路的表面，此时若机房空气湿度较大，就会造成短路或腐蚀裸露的金属表面。灰尘在器件表面的堆积会降低器件的散热能力。因此，对进入机房的新鲜空气应进行一次或两次过滤，要采取严格的机房卫生制度，降低机房灰尘含量。

电气与电磁干扰是指电网电压和计算机内外的电磁场引起的干扰。常见的电气干扰是指电压瞬间较大幅度的变化、突发的尖脉冲或电压不足甚至掉电。例如，当计算机房内使用较大功率的吸尘器、电钻，或机房外使用电锯、电焊机等用电量大的设备时，都容易在附近的计算机电源中产生电气噪声信号干扰。这些干扰一般容易破坏信息的完整性，有时还会损坏计算机设备。防止电气干扰的办法是采用稳压电源或不间断电源，为了防止突发的电源尖脉冲，对电源还要增加滤波和隔离措施。

对计算机正常运转影响较大的电磁干扰是静电干扰和周边环境的强电磁场干扰。由于计算机中的芯片大部分都是MOS器件，静电电压过高会破坏这些MOS器件，据统计50%以上的计算机设备的损害直接或间接与静电有关。防静电的主要方法有：机房应该按防静电要求装修（如使用防静电地板），整个机房应该有一个独立的和良好的接地系统，机房中各种电气和用电设备都接在统一的地线上。周边环境的强电磁场干扰主要指可能的无线电发射装置、微波线路、高压线路、电气化铁路、大型电机、高频设备等产生的强电磁干扰。这些强电磁干扰轻则会使计算机工作不稳定，重则对计算机造成损坏。

二、环境干扰防护

计算机系统的实体是由电子设备、机电设备和光磁材料组成的复杂系统，这些设备的可靠性和安全性与环境条件有着密切的关系。如果环境条件不能满足设备的使用要求，就会降低计算机的可靠性和安全性，轻则造成数据或程序出错、破坏，重则加速元器件老化，缩短机器寿命，或发生故障使系统不能正常运行，甚至还会危害设备和人员的安全。实践表明，有些计算机系统不稳定或经常出错，除了机器本身的原因之外，机房环境条件是一个重要因素。因此，充分认识机房环境条件的作用和影响，找出解决问题的办法并付诸实施是十分重要的。下面介绍对机房环境的基本要求。

机房的温度一般应控制在 $21℃ ±3℃$，湿度保持在 40%～60% 之间。洁净度主要是指悬浮在空气中的灰尘与有害气体的含量。灰尘的直径一般在 $25～60\mu m$ 之间。

需要制订合理的清洁卫生制度，禁止在机房内吸烟、吃东西、乱扔瓜果纸屑。机房内严禁存放腐蚀物质，以防计算机设备受大气腐蚀、电化腐蚀或直接被氧化、腐蚀、生锈及损坏。在机房内要禁止放食物，以防老鼠或其他昆虫损坏电源线和记录介质及设备。在设计和建造机房时，必须考虑到振动、冲击的影响，如机房附近应尽量避免振源、冲击源，当存在一些振动较强的设备如大型锻压设备和冲床时应采取减振措施。

机房设计还需要减少各种干扰。干扰的来源有3方面：噪声干扰、电气干扰和电磁干扰。一般而言，微型计算机房内的噪声一般应小于65dB。防止电气干扰的根本办法是采用稳定、可靠的电源，并加滤波和隔离措施。而抑制电磁干扰的方法一是采用屏蔽技术，二是采用接地技术。

三、机房安全

为了确保计算机硬件和计算机中信息的安全，保证机房安全是重要的因素。下面将讨论有关机房的安全问题，先讨论机房的安全等级，然后再讨论机房对场地环境的要求。

(一) 机房安全等级

计算机系统中的各种数据依据其重要性和保密性，可以划分为不同等级，需要提供不同级别的保护。对于高等级数据采取低水平的保护，会造成不应有的损失，对不重要的信息提供多余的保护，又会造成不应有的浪费。因此，应对计算机机房规定不同的安全等级。计算机机房的安全等级可以分为3级：A级要求具有最高安全性和可靠性的机房；C级则是为确保系统的一般运行而要求的最低限度的安全性、可靠性的机房；介于A级和C级之间的则是B级。

应该根据所处理的信息及运用场合的重要程度来选择适合本系统特点的相应安全等级的机房，而不应该要求一个机房内的所有设施都达到某一安全级别的所有要求，可以按不同级别的要求建设机房。

(二) 机房场地环境要求

1. 机房的外部环境要求

机房场地的选择应以能否保证计算机长期稳定、可靠、安全地工作为主要目标。在外部环境的选择上，应考虑环境的安全性、地质的可靠性、场地的抗电磁干扰性、应避开强振动源和强噪声源、应避免设在建筑物的高层以及用水设备的下层或隔壁。

同时，应尽量选择电力、水源充足，环境清洁，交通和通信方便的地方。对于机要部门信息系统的机房，还应考虑机房中的信息射频不易被泄露和窃取。为了防止计算机硬件辐射造成信息泄露，机房最好建设在单位的中央地区。

2. 机房内部环境要求

(1) 机房应辟为专用和独立的房间。

(2) 经常使用的进出口应限于一处，以便于出入管理。

(3) 机房内应留有必要的空间，其目的是确保灾害发生时人员和设备的安全撤离和维护。

(4) 机房应设在建筑物的最内层，而辅助区、工作区和办公用房设在其外围。A、B 级安全机房应符合这样的布局，C 级安全机房则不作要求。

计算机硬件和其他网络设备是网络信息系统的一个重要安全层次，硬件本身的任何故障都将使网络信息系统不能正常运行。为了保障硬件的正常运行，除了硬件本身的质量问题外，网络系统中各种硬件运行环境的安全保障条件是重要因素，因此需要十分重视机房的安全问题。硬件辐射泄露是一个很重要的安全问题，不能认为在计算机屏幕旁边安置一个屏幕信号干扰机就可以完全扰乱屏幕辐射出来的信息，还应该进行实地测量，检测干扰效果。网络信息系统中最宝贵的资源是用户的数据资源和用户信息系统的专用软件，只要把这些资源保存好 (利用各种备份手段)，即使硬件被毁，在灾难之后仍然可以迅速恢复网络信息系统的正常运行。

3. 机房面积要求

机房面积的大小与需要安装的设备有关，另外还要考虑人在其中工作是否舒适。通常有两种估算方法：一种是按机房内设备总面积 M 计算机房面积 (m2)，计算公式为

机房面积 = (5 ~ 7) M

这里的设备总面积是指设备的最大外形尺寸，要把所有的设备包括在内，如所有的计算机、网络设备、I/O 设备、电源设备、资料柜、耗材柜、空调设备等。系数 5 ~ 7 是根据我国现有机房的实际使用面积与设备所占面积之间关系的统计数据确定的，实际应用时肯定是要受到本单位具体情况的限制。第二种方法是根据机房内设备的总数进行机房面积 (m2) 的估算。设备的总台数为 K，则估算公式为

机房面积 = (4.5 ~ 5.5) K

在这种计算方法中，估算的准确与否和各种设备的尺寸是否大致相同有密切关系，一般的参考标准是将台式计算机的尺寸作为一台设备进行估算。如果一台设备占地面积太大，最好把它按两台或多台台式计算机去计算，这样可能更准确。系数 4.5 ~ 5.5 也是根据我国具体情况的统计参数。

按照国家 "计算机中心 (站) 场地技术要求"，工作间、辅助间与机房所占面积应有合适的比例，其他各类用房依据人员和设备的多少而定。通常，办公室、用户工作室、终端室按每人 3.5 ~ 4.5m2 进行计算。在此基础上，再考虑 15% ~ 30% 的备用面积，以便适应今后发展的需要。

第三节　操作系统安全技术概述

操作系统负责对计算机系统各种资源、操作、运算和计算机用户进行管理与控制，它是计算机系统安全功能的执行者和管理者。前述章节已经说明个人计算机的安全功能很弱，其主要原因是用户用独占方式使用计算机资源（如 CPU、内存、外设等），不存在各用户之间的竞用、互斥、共享等问题，因此操作系统中就不需要提供相应的安全机制。和个人计算机不同，多用户、多任务操作系统需要支持多用户同时使用计算机系统，防止用户之间可能存在的相互干扰和有意无意地破坏。操作系统的安全机制需要解决进程控制、内存保护、文件保护、对资源的访问控制、I/O 设备的安全管理以及用户认证等问题。本节先介绍操作系统解决这些问题的方法和相关的安全保护措施，然后介绍安全操作系统的设计方法。

一、安全威胁与安全措施

按操作系统的观点划分，计算机系统的资源可以分为处理器、存储器、I/O 设备和文件（程序或信息）4 大类，它们是被操作系统管理的对象，也是被保护的客体。用户与进程既是这些资源的使用者，也是操作系统的管理与保护的对象。操作系统应该为用户与进程公平与安全地使用这些资源提供相应的支持机制。下面首先介绍一些系统资源容易受到哪些安全威胁。

（一）威胁系统资源安全的因素

威胁系统资源安全的因素除设备部件故障外，还有以下几种。

（1）若用户的误操作或不合理地使用了系统提供的命令，将造成对资源的不希望的处理。例如，无意中删除了不想删除的文件，无意中停止了系统的正常处理任务。

（2）恶意用户设法获取非授权的资源访问权。例如，非法获取其他用户的信息。这些信息可以是系统运行时内存中的信息，也可以是存储在磁盘上的信息（文件）。窃取的方法有多种，可以通过破解其他用户的口令来获取该用户的资源，也可以通过执行一种隐藏在正常程序中的"特洛伊木马"程序秘密窃取其他用户在内存或外存上的信息，还有很多其他非法获取资源访问权的方法。人们常常把这些恶意用户称为计算机"黑客"。

（3）恶意破坏系统资源或系统的正常运行，如计算机病毒。

（4）多用户操作系统还需要防止各用户程序执行过程中相互间的不良影响，需要解决用户之间的相互干扰。

（二）系统安全措施

到目前为止的计算机操作系统的安全措施主要是隔离控制、访问控制和信息流控制机制。操作系统中的访问控制机制信息流控制的原理将在后面章节介绍。在普通的操作系统中一般没有采用。而隔离控制的方法有以下4种。

（1）物理隔离。在物理设备或部件一级进行隔离，使不同的用户程序使用不同的物理对象。例如，不同安全级别的用户分配不同的打印机，对特殊用户的高密级运算甚至可以在 CPU 级进行隔离，使用专用的 CPU 运算。

（2）时间隔离。对不同安全要求的用户进程分配不同的运行时间段。对于用户运算高密级信息时甚至独占计算机进行运算。

（3）逻辑隔离。多个用户进程可以同时运行，但相互之间感觉不到其他用户进程的存在，这是因为操作系统限定各进程的运行区域，不允许进程访问其他未被允许的区域。

（4）加密隔离。进程把自己的数据和计算活动隐蔽起来，使它们对于其他进程是不可见的，对用户的口令信息或文件数据以密码形式存储，使其他用户无法访问，也是加密隔离控制措施。

这几种隔离措施实现的复杂性是逐步递增的，第一种相对简单一些，最后一种则相对复杂一些。而它们的安全性则是逐步递减的，前两种方法的安全性是比较高的，但会降低硬件资源的利用率，后两种隔离方法主要依赖操作系统的功能实现。

（三）系统提供的保护方式

操作系统提供几种不同安全级别的保护，如下所述。

（1）无保护方式。当处理高密级数据的程序（又称敏感程序）在单独的时间内运行时，使用无保护的系统是合适的。

（2）隔离保护方式。当操作系统提供隔离机制时，可以使并行运行的进程彼此感觉不到对方的存在。每个进程都有自己的内存空间、文件和其他资源。操作系统必须控制运行中每个进程不得访问其他进程的资源。

(3) 共享或独占保护方式。用户资源 (或称客体) 是否可以共享由用户自己说明,凡被该用户指定为共享的客体,其他用户都可以访问,而被指定为私有的客体,则只能被该用户自己独占使用。

(4) 受限共享保护方式。通过对其他用户访问进行限制来保护用户的某些客体。操作系统检查每次对特定客体的访问是否被允许,得到允许方可进行访问。根据需要为各用户分配不同的访问控制条件,可以把这些访问控制信息存储在某种数据结构 (如表格) 中,以便操作系统对指定客体进行访问控制。

(5) 按能力共享保护方式。这种方式是受限共享保护方式的推广,用户被赋予访问客体的某种能力,能力代表一种访问权利。该保护方式允许动态创建客体的共享权。用户的进程共享客体的能力取决于客体的拥有者或主体本身,取决于计算的内容,也取决于客体本身。

(6) 限制对客体的使用。这种保护方式不限制对客体的访问,而是限制访问后对客体的使用,如允许读但不允许复制,或者只读不许修改等限制。

上述6种对客体的保护是按实现的难度递增顺序排列的,他们对客体的保护能力也是越来越强的。一个功能较强的操作系统应该能够对不同的客体、不同的用户和不同的情况提供不同安全级别的保护功能。

上述各种客体保护方式的实质是访问控制,访问控制需要解决对访问者 (包括想进入系统的用户、用户进程等) 的识别与控制,以及对被访问对象 (如内存、虚存、外存等存储器中存放的数据和文件等) 的访问控制与管理问题。

二、内存储器保护技术

内存储器是操作系统中的共享资源,即使对于单用户的个人计算机,内存也是被用户程序与系统程序所共享,在多道程序环境下更是被多个进程所共享。为了防止共享失去控制和产生不安全问题,对内存进行保护是必要的。主要理由是:

（1）防止对内存的未授权访问。

（2）防止对内存的错误读写，如向只读单元写。

（3）防止用户的不当操作破坏内存数据区、程序区或系统区。

（4）多道程序环境下，防止不同用户的内存区域互不影响。

（5）将用户与内存隔离，不让用户知道数据或程序在内存中的具体位置。

常用的内存保护技术有单用户内存保护技术、多道程序的保护技术、分段与分页保护技术和内存标记保护法。这些技术的实现方法在一般的操作系统原理教科书都有介绍，这里仅关心各种内存保护技术的安全作用。

（一）单用户内存保护问题

在单用户操作系统中，系统程序和用户程序同时运行在一个内存之中，若无防护措施，用户程序中的错误有可能破坏系统程序的运行。可以利用地址界限寄存器在内存中规定一条区域边界（一个内存地址），用户程序运行时，不能跨越这个地址。利用该寄存器也可以实现程序重定位功能，可以指定用户程序的装入地址。

（二）多道程序的保护

对于单用户操作系统，使用一个地址界限寄存就可以保证系统区与用户程序的安全。但对于多用户系统，可能有多个用户程序需要在内存运行，利用一个基址寄存器无法使这些用户程序分隔在不同内存区运行。解决这个问题的办法是再增加一个寄存器，保存用户程序的上边界地址。程序执行时硬件系统将自动检查程序代码所访问的地址是否在基址与上边界地址之间，若不在则报错。用这种办法可以把程序完整的封闭在上下两个边界地址空间中，可以有效地防止一个用户程序访问甚至修改另一个用户的内存。如果使用多对基址和上边界寄存器，还可以把用户的可读写数据区与只读数据区和程序区互相隔离，这种方法可以防止程序自身的访问错误。例如，可以防止向程序区或只读数据区进行写访问。

（三）标记保护法

用上面介绍的多对基址与边界寄存器技术只能保护数据区不被其他用户程序访问，不能控制自身程序对同一个数据区内单元进行有选择的读或写。例如，一个程序中若没有数组越界溢出检查，当向该数组区写入时就有可能越界到其他数据单元，其至越界到程序代码区（这就是缓冲区溢出的一种情况），而代码区是严格禁止写的。为了能对每个存储单元按其内容要求进行保护，如有的单元只读、读/写，或仅执行（代码单元）等不同要求，可以在每个内存字单元中专用几个比特来标记该字单元的属性。除了标记读、写、执行等属性外，还可以标记该单元的数据类型，如数据、字符、地址、指针或未定义等。

在高安全级别的系统中，要求对主体与客体的安全级别与权限给出标记，因此单元标记的内容还可以包括敏感级别等信息。每次指令访问这些单元时都要测试这些比特，当访问操作与这些比特表示的属性不一致的时候就要报错。使用带标记的存储器需要浪费一些存储空间，还会影响操作系统代码的可移植性，这种保护技术一般在对安全要求较高的系统中使用。

(四) 分段与分页技术

对于稍微复杂一些的用户程序，通常按功能划分成若干个模块（过程）。每个模块有自己的数据区，各模块之间也可能有共享数据区。各用户程序之间也可能有共享模块或共享数据区。这些模块或数据区有着不同的访问属性和安全要求，使用上述各种保护技术很难满足这些要求。分段技术就是试图解决较大程序的装入、调度、运行和安全保护等问题的一种技术。

采用分段技术以后，用户并不知道他的程序实际使用的内存物理地址，操作系统会把程序实际地址隐藏起来。这种隐藏对保护用户代码与数据的安全是极有好处的。对于安全而言，分段技术有许多优点，如下所述。

（1）在段表中除了与段名对应的段号及段基址外，还可以增加必要的访问控制信息，对于任何企图访问某个段的操作，操作系统和硬件都可以进行检查。如果访问者是非法的，则加以拒绝。

（2）分段技术几乎可以实现对程序的不同片段分别保护的目标。根据各段敏感性要求，为各段划分安全级，并提供不同的保护措施。

（3）分段技术的保护功能可以检查每一次对内存访问是否合法，可以让保护粒度达到数据项级。

（4）可以为了实施保护而检查每一次地址访问。

（5）还可以避免允许用户直接指定内存地址或段区所带来的安全问题，

也可以让多个用户用不同的权限访问一个段。

段的管理方式也存在一些问题与困难。具体如下：

(1) 由于各段的长度不相同，对内存管理造成了困难，容易产生内存"碎片"，使得内存中虽然剩余碎片的总和大余某个段的长度，但仍无法为该段分配内存的现象发生。

(2) 保护方面的困难与段的大小有关。对于尺寸较小的段 A（如 KB 长），程序可能产生一个有效的段访问参照，但该参照却超过了该段的末端边界。例如，若参照（A，2000）中 2000B 的偏移就会超出段 A 的末端边界，去访问别的段的内容，这是一个很大的安全漏洞。

(3) 在许多情况下（如段内部包含动态数据结构）要求在使用段方式时，允许段的尺寸可以增大。为了保证安全起见，要求系统检查所产生的地址，验证其是否超出所访问的段的末端。

(4) 段名不易在指令中编码，由操作系统查名字表的速度也会很慢。解决的办法是由编译器把段名转化为数字，并建立一张数字与段名之间的对照表。但这又为段的共享带来麻烦，因为每个调用者都必须知道该段的数号。

为了解决分段可能产生的内存碎片问题，引入了分页技术。分页是把目标程序与内存都划分成相同大小的片段，这些片段就称为"页"。分页技术虽然解决了碎片问题，但又损失了分段技术的安全功能。由于段具有逻辑上的完整意义，而页则没有这样的意义，程序员可以为段规定某些安全控制要求，却无法指定各页的访问控制要求。解决这个问题的方法是将分页与分段技术结合起来使用，由程序员按计算逻辑把程序划分为段，再由操作系统把段划分为页。操作系统同时管理段表与页表，完成地址映射任务和页面的调进调出，并使同一段内各页具有相同的安全管理要求。这也是虚拟存储器的基本思想。系统还可以为每个物理页分配一个密码，只允许拥有相同密码的进程访问该页，该密码由操作系统装入进程的状态字中，在进程访问某个页面时，由硬件对进程的密码进行检验，只有密码相同且进程的访问权限与页面的读写访问属性相同时才可以执行访问，这种安全机制有效地保护了虚拟存储器的安全。

三、客体的访问保护与控制

上面介绍了内存的各种保护方法。内存的保护相对简单一些，因为对内存的访问可以由单一硬件机构检查与控制，而且访问的类型限于读、写与执行等操作。对于其他客体，如记录、数据块、存储页、存储段、文件、目录、目录树、库表、邮箱、消息、进程、堆栈与表等数据结构、系统特权指令、口令文件与用户认证机构、安全机制本身等，还可以包括比特位、字节、字、字段、变量、处理器、通信信道、时钟、网络节点等。主体有时也会成为访问或受控的对象，如一个主体可以向另一个主体授权，一个进程可能控制几个子进程等情况，这时受控的主体或子进程也是一种客体。本书中有时会把客体称为目标或对象，它们之间没有什么区分，都来源于 Object。磁盘上的文件、文件目录、堆栈与表等数据结构、系统特权指令、口令文件与用户认证机构、安全机制本身等的保护相对复杂一些，因为对它们的控制一般不是由一个固定的审核机构完成的，对它们的访问类型也不仅限于读、写与执行之类的操作。为了提高被访问客体的安全性，要求遵照以下原则。

（1）要检查对客体的每一次访问。在某主体访问一个客体时，不能因为前面已经对该主体审核过，而不再对其进行审核，必须坚持审核它对客体的每一次访问，这样可以防止其他主体冒充该主体对该客体的访问。

（2）采用最小特权原则。在授予某主体访问某客体的权限时，只给它访问该客体所需的最小权限。例如，用户只需从客体读取数据，则不应该授予该用户读写权。另外，在确保主体完成每次访问任务的前提下尽量减少该主体接触的客体的数，使它接触的范围最小。

（3）检查操作的适当性。除了应该检查用户的访问是否合法外，还应检查访问操作是否适当，防止有意无意地破坏。例如，假设对某个文件的合法操作只允许顺序添加，不允许中间插入。当主体访问该文件时，除了检查该主体是否有权访问外，还应检查其对文件是否有非法操作。

文件系统是任何一个操作系统的最重要组成部分。由于用户交由计算机处理的数据（其中有的是敏感数据）和系统安全机制的信息都是用文件的形式保存的，因此文件的保护是非常重要的。下面介绍几种文件保护机制，每一种都有它的特点与不足。通过了解这些文件保护机制，可以知道哪些保护方式更为安全，为选择安全可靠的操作系统提供依据。

(一) 基础保护

任何一个多用户系统都必须提供最低限度的文件保护功能，防止用户有意或无意访问、修改、破坏其他用户的文件。

1. 全—或—无保护

全—或—无保护基于对用户信赖的基础上，假定用户不会去读或修改别人的文件，只会访问自己有权访问的文件，并且假定用户只知道其有合法访问权的文件名，因此对文件一般不设保护，默认文件是公开的。实际上，其对文件是没有保护的，任何一个用户都可以读、修改甚至删除其他用户的文件。对于某些敏感文件，系统管理员可以使用通行字保护它们，通行字可以控制对该文件的一切访问 (读、写或更新)，或只控制对其他用户有影响的访问操作 (如写、更新)。使用通行字机制在每次对文件开始访问的时候，操作员都需要进行干预。

该保护方式实现简单，对于一个对单位内部十分熟悉的计算机用户还是合适的。但其安全性能差，主要存在以下问题。

(1) 以信任为基础的安全机制是不可靠的。如果操作系统的用户少，相互之间都比较熟悉，且相互利益也不冲突，各人也没有敏感文件需要保存，这种安全机制还是可以使用的。但对于用户众多的大系统而言，各用户之间也不熟悉，不存在相互信赖的基础。

(2) 如果某个文件只希望一部分人可以访问，由于采用了"要么对所有用户都是公开的，要么对所有用户都是有保护的"安全机制，这一要求无法实现。

(3) 这种安全机制更适合于批处理系统，而不适用于分时系统。在批处理的环境下可以把有相同兴趣的用户安排在同一批进行处理，全—或—无的保护方式可以满足这种处理方式对文件的保护要求，各批用户之间没有机会交互信息。在分时系统中，用户需要交互信息，用户选择计算的时间可能就是为了向另一个用户传递结果，如果被保护的文件不允许被某些用户访问，在分时系统下就无法按这种保护方式进行控制。

(4) 由于这种安全机制需要操作员干预，既麻烦又降低了操作系统的效率，影响了这种保护方式的广泛使用。

（5）需要向用户提供系统所有文件的列表，帮助用户回忆他们需要对哪些文件负责，这种文件管理方式比较落后。

2. 分组保护

根据上述情况，全－或－无保护方式主要问题是不能满足不同利益用户对文件的保护要求。分组保护方式可以解决这个问题。在分组方案中，可以根据某种共同性把用户划分在一个组中，如需要共享是一个常见的分组理由。系统中的用户分为 3 类：（单个）用户（User）、用户组（Group）和全部（World），分组时要求每个用户只能分在一个组中，同一个组中的用户对文件有相同的需求，一般具有相同访问权。例如，在创立文件时，文件主可以为自己授予最高的权限（如读、写、执行、删除），为某个组的用户授予读写权利，对其他所有一般用户仅授予读的权利。分组保护技术在 UNIX、VAXVM 等操作系统中被使用。分组方案便于系统管理员对用户群的管理，所以该方案在新型操作系统（如 NT、LINUX 等）也被广泛采用。

分组保护机制的实现并不困难，由于引入组的概念，需要用用户和组这两个标识符标识一个用户。这两个标识符存放在为每个文件设立的文件目录项中，当用户注册的时候，操作系统就可以得到它们。当用户要求访问该文件时，操作系统可以检查该用户的组标识符与该文件的组标识符是否相同，相同就允许访问。

分组方案克服了全－或－无保护方案某些缺点，又具有容易实现的优点。但该方案还存在以下问题：

（1）组的隶属关系。分组不允许一个用户同属两个组，否则会引起访问权限的混乱。例如，假如一个用户同属于两个组，如果这个用户所在的一个组对某个文件具有读权，那么该用户所在的另一个组对该文件是否也具有读权？如果一个组内的用户对某个文件有不同的访问权，上述实现分组的方法就无法进行控制，解决这些问题只能一人一组。

（2）多重账户。为了克服一人一组带来的限制，可以允许用户建立多个账户，在不同的组里使用不同的账号代表不同的用户。假设用户甲有两个账号，一个是甲 1 一个是甲 2，他们分配在两个组内。甲 1 开发的任何文件、程序，甲 2 只能享受非甲 1 组的一般用户的访问权限。这种方法虽然可以允许一人多组，但会使账户文件变长，增加了管理的难度，对用户也不方便。

（3）有限的共享。文件要么只能在组内共享，要么只能为全部用户共享。无法以文件为基础区分出一个文件的共享者，但这是用户希望的共享管理方式。

（二）单独许可权

单独许可权是指允许用户将许可权与单个文件挂钩。下面介绍两种解决方法：一是通行字法，二是临时许可证法。

1. 文件通行字

为了控制用户对指定文件的访问，可以为该文件设置一个通行字。当用户访问这个文件时，必须提供正确的通行字。通行字可以用于控制对文件的各种访问，或仅控制对文件的某一种访问，如控制对文件的修改。

利用通行字的方法可以实现把用户按文件分组的目的。通行字的管理与维护还存在一些麻烦，无论通行字丢失或者泄露都需要由操作员干预：去掉文件的旧通行字，并换成新的通行字；为了撤销某个用户的文件访问权，也必须更换文件的通行字，并在更换通信字后，还要把新通行字告诉所有与该文件有关的用户。

2. 临时许可证

UNIX 系统中除了基本的分组保护方案外，还增加了一种新的许可权方法，这种许可权称为设置用户标识符（SUID, Set User ID）和设置组标识符（SGID, Set Group ID）。用户 ID 与组 ID 的设置能力是通过 setuid 与 setgid 两个系统调用功能和文件的 setuid 与 setgid 两个访问控制位实现的。利用该功能，用户可以建立维护专用信息的特定保护程序，其他用户如果希望访问这些专用信息，就必须运行其特定保护程序。可靠的 UNIX 系统定义了若干"受保护子系统"，每一个子系统都是由一组专用信息（文件、数据库）、一些相关设备，以及维护这些信息的工具与命令组成。这些受保护子系统利用 SUID/SGID 机制来保护其专用信息和设备不受非法访问。例如，系统的通行字文件是系统的敏感信息，一般规定只允许系统管理员修改通行字，但也提供功能让个别用户自己修改通行字。用户甲可以用 SUID 机制建立改变通行字的保护程序，当普通用户执行它时，该保护程序可以按用户甲规定的方式修改通行字文件。

(三) 指定保护

指定保护方式是指允许用户为任何文件建立一张访问控制表 (ACL)，指定谁有权访问该文件，每个人有什么样的访问权，这都是符合自主访问控制原则要求的。在 VAX VMS/SE 操作系统中提供了这种保护功能。在分组保护系统中限定每个用户只能属于某一个组，利用指定保护方式，系统管理员可以通过定义一个"一般标识符"来建立一个新的组。假设甲、乙、丙、丁 4 个用户原先分属 4 个不同的组，现因项目开发需要，要求成立一个新组。系统管理员可以定义一个新的一般标识符 ITEM，让它只包括这 4 个人，用户可以允许在一般标识符下的人访问一个文件，但不允许这 4 个用户所在组的其他人访问这个文件。在 VMS 中，利用 ACL 还可以限定用户访问指定的设备 (如打印机)，或限定哪些用户可以通过电话线进入系统，也可以通过 ACL 限定用户对资源的网络访问或批访问。

IBM VMS 操作系统的资源访问控制装置 RACE 系统对其数据集也提供类似的保护。还有两个类似的系统是 ACF2 和 Top Secret，这些系统允许文件主为文件默认一个一般用户可以访问的保护，再对特殊用户增加其访问权。对于给出去的访问权，也可以将其收回。

第四节　自主访问控制与强制访问控制

对于多用户通用型操作系统，为了方便用户，一般都允许每一个用户建立自己的文件或其他一些客体。另外，为了提供更多更好的服务，系统自己本身也需要建立许多文件或客体。这样会在系统中产生众多的各类客体，连同客体的创建者或属主在内，系统中包含了许多这种实体。为了抽象地描述系统中的访问控制关系，通常根据访问与被访问的缘由把系统中的实体划分为两大类：一类称为主体，另一类称为客体。主体是访问操作的主动发起者，它是系统中信息流的启动者，可以使信息流在实体之间流动；客体通常是指信息的载体或从其他主体或客体接收信息的实体。

鉴于各种原因（如交流的需要），客体的属主有时希望别的用户可以访问自己的文件，这是权利转授问题。如何对系统中各种客体的访问权进行管理与控制是操作系统必须加以解决的问题。管理的方式不同就形成不同的访问控制方式。

一种方式是由客体的属主对自己的客体进行管理，由属主自己决定是否将自己客体的访问权或部分访问权授予其他主体，这种控制方式是自主的，我们把它称为自主访问控制（DAC，Discretionary Access Control）。在自主访问控制下，一个用户可以自主选择哪些用户可以共享他的文件。

另一种方式是强制访问控制（MAC，Mandatory Access Control），在强制访问控制下，用户（或其他主体）与文件（或其他客体）都被标记了固定的安全属性（如安全级、访问权限等），在每次访问发生时，系统会检测安全属性，以便确定一个用户是否有权访问该文件。如果系统认定具有某一安全属性的用户无权访问某个文件，那么任何人（包括文件主在内）都无法使该用户能够访问该文件，除非对总体安全策略进行修改。这些安全属性是系统管理员根据系统总体安全策略与需求分配的，用户或他的程序是不能修改这些安全属性的，即使文件是属于用户自己的也不行。

对于通用型商业操作系统，DAC 是一种最普遍采用的访问控制手段。需要由自主访问控制方式保护的客体数量取决于系统想要的环境。几乎所有系统的 DAC 机制中都包括对文件、目录、通信信道，以及设备的访问控制。如果通用操作系统希望为用户提供较完备的和友好的 DAC 接口，那么在系统中还应该包括对邮箱、消息、I/O 设备等客体提供自主访问控制保护。

一、DAC 的实现机制

访问控制矩阵是实现 DAC 策略的基本数据结构，矩阵的每一行代表一个主体，每一列代表一个客体，行列交叉处的矩阵元素中存放着该主体访问该客体的权限。矩阵通常是巨大的稀疏矩阵，必须采用某种适当的形式存放在系统中，完整地存储整个矩阵将浪费系统许多存储空间。一般的解决方法是按矩阵的行或列存储访问控制信息的。下面介绍这两种方法的优缺点。

(一) 基于行的访问控制机制

这种机制是把每个主体对所在行上的有关客体 (即非空矩阵元素所对应的那些客体) 的访问控制信息以表的形式附加给该主体,这种表被称为访问目录表。根据访问目录表中的内容不同,又分为不同的具体实现机制。

1. 能力表 (capability list) 机制

能力表中存放着主体可访问的每个客体的权限 (如读、写、执行等),主体只能按赋予的权限访问客体。程序中可以包含权限,权限也可以存储在数据文件中。为了防止权利信息被非法修改,可以采用硬件、软件和加密措施。由于允许主体把自己的权利转授给其他进程,或从其他进程收回访问权,因此在运行期间,进程的权限可能会发生变化 (增加或删除)。由此可见权限表机制是动态实现的,所以对一个程序而言,最好能够把该程序所需访问的客体限制在较小的范围内。由于在 DAC 策略下权限的转移是不受限制的,而且权限还可以存储在数据文件中,因此,对某个文件的访问权还可以用于访问其他客体。由于能力表体现的是访问矩阵中单行的信息,所以对某个特定客体而言,一般情况下很难确定能够访问它的所有主体,因此,利用能力表不能实现完备的自主访问控制。实际利用权限表实现自主访问控制的系统并不多。

2. 前缀表 (profiles) 机制

前缀表中存放着主体可访问的每个客体的名字和访问权。当主体要访问某个客体时,系统将检查该主体的前缀中是否具有它所请求的访问权。前缀表实际上是能力表的一种形式。前缀表机制的实现存在以下需要解决的困难。

(1) 前缀表可能很大。在一个稍微大而复杂的系统中,由于用户为客体起名的随意性和唯一性要求,使得名字众多,长度不一,且很难分类,这将致使一个主体的前缀表可能很大,增加了系统管理的困难。

(2) 只能由系统管理员进行修改。一个新客体生成时,或一个已有客体被撤销或改变访问权时,可能需要对许多主体的前缀进行更新,需要花费许多操作时间。而且为了保证对前缀表的安全修改,不允许用户直接修改自己的或其他主体的前缀。有些系统中只允许系统管理员修改主体前缀。在这种情况下，除非安全管理员更新相应用户的前缀，否则任何用户（包括客体的属主）都无法获得对客体的访问权。作为一般的安全规则，除非对主体授予某种访问权限，否则任何主体对任何客体都不具有任何访问权。这种管理方法有些超出了 DAC 原则。用安全管理员控制主体前缀表的修改虽然安全性高，但在需要对客体访问权频繁更改的系统中，这种方法很不适用。

（3）撤销与删除困难。访问权的撤销是比较困难的，除非对每一种访问权，系统自动搜索主体的前缀。删除一个客体也是困难的，因为系统需要判断哪些主体的前缀中包含该客体。一般而言，如能力表机制一样，要系统回答"谁对某一客体具有访问权"这样的问题比较困难，但这个问题在安全系统中是很重要的。

3. 口令（password）机制

在这种机制中，每个客体相应地有一个口令。当主体请求访问一个客体时，必须向系统提供该客体的口令。如果口令正确，主体就可以访问该客体。请注意，这里讲的口令与用户登录进入系统时回答的口令不是一回事。如果对每个客体，每个主体都拥有它自己独有的口令，那么这种口令机制就类似于能力表机制，但口令机制不是动态的。在大多数实现口令机制的系统中，只允许对每一个客体或对客体的每一种访问方式（如读、写、执行等）配备一个口令。各种系统有不同的对口令机制的管理方法，有的系统只有系统管理员才有权分配口令，而有些系统则允许客体的拥有者任意地改变客体的口令。为了安全，一个客体至少要有两个口令：一个用于控制读，一个用于控制写。

利用口令机制对客体实施的访问控制是比较麻烦的和脆弱的，并不是一种合适的方法。

（1）系统不知谁访问了客体。对客体访问的口令是手工分发的，不需要系统参与，因而系统就无法知道谁拥有对某个客体的口令，因而就无法知道是哪个用户访问了该客体。

（2）安全性脆弱。如果一个程序在运行期间需要访问某个客体，就需要把该客体的口令写在程序中，这样很容易造成口令的泄露。对于一个不知道某客体口令的用户，只要他有机会（不管用什么手段）运行含有该客体口令的程序，就可以访问这一客体。多个用户同时知道某个客体的口令，本身就不符合安全性要求。

(3) 使用不方便。在口令机制下，每个用户需要记忆许多需要访问的客体的口令，这对用户而言很不友好。如果用户不得不以书面形式记录时，口令泄露的危险性就增加了。

(4) 管理麻烦。如果要撤销某用户对某客体的访问权，只能改变该客体的口令，但必须把新口令通知每一个对该客体有访问权的用户。通过对每个客体分配多个口令的方法，可以部分地解决这个问题，但不能彻底解决。

对于一个大型的组织机构，系统的用户多，而且频繁更迭，这种应用环境下，口令机制无法实现对客体的访问控制。

(二) 基于列的访问控制机制

这种机制是把每个客体被所在列上的有关主体 (即非空矩阵元素所对应的那些行上的主体) 访问的控制信息以表的形式附加给该客体，然后依此进行访问控制。它有两种实现形式：保护位方式和访问控制表 (ACL) 方式，分述如下。

1. 保护位 (protection bits) 机制

保护位对所有主体、主体组，以及该客体的拥有者指定了一个访问权限的集合，UNIX 中利用了这种机制。主体组中包括具有相似特点的主体的集合，主体的拥有者是指生成客体的主体，它对该客体的所有权只能通过超级用户特权来改变。除超级用户外，拥有者是唯一能够改变客体保护位的主体。一个主体可能不止属于一个主体组，但在某一时刻，一个主体只能属于活动的主体组。在保护位中，包含了主体组的名字和拥有者的名字。由于保护位的长度有限，用这种机制完全表示访问矩阵实际上是不可能的。由于除拥有者外，保护位中不包含其他主体的名字，这表示保护位机制中不包含可访问该客体的各个主体的名字，因此，系统也不能基于单个主体来决定是否允许对其客体的访问。

2. 访问控制表 (ACL, Access Control List) 机制

在这种机制中，每个客体附带了访问矩阵中可访问它自己的所有主体的访问权限信息表 (即 ACL 表)。该表中的每一项包括主体的身份和对该客体的访问权。如果利用组或通配符的概念，可以使 ACL 表缩短。与上一种

方式不同，利用这种机制，系统可以决定某个主体是否可对某个特定客体进行访问。在各种访问控制技术中，ACL 方式是实现 DAC 策略的最好方法。

解决的办法是设法缩短 ACL 表的长度，采用分组与通配符的方法有助于达到该目的。一般而言，在一个单位内部，工作内容相同的人需要涉及的客体大部分是相同的，把他们分在一个组内作为一个主体对待，可以显著减少系统中主体的数目。再利用通配符手段加快匹配速度，同时也能简化 ACL 表的内容。通配符用字母表示，可以代表任意组名或主体标识符。id.gn 表示主体组名，客体为 FILE1。从 ACL 表可以看出，如图所示，属于 math 组的所有成员对客体 F1LE1 都具有读与执行权；

图 3-1 带通匹配符的 ACL 表的一般结构

Liwen.math.REW	*.math.RE	zhang.*.R	*.*.null

只有 Liwen 这个人对 FILE1 有读、写与执行的访问权限。任何组的用户 zhang 对 FILE1 只有读访问权，除此以外，对于其他任何组的任何主体对 FILE1 都没有任何访问权限。从这个例子可以看出，利用分组与通配符的方法确实显著地减少了 ACL 表的空间，而且也满足了访问控制的需要。

在实现 ACL 表的时候，需要考虑默认方式可能引起的问题。在 DAC 策略中采用默认方式可以增加对用户的友好方式。在有主型系统中，当一个主体 A 生成一个客体时，至少在该客体的 ACL 表中，应该把主体 A 设置成默认值（具体内容可由各系统自定）。还有其他情况的默认，如系统默认，应该仅对客体的生成者授予访问权；与主体特性有关的默认，对于平行文件系统结构是比较合适的。当文件系统采用树形结构时，应采用与目录相应的默认。当某主体第一次进入系统时，应该说明他在 ACL 表中的默认值；在树形文件系统结构中要特别注意对目录的默认设置问题，因为在设置目录默认时会波及该目录下的子目录，需要注意子目录下的文件被泄露的问题。

（三）面向过程的访问控制

面向过程的访问控制是指在主体访问客体的过程中对主体的访问操作进行监视与限制。例如，对于只有读权的主体，就要控制它不能对客体进行修改。要实现面向过程的访问控制就要建立一个对客体访问进行控制的过程，该过程能够自己进行用户认证，以此加强操作系统的基本认证能力。该访问控制过程实际上是为被保护的客体建立一个保护层，它对外提供一个可信赖的接口，所有对客体的访问都必须通过这个接口才能完成。例如，操作系统中用户的账户信息（其中包含用户口令）是系统安全的核心文档，对该客体既不允许用户访问，也不允许一般的操作系统进程访问，只允许对用户账户表进行增加、删除与核查这3个进程对这个敏感客体的访问。特别是在增加与删除用户这两个进程内部包含检验功能，可以检查调用者（即主体）是否有权进行这种操作。

面向对象技术与抽象数据类型都要求数据隐蔽功能，即数据隐藏在模块内部。这些隐藏数据中，有的局部于模块内，外界永远不得访问；有的虽然允许外界访问，但必须通过模块接口才能完成。面向过程的保护机制可以实现这种信息隐蔽要求，但要付出执行效率的代价，因为每对客体执行一次访问都要由保护机制进行检查，所以会影响程序效率。

有的系统中实现的保护子系统机制就是面向过程的访问控制的典型例子。一个保护子系统可以看作由一个过程集合和受保护的数据客体组成的，这些成分都包含在该子系统的私有域中。只有保护子系统中的过程，才可以对子系统中的数据客体进行访问操作。子系统外，只有被指定的主体可以在指定的入口点调用子系统中的过程。

在子系统中的数据文件是受保护的对象，子系统中的过程是用来管理受保护对象的，并按用户要求实施对这些客体的访问控制。外部进程只能通过调用管理程序对子系统内部的客体进行访问操作。

可以利用多个保护子系统来完成某项作业，这就有可能出现这些子系统互相调用对方内部过程的情况。为了防止调用了不可信程序而对子系统内部的客体造成破坏，各个子系统内部都应该按互相猜疑策略进行防范。

(四) 访问许可权与访问操作权

在 DAC 策略下，访问许可（access permission）权和访问操作权是两个有区别的概念。访问操作表示有权对客体进行的一些具体操作，如读、写、执行等；访问许可则表示可以改变访问权限的能力或把这种能力转授给其他主体的能力。对某客体，具有访问许可权的主体可以改变该客体的 ACL 表，并可以把这种权利转授给其他主体。简言之，许可权是主体对客体（也可以是另一主体）的一种控制能力，访问权限则是指对客体的操作。关于访问权限及其最小权限的集合问题，这里就不重复了。在一个系统中，不仅主体对客体有控制关系，主体与主体之间也有控制关系，这就涉及对许可权限的管理问题。这个问题很重要，因为它与 ACL 表的修改问题有关。

在 DAC 模式下，有 3 种控制许可权手段：层次型、属主型和自由型。下文将分别对这 3 种手段进行介绍。

1. 层次型

在一个社会的部门中，其组织机构的控制关系一般都呈树形的层次结构，最顶层的领导者有最高的权限，最底层的职员只有权处理自己的事务（如编写报表）。在操作系统中也可以仿此结构建立对客体访问权的控制关系。在这个结构中，系统管理员有最高的控制权（即访问许可），可以修改系统中所有对象（包括主体与客体）的 ACL 表，也具有转授权，可以把修改 ACL 的权利转授给位于顶部第二层的部门管理员。当然，具有许可权的主体也可以修改自身的 ACL 表。在这个结构的最底层是对应于组织机构的业务文件，是被访问的对象，是纯粹的客体，它们对任何客体都不具备任何访问许可权与访问操作权。

层次型的优点是可以通过选择可信的人担任各级权限管理员，从而以可信的方式实现对客体的控制，而这种控制关系往往与部门的组织机构对应，容易获得用户单位的认可。它的缺点是，一个客体可能会有多个主体对它具有控制权，发生问题后存在一个责任辨别问题。

2. 属主型

该类型的访问权控制方式是为每一个客体设置拥有者，一般情况下客体的创建者就是该客体的拥有者。拥有者是唯一可以修改自己客体的 ACL 表的主体，也可以对其他主体授予或撤销对自己客体的访问操作权。拥有者拥有对自己客体的全部控制权，但无权将该控制权转授给其他主体。属主型访问权控制符合自主访问控制原则。

有两种途径实现属主型许可权控制方式：一是与 DAC 机制一起通过管理的方式实现，由系统管理员为每一个主体建立一个主目录（home directory)，并把该目录下的所有客体 (子目录与文件) 的许可权都授予该主目录的主体，使他有权修改其主目录下所有客体的 ACL 表，但不允许他把这种许可权转授给其他主体。当然系统管理员可以修改系统中所有客体的 ACL 表。另一种方式是把属主型控制纳入 DAC 机制中，但不实现任何访问许可功能。DAC 机制将客体的创建者的标识符保存起来作为拥有者的标记，并使他成为唯一能够修改该 ACL 表的主体。

属主型控制方式的优点是修改权限的责任明确，由于拥有者最关心自己客体的安全，他不会随意把访问权转授给不可信的主体，因此这种方式有利于系统的安全性。有许多重要系统使用属主型访问权控制方式，UNIX 系统采用了这种方式。但这种方式也有一定的缺陷。由于规定拥有者是唯一能够删除自己客体的主体，如果主体 (用户) 被调离他处或死亡，系统需要利用某种特权机制来删除该主体拥有的客体。在 UNIX 中，这种情况由超级用户特权进行处理。

3. 自由型

在该类型的访问权控制方案中，客体的拥有者 (创建者) 可以把对自己客体的许可权转授给其他主体，并且也可以使其他主体拥有这种转授权，而且这种转授能力不受创建者自己的控制。在这种情况下，一旦对某个客体的 ACL 修改权被转授出去以后，拥有者就很难对自己的客体实施控制。虽然可以通过客体的 ACL 表查询出所有能够修改该表的主体，但由于这种许可权 (修改权) 可能会被转授给不可信的主体，因此这种对访问权修改的控制方式是很不安全的。

(五) 实现 DAC 的实例

VAX/VMS 曾经是非常典型的小型机操作系统，其中采用的支持 DAC 的文件系统的保护机制是一种很有效的文件安全保护方法，已在许多操作系统中广泛地应用。

VAX/VMS 提供了两种基本的文件保护机制：一是基于用户识别码 (UIC, User Identification Code) 的标准保护机制，简称 UIC 保护机制；另一种是基于访问控制表 ACL 的保护机制。在 VAX/VMS 系统中，文件用户被划分为系统 (system) 类、拥有者 (owner) 类、用户组 (group) 类和所有 (world) 类等 4

类，world 类包括了前 3 类的用户。UIC 保护机制是根据用户的类别来控制用户对文件的访问的。

系统在用户的授权文件 UAF（User Authorize File）中为每一个用户定义一个 UIC，UIC 由组号与成员号组成，其形式为 [group, member]。对系统中的每一个客体也定义 UIC 和一个保护码，客体的 UIC 与其拥有者的 UIC 相同，保护码则表明允许哪些用户类对客体进行访问，以及进行何类访问。下面是一个保护码的示例：

SYSTEM: rwec, OWNER: rwed, GROUP: re, WORLD: e

其中 r 表示读，w 表示写，e 表示执行，d 表示删除。

当用户请求对客体进行访问时，在 ACL 表中没有直接为该用户分配访问权的情况下，系统就要利用 UIC 机制对此次访问进行判决。在判决时把用户确定为上述 4 个用户类中的某一类，然后根据被访问客体上的保护码中对该类用户分配的权限来决定是否允许该用户进行此次访问和采用何种操作方式。

在 VAX/VMS 系统中，按以下步骤控制用户对文件的每一次访问。

（1）检查文件是否带有访问控制表 ACL，如果有，系统就按 ACL 表控制用户对该文件的访问。

（2）如果 ACL 表中没有直接允许或拒绝该用户对该客体进行访问，那么系统就转而根据 UIC 机制来判决是否允许本次用户的访问。特别是如果 ACL 表直接拒绝了用户的访问请求，那么系统就仅根据 UIC 机制中的 system 与 owner 域来进一步判断是否允许用户的本次访问。

（3）如果被访问的客体没有 ACL 表，系统就直接基于 UIC 的保护机制判决是否允许用户本次的访问。

（4）对于拥有某些系统特权的用户，可以不受 ACL 与 UIC 机制的限制而获得对客体的访问权。这些特权包括 GRPPRV（组特权）、SYSPRV（系统特权）、READALL（读特权）以及 BYPASS（全权）等特权。

二、MAC 的实现机制

DAC 机制虽然使得系统中对客体的访问受到了必要的控制，提高了系统的安全性，但它的主要目的还是为了方便用户对自己客体的管理。由于这种机制允许用户自主地将自己客体的访问操作权转授给别的主体，这又造成系统不安全的隐患。权利多次被转授后，一旦转授给了不可信主体，那么该客体的信息就会泄露。DAC 机制第二个主要缺点是，无法抵御特洛伊木马的攻击。在 DAC 机制下，某一合法的用户可以任意运行一段程序来修改自己文件的访问控制信息，系统无法区分这是用户合法的修改还是木马程序的非法修改。DAC 机制的第三个主要缺点是，还没有一般的方法能够防止木马程序利用共享客体或隐蔽信道把信息从一个进程传送给另一个进程。另外，如果因用户无意（如程序错误、某些误操作等）或不负责任的操作而造成的敏感信息的泄露问题，在 DAC 机制下也无法解决。

对于安全性要求更高的系统来说，仅采用 DAC 机制是很难满足要求的，这就要求更强的访问控制技术。强制访问控制机制可以有效地解决 DAC 机制中可能存在的不安全问题，尤其是像特洛伊木马攻击这类问题。

（一）MAC 机制的实现方法

在一个系统中实现 MAC 机制，最主要的是要做到两条：第一是访问控制策略要符合 MAC 的原则，因此系统要完全收回在 DAC 机制下允许客体的拥有者（创建者）修改自己客体的访问权和把对自己客体访问权的控制权转授给其他主体的权利，把这些权利交给全系统权利最高和最受信任的安全管理员。在 MAC 机制下，即使是客体的拥有者也没有对自己客体的控制权，也没有权利向别的主体转授对自己客体的访问权。即使是系统安全管理员修改、授予或撤销主体对某客体的访问权，也要受到严格的审核与监控。第二是，对系统中的每一个主体与客体都要根据总体安全策略与需要分配一个特殊的安全属性，该安全属性能够反映该主体或客体的敏感等级和访问权限，并把它以标记的形式和这个主体或客体紧密相连而无法分开。例如，可以用硬件实现或固化等措施，使主体与客体带上标记，使得这种安全属性一般不能被随意更改，再通过设置一些不可逾越和不可更改的访问限制，就能够有效地防范恶意程序（特洛伊木马）的攻击。

在 MAC 机制下，创建客体是受严格控制的，这样就可以阻止某个进程通过创建共享文件的方式向其他进程传递信息。用户为某个目的运行的程序，由于他不能修改自己及其他任何客体的安全属性，也包括自己拥有的客体的安全属性，因此，即使用户程序中或系统中包含恶意程序（如特洛伊木马），也很难获取与用户程序无关的客体的敏感信息。虽然 MAC 机制对系统主体的限制很严，也无法防范用户自己用非计算机手段将自己有权阅读的文件泄露出去，如用户将计算机显示的文件内容记忆住，然后再用手写方式泄露出去，然而用 MAC 机制确实能够防范用计算机程序手段窃取某个文件。

　　一般而言，在高安全级（B 级及以上）的计算机系统中同时实现 MAC 机制与 DAC 机制，是在 DAC 机制的基础上增加更强的访问控制，以达到强制访问控制的目的。在 DAC 机制下，系统是用访问矩阵（或其变种）形式描述主体与客体之间的访问控制关系，MAC 对访问矩阵的修改增加了严格的限制，并按 MAC 的策略要求对访问矩阵实施管理与控制。一个主体必须首先通过 DAC 和 MAC 的控制检查后，得到允许后才能访问某个客体。客体受到了双重保护，DAC 可以防范未经允许的用户对客体的攻击，而 MAC 不允许随意修改主体、客体的安全属性，提供了一个不可逾越的保护层，又可以防范任意用户随意滥用 DAC 机制转授访问权。有了 MAC 控制后，可以极大地减少因用户的无意操作（如程序错误或某些误操作）泄露敏感信息的可能性。

　　特洛伊木马窃取敏感文件的方法通常有两种：一是通过修改敏感文件的安全属性（如敏感级别、访问权等）来获取敏感信息。这在 DAC 机制下是完全可以做到的，因为在这种机制下，合法的用户可以利用一段程序修改自己客体的访问控制信息，木马程序同样也能做到。但在 MAC 机制下，严格地杜绝了修改客体安全属性的可能性，因此木马利用这种方法获取敏感文件信息是不可能的。另一种方法是，躲在用户程序中的木马利用合法用户读敏感文件的机会，把所访问文件的内容复制到入侵者的临时目录下，条件是系统因疏漏允许入侵者建立一个可读文件。为了防止这种形式的木马攻击，系统除了要严格控制主体建目录的权限外，还要限制邮箱功能与交互进程的信息交换。

　　强制访问控制机制比较适合专用目的的计算机系统，如军用计算机系统。因此从 B1 级的计算机系统才开始实施这种机制，B2 级计算机系统实现更强的 MAC 控制，B2 级计算机系统是符合军用要求的最低安全级别。但对于通用型操作系统，从对用户友好性出发，一般还是以 DAC 机制为主，适当增加 MAC 控制，在这种情况下，防范木马攻击的难度增加了。目前流行的操作系统（如 UNIX 系统、Linux、Windows 2000）就是属于这种情况。

（二）支持 MAC 的措施

从某种意义上说，采用 MAC 机制主要是防止一些从某些渠道进入系统的恶意程序（如特洛伊木马程序）通过窃取访问权或隐蔽信道获取敏感信息。除了在系统中采用严格的强制访问控制机制外，还要有其他一些管理控制措施给予支持，这样才能有效减少恶意程序窃取信息的机会。

1. 防止恶意程序从外部进入系统

恶意程序从外部进入系统有两种渠道：一种是，通过软盘、光盘或网络下载等方式，由用户自己"主动地"把未被认证是"纯净"的软件装入到系统中，如果其中含有木马类程序，它们就会乘机进入系统。即使对于厂商销售的正版软件也不能放心无疑，因为确实发现有的公司销售的网络服务（TELNET）软件中包含特洛伊木马的事情，如美国微软公司的电子邮件软件包含一个美国密钥，可以解密用户的邮件。因此，对于一些要害部门，即使对于正版软件也应该进行安全审核与检验，确信不包含恶意功能后，才能安装应用。

另一种是，利用系统存在的漏洞，通过网络攻击等手段，把木马类程序装入系统。例如，广泛流传的"红色代码 II"网络病毒就是利用微软系统提供的 IIS4.0（或 5.0）服中存在的一个缓冲区溢出漏洞，而把木马程序装入系统中的。还有其他一些手段，如通过远程访问或登录（FTP 或 TELNET）机会，电子邮件等方式，把木马装入客体系统中。对系统漏洞进行防堵和严格控制远程访问权限（如不允许在客体系统上建立文件），有助于防止木马程序的进入。为了防止木马从外部流入，有效的办法是严格防止未经许可私自装入系统以外的软件，只允许安装由系统管理部门（或人员）发放的系统原版软件与应用软件。

另外，为了防止使用别人的木马程序，或让木马进入自己的控制目录，用户对自己还要加强过程性控制。用户不要随意运行系统目录以外的任何程序，即使偶然需要使用其他目录中的文件时，不要做任何动作。在迫不得已使用别的用户编写的程序时要有警惕性，注意观察程序的运行状态与结果。

2. 消除利用系统自身的支持而产生木马的可能性

在 MAC 机制下，由于系统中有很强的访问控制措施，外来的木马很难顺利工作并达到目的。但是，如果内部某个有不良意图的合法用户利用自己的权限在系统编程工具的支持下，编写藏有木马的程序，并使它在系统中合法的运行，这种情况下木马很难防范。为了防止这类情况的发生，最简单的方法是去掉系统提供的各种编程工具与开发环境，其中包括编译器、解释器、汇编程序，以及各种开发工具包等。此外，有的系统还提供命令编辑工具和命令处理器，这些工具也应该从系统中删除。对于通用商业型系统，如果删除了系统或应用开发能力会使用户感到很不方便，也会影响这些系统的销售。但对于一些专用计算机系统，如军用计算机只需要用户操作，不需要用户开发，这种情况下就可以完全删除系统的开发能力。美军的战术互联网中的计算机系统就不提供开发能力，而且明确规定只允许运行下发光盘上的软件。

在网络环境下，禁止系统的开发能力不能只考虑单机系统，需要防止木马可能通过网络接口从另一个有开发能力的计算机系统装入本地计算机系统。一种解决办法是，对本地计算机系统的远程装入与运行功能进行限制和安全控制，不允许远程装入，但这样做可能会影响系统提供服务的能力，如 TELNET、FTP 等服务功能；另一种解决办法是，从全网范围内消除开发能力，这对于内部专用网 (如军队指挥网，银行事务处理系统等) 是可行的。但是必须保证该专用网没有和外部网络 (如 Internet、公用电话网) 连接，如果连接了，全网内的开发限制就不起作用。

(三) 实现 MAC 的一些实例

以下介绍几种 UNIX 文件系统中强制访问机制的几种设计方案。

1. Multics 方案

Multics 文件系统结构也是树形结构。每一个目录和文件都有一个安全级，每个用户也都有一个安全级。用户对文件的访问遵从以下强制访问控制安全策略。

(1) 仅当用户的安全级不低于文件的安全级时，用户才能读该文件。

(2) 仅当用户的安全级不高于文件的安全级时，用户才能写该文件。

第一条策略限制低级别用户不允许去读高级别的文件，第二条策略不允许高级别用户向低级别文件写入数据，以免泄露信息，原因是高安全级用户可能阅读过高安全级的信息。

文件的创建与删除都被当作对文件所在目录的写操作，因而受到上述第二条规则的约束，用户的安全级不能高于该文件所在的目录。这种方案中，对文件的创建或删除的控制与 UNIX 文件系统的管理是不兼容的。在 UNIX 系统中有一个专门的共享 /TMP 目录用于存放临时文件，为了能够让用户可以阅读 /TMP 目录下的文件，用户的安全级不能低于 /TMP 目录的安全级。但在 Multics 方案中，这种情况下是不允许用户在 /TMP 目录下创建或删除文件的。只有当用户的安全级与 /TMP 目录的安全级相同时，用户才能在 /TMP 目录中阅读、创建或删除文件。

2. Linus IV 方案

Linus IV 文件系统的访问控制方案基本与 Multics 一样。为了解决文件的创建或删除所带来的不兼容问题，特意引入了一种隔离目录（partitioned directory）的新机制。系统允许任何安全级别的用户在其中创建或删除文件。在隔离目录内，为了解决各个用户子目录内容的保密问题，系统根据用户的要求动态地建立子目录，它们是隐蔽存放的，并且各有一个唯一的安全级。每个用户只能看到与自己安全级相同的子目录内容，其他子目录是不可见的，这实际等价于隔离目录的安全级与用户的安全级是相同的。隔离目录虽然方便了各个用户创建或删除文件的操作，但为系统管理隐蔽子目录增加了困难，对于可访问所有子目录的特权进程，必须具有一个特殊接口。

3. 安全 xenix 方案

该方案中对文件系统的强制访问控制机制类似于 Linus IV，它也支持隔离目录机制，此外，该目录还有一个特殊的通配安全级，该安全级与所有用户的安全级都相符。这种目录一般用于虚拟伪设备 /dev/null 这样的文件，这种文件对所有用户都是可访问的。但在安全 xenix 方案中，对写操作的控制更严格。它要求仅当用户的安全级与文件的安全级相同时，才允许该用户对该文件进行写操作。根据这个规定，当用户在某个目录下创建或删除文件时，只有当用户的安全级与该目录的安全级相同时才能进行这些操作。当用户生成一个文件时，该文件的安全级就与用户的安全级相同。在生成一个目录时，目录的安全级按以下方式处理：所生成的目录名是按它的父目录的安全级分类的，但目录本身的安全级可以高于其父目录的安全级。如果一个目录的安全级高于其父目录，则称该目录为升级目录。

使用升级目录有些麻烦，即一个用户若要使用升级目录，则需要先退出系统，然后以升级目录的安全级重新注册进入系统。如果用户想删除升级目录，用户首先应该删除该目录下的所有文件，然后以该升级目录的父目录的安全级注册进入系统，才能把该升级目录删除掉。

4.Tim Thomas 方案

该方案主要是为了解决安全 xenix 方案中升级目录所引起的使用不便，即解决在已经登录进入系统的情况下，如要进入升级目录还要先退出系统，再重新用新安全级注册进入系统的问题。为了解决这种问题，该方案定义了一种新的目录类型。该方案的基本内容如下。

(1) 让文件名的安全级与文件内容的安全级相同。该方案与前面几个方案主要不同点是：文件名的安全级就代表了文件内容的安全级，在一个目录中，可以有多个不同安全级别的文件存在，并且允许它们与目录有不同的安全级。而前面的几个方案中，一个目录下的所有文件的安全级是与该目录的安全级相同的。例如，在一个秘密级的目录中，可以同时包含机密、绝密与秘密级文件。但是，对某安全级别的用户，在目录中只能看到与自己级别相同或低于自己级别的文件。例如，一个机密级用户只能看见一个目录中的机密文件、秘密文件和无密文件，不能看见目录中的绝密级文件。对于用户所能够看见的文件，就可以对其进行读、写、删除的操作，否则就不能。如果用户能够看见一个目录，那么他就可以在 DAC 机制的控制下创建一个新文件。

(2) 利用特殊接口实现文件名的隐蔽。由于允许一个目录下可包含多种安全级的文件，需要解决的一个问题是：如何不让用户看见（即访问）比自己安全级高的文件名。一个解决办法是，提供一个特殊的系统调用接口，通过该接口可以过滤所有比用户安全级高的文件。对于一些操作系统还要控制对那些可直接访问文件目录内容的系统调用，如 UNIX 中 read（ ）系统调用就是这一类函数。

(3) 增加了对文件名的访问限制。文件的访问策略与安全 xenix 方案基本相同，但对文件名的访问增加了以下限制。

其一，仅当用户的安全级不低于文件的安全级时，才能读该文件或文件名。

其二，仅当用户的安全级与文件的安全级相同时，该用户才能对该文件进行写操作或者更改文件名。删除一个文件名被认为是对该文件的写操作。

根据第一条规则，对有的用户而言，有些文件是看不见的（即隐藏的）。由于系统通常把目录也当作一个文件名处理，所以文件名的隐藏对目录也是适用的。

第五节　用户认证

用户认证的任务是确认当前正在试图登录进入系统的用户就是账户数据库中记录的那个用户。认证用户的方法有3种：一是要求输入一些保密信息，如用户的姓名、通行字或加密密钥等；二是稍微复杂一些的鉴别方法，如询问—应答系统、采用物理识别设备（如访问卡、钥匙或令牌标记）等方法；三是利用用户生物特征，如指纹、声音、视网膜等识别技术对用户进行唯一的识别。由于后两种识别方法更为复杂与昂贵，所以常用的方法还是使用通行字的认证方法。通行字是一种容易实现的、并有效地只让授权用户进入系统的方法。

一、通行字认证方法

通行字是进行访问控制的简单而有效的方法，没有一个有效的通行字，侵入者要闯入计算机系统是很困难的。通行字是只有用户自己和系统知道（有时管理员也不知道）的简单的字符串。只要一个用户保持通行字的机密性，非授权用户就无法使用该用户的账户。但是一旦通行字失密或被破解，通行字就不能提供任何安全了，该用户的账户在系统上就不再受保护了。因此，最重要的考虑是，尽可能选择安全性高的通行字，并使它不让其他人知道。

　　系统管理员和用户双方都有保护通行字安全的责任。管理员必须为每个账户建立一个通行字和用户名，用户的责任是必须建立稍微复杂一些的安全通行字，并保证它的安全。

　　各个系统的登录进程可以有很大的不同，有的安全性很高的系统要求几个等级的通行字。例如，一个用于登录进入系统，一个用于个人账户，还有一个用于指定的敏感文件。有的系统则只要一个通行字就可以访问整个系统，大多数系统有介于这两个极端情况之间的登录进程。

　　例如，VAX 系统上，用户必须输入一个有效的用户名，然后再输入一个通行字。UNIX 系统和 NT 系统也采用类似的方法。用户输入的用户名和通行字必须和存放在系统中的账户 / 通行字文件中的相关信息一致，才能进入系统。一般来说，用户名会回显在屏幕上，而通行字则以一串回显在屏幕上，这样可以防止通行字被别人偷看去。用户登录标识符是由用户姓名、姓名缩写或账户号码的某种组合形成系统能唯一识别的系统账号。用户登录名的长度为 1~8 个字符，但若太短了（如长度小于 5），则容易被破解。通行字不仅在屏幕上不回显，在系统内部它也是以加密形式存放的。例如，在 UNIX 系统中，用户通行字是加密存放在 /etc/ password 文件中，用户无法从这个文件获取每个人的通行字。

　　破解通行字是黑客们攻击系统的常用手段，那些仅由数字组成、仅由字母组成、仅由两三个字符组成如名字缩写、常用单词、生日、日期、电话号码、用户喜欢的宠物名、节目名等易猜的字符串作为通行字是很容易被破解的。这些类型的通行字都不是安全有效的，常被称为弱口令。为了帮助用户选择安全有效的通行字，管理员可以通过警告、消息和广播的形式，告诉用户什么样的通行字是最有效的通行字。另外，依靠系统中的安全机制，系统管理员能对用户的通行字进行强制性修改，如限制设置通行字的最短长度与组成成分、限制通行字的使用时间、甚至防止用户使用易猜的通行字等措施。选取通行字应遵循以下规则。

（一）扩大通行字字符空间

　　通行字的字符空间不要仅限于 26 个大写字母，要扩大到包括 26 个小写字母和 10 个数字，使字符空间可达到 62 个之多。如果选用 6 个大写字母组成一个通行字，猜试需要100小时的时间。如果6个字符可能来自62个字符空间的话，则需要花费2年左右的时间才能猜破该通行字。在UNIX系统中，还把其他一些特殊符号（如 +、−、*、/、%、# 等）也作为通行字的字符空间，因此其通行字的安全性更高。

(二) 选择长通行字

选择长通行字可以增加破解的时间。假定字符空间是26个字母，如果已知通行字的长度不超过3个字符，则可能的通行字有26+26 × 26+26 × 26 × 26=18278 个。若每毫秒验证一个通行字，只需要18s以上的时间就可以检验所有通行字。如果通行字长度不超过4个字符，检验时间只需要8min左右；若通行字长度不超过5个字符，所需要的检验时间也只不过3.5h。可见过短的通行字是很容易被计算机破解的。很显然，增加字符空间的字符数和通行字的长度可以显著增加通行字的组合数。

(三) 不要选择各种名字或单词

不要使用自己的名字、熟悉的或名人的名字作为通行字，不要选择宠物名或各种单词作为通行字，因为这种类型的通行字往往是破解者首先破解的对象，也由于它们的数量有限（常用英文词汇量只不过15万左右），对计算机来说，破解这类通行字不是一件困难的事情。假定按每毫秒字举一个英文单词的速度计算，15万个单词也仅仅需要150s时间。

(四) 选用无规律的通行字

无规律的通行字可以增加破解的难度，但也增加了记忆的难度。有的操作系统为了提高口令的安全性，强制用户在通行字中必须包含除字母数字外的其他特殊符号，UNIX系统就是这样的系统。

(五) 定期更改通行字

有时通行字已经泄露了，拥有者却不知道，还在继续使用。为了避免这种情况发生，比较好的办法是定期更换通行字。Windows NT 和 UNIX 系统都支持定期更换通行字的功能。

通行字要自己记忆目前流行的操作系统对通行字的选择和管理都是很严格的，有的系统甚至检查用户自己给出的通行字是否合乎要求，如 UNIX

系统就要求用户的通行字中必须包括非字母数字的特殊符号，有的操作系统还可以为用户选择通行字，有的操作系统拒绝使用最近用过的通行字。为了安全起见，再复杂的通行字都应该自己记忆。

可能是由于人们怕麻烦、求简单的心理，也可能是因为安全意识较差的缘故，系统的开发者和系统管理员发现，无论他们提醒多少遍，许多人甚至是最认真的用户仍然选择糟糕的通行字，导致他们的账户遇到安全问题。为了帮助用户选择安全有效的通行字，有的系统设置专门的登录/通行字控制功能，检查和控制用户设置的通行字的安全性，提供了以下控制措施：

1. 通行字更换

用户可以自己主动更换通行字，系统也会要求用户定期更换它们的通行字，通行字经常更换可以提高其安全性。当用户通行字使用到期后，系统便自动提示用户要更改他的通行字，在用户下次进入系统时，必须更改其通行字。有的系统还会把用户使用过的通行字记录下来，防止用户使用重复的通行字。

2. 限定最短长度

通行字越长越难破解，而且使用随机字符组合出来的通行字被破解的时间随字符个数的增加而增长。在安装系统时，系统管理员可以设置通行字的最短长度。

3. 多个通行字

一般来说，登录名或用户名是与某个私人通行字相联系的。尽管如此，在有更高安全要求的系统上，采用了多个通行字的安全措施。其中包括系统通行字，它允许用户访问指定的终端或系统，这是在正常登录过程之后的额外的访问控制层。也可以是对拨号访问或访问某些敏感程序或文件而要求的额外通行字。

4. 系统生成通行字

可以由计算机为用户生成通行字，UNIX 系统就有这种功能。通行字生成软件可以按前面讨论的许多原则为用户生成通行字，由系统生成的通行字一般很难记忆，有时会迫使用户写到纸上，造成了不安全因素。

除了以上各种安全措施外，有的系统对使用口令进行访问还采取更严格的控制，通常有以下一些措施。

1. 登录时间限制

用户只能在某段时间内（如上班时间）才能登录到系统中。任何人在这段时间之外想登录到系统中都将遭到拒绝。

2. 系统消息

在用户使用登录程序时，系统首先敬告登录者："只欢迎授权用户"，有的系统不向访问者提供本系统是什么类型的系统，使黑客得不到系统的任何有用信息。

3. 限制登录次数

为了防止对账户多次尝试通行字成功后闯入系统，系统可以限制每次试图登录的次数。如果有人连续几次（如 3 次）登录失败，终端与系统的连接就自动断开，这样可以防止有人不断地尝试不同的通行字和登录名。

4. 最后一次登录

该方法报告最后一次系统的登录时间／日期，以及在用户最后一次登录后发生过多少次未成功的登录企图。该措施可以为用户提供线索，看是否有人非法访问了你的账户或发生过未成功的登录企图。

通行字（或口令）是用户与操作系统之间交换的信物。用户想使用系统，首先必须通过系统管理员向系统登录，在系统中建立一个用户账号，账号中存放用户的名字（或标识）和通行字。通行字认证技术是建筑在用户和系统双方保密的基础上的，如果用户的口令泄露，被别人掌握，或者系统的口令保护功能不强，造成口令文件被破解，通行字的安全功能将失去意义。为了提高口令认证的安全性，不同的系统采用许多有效的措施。下面介绍一些主要办法。

1. 尽量减少会话透露的信息

为了确认用户身份，系统一般需要用户输入用户名和通行字，如果能恰当组织会话过程，可以使外漏的信息最少。例如，一个完全不知道的信息中心计算机情况的入侵者试图进入计算机系统，假设系统按以下顺序组织会话:（带下划线的是用户回答信息）

欢迎使用本信息中心计算机系统！

请输入你的姓名：汪海洋

无效用户名——不知道的用户

请输入你的姓名:

通过这段会话,入侵者可以知道他想进入的系统是信息中心的计算机系统,汪洋海不是该系统的合法用户,他还可以继续试验其他用户名。

如果系统按下面的顺序组织会话:

欢迎使用本信息中心计算机系统!

请输入你的姓名:汪洋海

请输入通行字:********

无效访问

请输入你的姓名:

该系统在接受了用户名和通行字后,再告诉输入者是无效访问,对于毫不知情的侵入者而言,他无法判断是用户名不存在,还是口令不对。当然,入侵者还是知道了他要进入的系统是信息中心的计算机。如果系统不首先显示第一行信息,在用户回答正确后再显示这一行信息,那么入侵者没通过系统验证时,将什么信息也得不到。系统在身份验证过程中应该尽量减少外漏的信息。

2. 增加认证的信息量

为了防止用户因口令失密造成用户的账户被窃用,认证程序还可以在认证过程中向用户随机提问一些与该用户有关的问题,这些问题通常只有这个用户才能回答(如个人隐私信息)。当然,这需要在认证系统中存放每个用户的多条秘密信息供系统提问用。系统入侵者可能会攻破某用户的口令,如果他对该用户不熟悉,他很难正确回答该用户的秘密信息。

二、其他认证方法

通行字需要从键盘敲入,有很多暴露的机会。例如,当你键入通行字的时候,别人可能从身后偷看,虽然屏幕上不回显通行字,但偷看者可能通过观察你的手指发现敲击过哪几个字母,或至少知道手在键盘上的移动情况。又如,通行字从键入的瞬间一直到被主机接收的瞬间都是以明文的形式出现,因此在通信线路上截听的人可以截获用户的通行字。另外,用户的通行字还可能被冒充操作系统的登录程序所截获,这种程序可以在屏幕上显示与正式登录程序完全相同的注册提示,骗取用户输入的用户名和通行字。

所有这些问题的出现，都是由于通行字长期保持不变造成的，经常改变通行字是必要的。为了对付上述类型的攻击，通行字在使用后就应该马上更新，但几乎没有用户能够手工如此频繁地更改通行字，不过可以利用挑战—应答系统实现一次性通行字的功能。

(一) 挑战—应答系统

挑战—应答系统本质上是一个密码系统，其中主机发送消息 m，用户用 E (m) 来回答。虽然消息 m 及其加密形式都可能被截获 (通过观察或线路截听)，但这种泄露不会暴露加密算法。挑战—应答系统提示用户，要求每次注册都给出不同的回答。例如，系统可能显示一个 4 位数的询问数据，每个用户各拥有一个应答函数以供计算。类似于一个计算器这样的物理设备，可用于实现更复杂的响应函数。对用户输入系统的询问数据，该物理设备计算并显示出用户的响应结果 (通行字)，并在把这个通行字输入到系统的过程中完成注册过程。

如果采用常规密码体制的话，挑战—应答系统有两个缺陷。第一个问题是，虽然窃取者不能凭一次截获的明文消息与其对应的密文就推断出该系统的加密函数，但是若截取的该加密系统的明文或密文越多，截获者就越有可能攻破该加密系统。解决的办法是采取更强有力的加密系统，这就意味着需要系统具有更加复杂的功能，但对用户用手计算或记忆增加了更大难度。

第二个问题是，老消息再现的可能性。挑战—应答系统可能用于让用户相信主机系统的可信性，防止被一个伪装的注册程序骗取自己的通行字。用户希望主机能够发出一个密码信息，供用户判断主机的真假。例如，主机系统可以发出密文消息 M1= "I am really host A, Send your password"，用户对此密文解密后，确认其是真正的主机 A 后，再输入通行字。如果主机每次都使用同一个密文供用户确认，它就可能被截获，被假冒系统重复使用。解决的方案是让真正的主机每次输出不同的消息，如在系统每次输出的密文信息中附加日期与时间信息，接受者可以根据密文中的日期时间来判断消息是否是当前的。如果是前面的消息再现，用户则拒绝给出应答。

(二) 通行短语

另外一种简单而又保密的鉴别方案是通行短语，它是一种更长的通行字的变形。通行短语等价于有鉴别能力的通行字。经验说明，人们很难记忆长通行字。通行短语可能是某一段歌词或某本小说中的一段话，便于用户记忆。长通行字需要更多的计算机存储空间。

通行短语可以用一个函数来压缩。一个通行短语可用分组连接密码加密，且只存储最后一个分组。该短语中任何一个字符发生改变，都将打乱原来的比特模式，并影响加密结果。用类似于 DES 的密码，其结果可以存储44bit。通过采用复杂的压缩函数，对于不同的短语而言，不会有相同的加密模式。

通行短语也可以用于可变的挑战—应答系统，系统和用户之间可以约定许多互相知道的秘密信息，如有关用户的个人经历、爱好、家庭、个人特征等方面的信息，每当用户向系统登录时，挑战—应答系统便随机从这些信息中挑出几个向用户询问，在用户给出正确回答和系统提问内容在事先约定范围内的情况下，双方可以互相取得信任。由于挑战—应答系统每次提问内容不重复，假冒者很难把用户与系统之间所有约定的信息都收集完整。某些银行就是采用这种技术来鉴别通过终端和银行进行交易的用户的。

三、Windows NT 操作系统

Windows NT 是一个网络操作系统，它有两个版本：Windows NT 的工作站版（Windows NT Workstation）和 Windows NT 的服务器版（Windows NT Server）。这两个版本都有相同的核心支持、网络支持和安全系统。Windows NT 的工作站版是为单个用户高性能地运行应用程序服务的，而 Windows NT 的服务器版则主要是为多用户网络提供服务。这里主要讨论的是 Windows NT 的服务器版 Windows NT Server。

Windows NT Server 一方面是为了满足目前商业计算机世界的需要，另一方面也是最容易安装、管理和使用的网络操作系统。这种强健的多用途的网络操作系统提供了可靠的文件和打印服务，同时也提供了运行强有力的客户/服务器应用程序的结构。具有通讯和 Internet 服务内置支持的 Windows NT Server 是包含有 Internet 和 Intranet 功能的网络操作系统。Windows NT Server 的最新特征是通过提供访问信息的多种选择来更快地通信，特别是通过广泛的内置 Internet 工具来实现。新版本同时提供了更简易、更廉价的联

网和改进的性能。

Windows NT 运行于 Client/Server 模式，其设计客体是提供文件和打印服务；它支持远程访问服务 RAS（Remote Access Service）和 Internet 服务。Windows NT 中带有一个完全的 WEB 服务器组件——Internet Information Server（IIS），所以它可以在 Internet 上提供 WEB 服务。另外，通过添加软件，Windows NT 也可以作为防火墙使用。

（一）Windows NT 的安全子系统

在讨论 Windows NT Server 安全子系统之前，首先要了解 Windows NT Server 的体系结构。Windows NT Server 的操作系统由一组软件组件组成，它们运行在核心模式下。

（1）核心模式由执行服务组成，它们构成一个自成体系的操作系统。

（2）用户模式由非特权的服务组成，这些服务也称为受保护子系统，它们的启动由用户决定。用户模式在核心模式之上，用户模式组件要利用核心模式提供的服务。

Windows NT 登录进程可以进行 3 种类型的登录。

1. 本地登录

如果用户登录到一个账号，这个账号存储在本地计算机上的用户账号数据库中，这种情况就属于本地登录。

2. 域登录

如果用户登录到一个账号，这个账号存储在域用户账号数据库中，这种情况就属于域登录。

3. 可信域登录

如果用户登录到一个账号，这个账号存储在可信域的用户账号数据库中，这种情况就属于可信域登录。

4. 本地安全授权 LSA（LocalSecurityAuthority）

LSA 是安全系统的中心组件，其功能是：

（1）负责管理和协调登录。

（2）对象访问和其他安全事件。

（3）LSA 还协调安全账号管理器（SAM）和安全访问监控器 SRM（Security Reference Monitor）。

(4) 它还链接到一个安全策略数据库和一个审计日志。

5. 安全账号管理器 SAM（Security Account Manager）

SAM 组件管理用户账号数据库，当 LSA 需要验证用户是否有权限访问对象时，它就与 SAM 联系。

6. 安全访问监控器 SRM

SRM 是一个核心模式下的软件组件，它检查一个用户是否有权限访问一个对象或者是否有权利完成某些动作。

(二) Windows NT 系统的安全机制

Windows NT 具有很高的安全性，它的安全性体现在两方面：一是保障系统的健壮性，使系统不会因为应用程序的故障造成系统的崩溃；二是增强了防止非法用户入侵和限制用户的非法操作能力。

要想访问 Windows NT 系统，首先需要在 Windows NT 系统中拥有一个账户，其次要为该账户设置在系统中的权利（Right）和许可（Permission）权限。在 Windows NT 系统中，权利是指用户对整个系统能够做的事情，如关掉系统、往系统中添加设备、更改系统时间等权利；许可权限是指用户对系统资源所能做的事情，如对文件的读、写、执行、对打印机的管理文档、删除文档等许可。Windows NT 系统中有一个安全账户数据库，其中存放用户账户以及该账户具有的权利等，用户对资源的许可权限与相应的资源存放在一起。

用户要想访问系统资源，首先要向系统登录，Windows NT 有一个专用登录进程用于核对用户身份与口令。如果确认账户和口令有效，则把安全账户数据库中有关账户的信息收集在一起，形成一个访问令牌。访问令牌中包括：

(1) 用户名与 SID。

(2) 用户所属的组及 GID。

(3) 用户对系统所具有的权利。

然后 Windows NT 就启动一个用户进程，将该访问令牌与之连接在一起，这个访问令牌就成为用户进程在 Windows NT 系统中的通行证。用户无论做什么事情，Windows NT 中负责安全的进程都会检查其访问令牌，以确定其操作是否合法。

用户登录成功之后，只要用户没有注销自己，其在系统中的权利就以访问令牌为准，并考虑到效率问题，Windows NT 安全系统在此期间不再检查硬盘上的安全账户数据库。在用户登录之后，如果系统管理员修改了他的账户与权利，但这些修改只能在下次登录时才起作用。

令牌中仅包含用户的权利，不包含访问资源的许可权限。Windows NT 是如何根据访问令牌控制用户对资源的访问控制呢？原来用户对资源具有的许可权限作为该资源的一个属性与资源存放在一起。例如，有一个目录 D: \HLES，对其指定 USER1 只读，USER2 完全控制，这两个许可权限作为该目录的属性和目录连接在一起。各用户对某个资源 (如文件) 的许可权限在 Windows NT 内部以访问控制表 (ACL) 的形式存放，各用户的许可权限以 ACL 表项 (ACE) 的形式表示，ACE 中包含了用户名与该用户的许可权限。每个资源对应一个 ACL 表，上述 D: \FILES 的 ACL 表中包含两个 ACE，一个记录 USER1 只读，另一个记录 USER2 完全控制。当 USER1 访问该目录时，Windows NT 安全系统检查用户的访问令牌，并与目录的 ACL 对照，检查该用户的许可权限是否合法，如果不合法就被拒绝。

(三) Windows NT 的安全策略

安全策略是系统所实现的安全功能的各种选项，系统管理员可以利用安全策略对计算机和网络在另一层次上进行安全管理，管理员需要针对环境仔细考虑需要何种安全性以及可能造成何种困难。对于个人账户和组账户可以使用不同的安全策略来管理，这些策略包括口令配置、文件审计和赋予执行系统任务的账号权限。Windows NT 的安全策略包括以下方面。

1. 账户策略

账户策略设置口令的最小和最大时间限制、最小长度、设置口令的唯一性，并配置账户的锁定特性。

2. 用户权限策略

用户权限策略管理向组与用户账户授予的权限。有两级用户权限可以分配：用户权限和高级用户权限，用户权限需要经常修改。管理员可以为用户指定从网络访问本计算机、装载与卸载设备驱动程序、在本机登录。大部分高级用户是那些为 Windows NT 写应用程序或设备驱动程序的开发人员，高级用户的权限包括创建一个页文件、把工作站增加到域和作为一种服务登录。

3. 审计策略

审计功能可以让管理员有选择地跟踪用户与系统的活动。审计策略确定 Windows NT 将执行的安全性记录的数量和类型，当被审计的事件发生后，便在计算机的审计日志中增加一项。

(四) Windows NT 的资源管理

Windows NT 系统中，如果访问自己正在使用的计算机上的资源，这称为访问本地资源，如果访问其他计算机上的资源，则称为远程访问，而不管这台计算机地理上相距的远近。Windows NT 系统中资源是指硬盘上的文件、目录和打印机等。下面主要介绍文件与目录的管理。

1. 本地资源管理

在 Windows NT 系统中支持对单独的文件、目录设置许可权限的只有 NTFS 文件系统，要想在 Windows NT 中控制本地资源的安全，只能使用 NTFS。

设置许可权限时，文件与目录的许可权限之间互相影响。例如，如果一个用户连某个目录的读权限都没有，则根本无法对该目录下的文件设置许可权限。在实际工作中，一个目录中可能包含多级子目录，在权限设置时应该从根目录开始设置，一级一级地逐层设置。

在设置许可权限时，最好以组为单位进行管理，组内所有用户对某个文件都设置为相同许可权限。在 Windows NT 系统中允许一个用户同时属于几个组，以组为单位设置权限时，可能会产生某个用户对一个文件有多种许可权限的问题。Windows NT 解决的方法是，将这个用户对这个文件的所有许可权限加到一起，作为该用户对这个文件的许可权限。如果该用户在某个组中有"拒绝访问"的许可权限，则"拒绝访问"有优先权，并使其他所有许可权限无效，这个用户的最终许可权限是"拒绝访问"。

2. 管理网络共享资源

在 Windows NT 网络中主要是把服务器上的共享资源作为网络资源，工作站上的资源也可以通过共享的方式让网络访问。创建共享目录的选项有：

(1) 共享名远程用户使用共享名连接到本地资源。

(2) 备注浏览共享目录时显示的评注。

(3) 用户个数设置连接到这个共享目录上的最大用户数，默认值为 10。

(4) 权限设置远程访问目录上的许可。

(5) 新共享只有当前目录已被共享时才有此选项，允许已共享目录重复共享。共享目录的许可权限包括拒绝访问、读取、更改和完全控制 4 种。

每次 Windows NT 计算机启动时，它都创建一些共享资源。Admin 是一个特殊共享资源，当远程管理时它总是指向 Windows NT 系统目录。每个硬盘的根目录是共享的，在相应的驱动器符号后面跟一个 $ 符号。$ 符号可以使该共享名在浏览时不出现(隐藏)。只有一个用户知道了另一台机器上的管理员的账户和口令后，才能连接到那台机器的隐藏共享，并可以访问整个分区。隐藏共享由内部 ACL 表保护，它不能被任何用户修改，包括系统管理员在内。可以通过"不共享"命令停止隐藏共享，但下次机器启动时，隐藏共享会重新自动创建，Windows NT 不支持永久停止这种共享。

四、UNIX 操作系统

每一种 UNIX 系统对良好、基本、单一级别的安全性都给予了必要的支持。UNIX 系统内核在一个物理上的安全域中运行，这个域受到硬件的保护。安全域保护着它的内核及安全机制。

突破 UNIX 的安全机制依赖于使用合法的手段达到非法的目的。为了防御攻击，必须正确设置文件和目录的属性和访问权限，用户必须懂得如何选择一个可靠的口令，以及如何避免被别人骗取特权。

(一) 普通用户的安全管理

1. 正确使用口令

用户在使用 UNIX 系统之前必须注册，没有注册名和口令就无法进入 UNIX 系统。当然，也有一些破解注册名与口令密码的方法，但这些方法只有在 UNIX 系统中的用户或系统管理员忽视了对口令的正确使用时才有效。

UNIX 系统对注册过程的处理是十分谨慎的。/ETC/PASSWD 文件包含注册名以及与之对应的口令。当口令攻击者键入一个 /ETC/PASSWD 中没有的注册名时，LOCJIN 进程给出一个 PASSWORD 提示，目的是使攻击者无法确定是注册名不正确还是口令不正确。如果攻击者猜出一个注册名，则还需要猜出口令。

口令是一组相互无关的大小写字母、数字和特殊符号序列；可以任意长，但只有前 8 位有效。可以采用一些技巧使得口令容易记忆，如 "O, I81B4U"，意思是 "OH, I ATE ONE BEFORE YOU"；UNIX SYSTEM V 的系统强迫用户使用一个丰富字符集(至少一个数字或特殊符号)，并要求最少字符个数，并使用时效机制。用户可以使用 PASSWD 命令来改变口令，PASSWD 在改变口令之前要求输入旧口令。如果忘记了口令，系统管理员可以使用超级用户权限为普通用户设置一个临时口令，其后用户可以根据自己的情况设置口令。UNIX 系统在用户输入口令时关闭屏幕回显，即系统不把用户输入的口令字符显示在屏幕上，而且系统要求输入两次新口令，以确保新的口令没有错误。口令时效机制强迫用户使用一定时段后更改口令。

当用户短时离开计算机(可能未退出系统)，为防止其他用户使用，可以使用 LOCK 命令对计算机上锁。LOCK 程序需要口令，起到锁定计算机与通信线路的作用。使用者输入正确口令后，可以重新正常使用该终端。

2. 访问控制

访问控制决定用户可访问哪些文件，以及对这些文件的操作。UNIX 系统的访问控制模块是基于 Multics 系统的，访问者可以分成 3 类：文件所有者、同组用户和其他用户；访问类型分成读、写和执行。这样可以组合成 9 个不同权限，使用 Is 命令显示文件属性，可见到 9 个权限位。

UNIX 系统的选择性访问机制表现在文件所有者可以对文件权限进行任意修改。组类可以用于代替访问控制列表。每个用户可以是多个组的成员，并且同组用户可以访问某一类信息。

(1) 文件权限。文件权限控制用户对文件的读、写和执行，3 种访问类型意义如下：

读权限允许读和复制文件。

写权限允许修改和截断文件。

执行权限允许把文件作为程序或 SHELL 程序执行。

UNIX 系统遵循一系列简单的规则：如果用户是文件的所有者，则只检查文件所有者权限；如果用户是文件属组，则只检查同组用户权限；如果用户并非上述成员，则只检查其他用户权限。

文件属性包括文件类型和文件访问权限。文件类型是文件在创建时建立的，是不可改变的。文件的访问权限是文件的所有者使用 CHMOD 命令设置的。

CHMOD 命令接受数字参数，数字参数由 3 位数字组成 (每位取值为 0~7)，读权限用 4 表示，写权限用 2 表示，执行权限用 1 表示。

数字参数 754 表示：文件所有者具有读写和执行权，同组用户可读或执行，其他用户只读。

新文件创建时，其访问权限通常是使用缺省值。编译器产生的文件通常设置成对所有用户可读、可写；连接程序产生的执行文件对所有用户可读写和执行。UNIX 系统中也可以使用 UMASK 命令屏蔽或取消新文件的这些权限。UMASK 命令的数字参数与 CHMOD 命令数字参数相同，取消读权限则参数为 4，取消写权限则参数为 2，取消执行权限则参数为 1，如 UMASK2(其他用户无写权限，可以增强文件安全性)。

(2) 目录权限。UNIX 系统中的目录也作为一种文件。但使用 LS–L 命令，列出的文件列表中第一个字符为 D 表示目录，此外目录文件具有固定结构。

目录文件包含该目录下文件的文件名，而关于这些文件在磁盘中的位置、权限、属主、属组等实际信息包含在 I 节点中。UNIX 系统利用目录中的 I 节点号访问 I 节点本身，每个 I 节点对应一个文件名。

目录访问权限与普通文件访问权限也是有区别的：

读权限允许列出目录下的文件名。

写和执行权限 (同时存在) 允许对目录下的文件进行改名和删除操作。

执行权限 (或搜索权限) 允许通过目录下的文件名存取所引用的文件。

具有读目录文件的权限，可以使用 LS 命令列目录中所有文件；具有写和执行目录权限可以使用 MV 或 RM 命令，可以删除目录及目录中的文件，或者产生并修改文件，这往往是放入"特洛伊木马"的时机；执行权限有时称为搜索权限，允许访问目录文件中的文件名对应的文件。

3. 启动文件

UNIX 系统中的许多命令都要查找启动文件。启动文件包含系统配置信息，可以帮助用户建立一个安全的工作环境，但必须防止启动文件遭到恶意修改。

UNIX 系统中常用的 Bourne shell、Korn shell 和 C shell 经常检查用户注册目录下启动文件。shell 启动文件用于设置 PATH、UMASK、终端类型等变量，以及定义 shell 功能或替换名称。完成 shell 功能的启动文件与 shell 命令程序工作方式相同。对于 Bourne shell 的启动文件在用户注册期间运行 SH 时执行；C shell 中，用户每执行一次 CSH，它的启动文件就执行一次。

系统级的启动文件 /ETC/PROFILE，在注册时首先被运行。系统管理员可以在 /ETC/PROFILE 文件中放入几条命令，这些命令将为所有 Bourne shell 用户建立某些环境。

每个用户都可将 /ETC/PROFILE 稍加修改后放入自己的注册目录下，并改名为 profile，使其成为用户个人启动文件。profile 文件在 /ETC/PROFILE 文件中的命令执行完毕后运行，可使每个用户对系统级的启动文件所做的定义进行覆盖。

一般把包含命令的系统目录放在当前目录和扩展目录前面。如果执行当前目录下的文件，所要做的是在命令名前加表示当前目录下的命令。这样可以避免由于使用不当，PATH 带入的"特洛伊木马"程序。

4. 更正权限

一般来说用户注册的目录树下未经改进的权限都隐藏危险。如果不对文件和目录进行有效的保护，用户则可读取和修改这些文件，甚至删除文件和目录。用户对某些文件 (如启动文件) 应实施保护，对同组用户应考虑取消读、写权限。

ls 命令显示了两个文件安全权限，noperms 文件无执行权，因而使用 CHMOD 增加了执行权限；.exrc 文件属于 JONS，因而首先改名，检查内容，然后修改权限。使用 FIND 命令更正权限时，发现属于其他用户，如果此用户未经过本机用户许可，则应通知系统管理员。

即使用户在注册目录下更改了文件，该目录的权限和属主也应保持下去。此外，用户每次注册系统都应注意最后注册时间，如有误，说明有人利用此账号进入过系统。另外，一些常用智能终端具有将某些信息存放在终端存储器和将其调出的功能，MESG 命令可以控制同组或其他用户对这些设备的写操作。

5. 文件加密

UNIX 系统中包含具有加密功能的命令。但是 UNIX 的加密是建立在口令基础上，口令必须可靠，否则数据容易解密；如果一个文件的加密版本和未加密版本同时存在，口令就容易被破解，其他文件随之被破解；加密使得文件由 ASCII 码转换成数据文件，容易使人区分；使用 UNIX 提供的加密方案的解密技术已经广为人知。

综上所述，普通用户应根据 UNIX 系统提供的安全措施，把握以下原则。

(1) 使用正确合理的口令。

(2) 不要未退出系统或将终端锁定就离开注册终端。

(3) 保护文件和目录，禁止同组用户或其他用户对其进行写操作。

(4) 使用严格的 UMASK 值，对新文件进行权限设定。

(5) 使用安全 PATH，将系统目录 (/BIN 或 /USR/BIN) 放在当前目录前。

(6) 注册时需要注意最后时间，如果无此信息，应修改启动文件。

(7) 检查启动文件权限，注意公共、可写目录 (/TMP) 下的启动文件。

(8) 如果终端有可装载内存能力，需要禁止同组用户、其他用户向该终端实施写操作。

(二) 系统管理员的安全管理

1. 口令管理

系统管理员的安全管理职责为：维护系统中普通用户账户的安全和管理所有用户的口令。口令文件本身是系统破坏者的一个重要目标，系统管理员可以通过观察、监视口令文件，并做许多工作以提高系统的安全。

在 ETC/PASSWD 文件中包含了所有用户账户的信息。其中保存的口令是经过加密的，虽然加密的口令很难靠算法的逆运算来解密，但还是有一些众所周知的方法来猜出口令。系统管理员应做一些工作使得猜出口令更加困难。UNIX System V 版本增加了口令的时效机制，此机制强迫用户每隔一段时间就改变一次口令，以使用户的口令更加安全。

ETC/PASSWD 文件的每一行都包括用户名、口令、用户 id、组 id、注释、注册目录、注册 shell 等 7 个字段，它们彼此用 " : " 分隔。

（1）账户口令。当安装一个新系统或一个新版本时，只有系统账户出现在 /ETC/PASS-WD 文件中，这些账户很可能没有或使用不安全的口令，这时需系统管理员及时设置。

这时，只有 ROOT 和 UUCP 账户有口令，其他用户只有"不可能口令"，以防止入侵者入侵系统。

UNIX 系统中各个非限制用户都有自己的账户；如果允许一些用户共享账户，则系统将无法确定用户的工作。鉴于此，不提倡使用共享账户。

当某个用户在一段时期不再使用系统，其账户成为非活动账户，应对其设置"不可能口令"。

（2）口令检查与时限机制。对 /ETC/PASSWD 文件定期检查，内容包括：文件属主和访问权限；文件中每项内容的正确性；文件完整性，如是否每个账户都有口令；用户 ID 为 0 的用户情况。

文件属主是 ROOT，所有用户有读权限。PWCK 或 PWDCK 命令用于检查文件正确性。UNIX 系统通过不可还原方式对口令加密，加密算法采用 DES 方法，支持口令隐藏方式（shadow）隐藏口令文件，包含每个账户口令和其他涉及安全的信息，仅允许超级用户读取。

口令时限机制强迫用户在距离上次修改口令后的一段时间内修改口令，此机制同时防止用户将上次口令作为新口令使用，保障用户的口令定期加以变化，每次口令修改的时限取决于系统安全要求。

使用 Shadow 文件隐藏口令，其中的字段包括：用户注册名；加密口令的 13 个字符；口令最后修改日期；口令再次修改最短天数；口令失效前警告天数；口令有效最长天数；账户绝对失效天数。口令时限默认信息存储在 /ETC/PASSWD 文件中，定义 3 个变量：MIXWEEKS 为口令再次修改最短天数；MAXWEEKS 为口令保持的最长天数；PASSLENGTH 为口令最少字符（大于 6）。

2. 系统文件和目录管理

系统管理员应对系统整体负责，包括 UNIX 系统命令、设备文件、配置文件、shell 命令程序、库文件，以及系统数据库。

系统文件和目录必须属于系统账户和系统组；除临时目录，属于系统账户目录是不允许其他用户写入的；系统账户所属文件不允许其他用户写入；对设备、文件应设置正确的属主和权限；对重要文件权限、属主及检查和应进行常规性检查。

/ETC/PASSWD 文件中的系统账户是一些管理账户，如 ROOT、BIN、ADM、SYS 及 LP 等，这些账户多数是为相关文件和目录创建的。系统中除了普通用户的 HOME 目录以及此目录下的属于该用户的所有文件及目录外，其余文件和目录属于系统账户。一个非管理员用户，其所属文件及目录只应出现在其 HOME 目录树下，否则应予以修正，并对这一事件进行调查。

允许其他用户在系统目录下进行写操作是十分危险的，建议在所有的系统目录上取消其他用户可写权限，只保留几个存放临时文件的目录：/TMP 目录、/USR/TMP 目录和 /USR/SPOOL/UUCP/PUBLIC 目录。某些重要系统文件应取消用户读权限，只有极少数系统文件允许其他用户的写操作，对厂商实现的基本 UNIX 扩展部分应予以检查。

检查系统 shell 程序：/ETC/INITTAB 文件，包含系统启动过程中执行的命令以及改变系统运行状态所执行的命令；/ETC/RC*SHELL 程序的权限和长度；/USR/SPOOL/CRONT–ABS 目录下 CRON 监视程序 SHELL；其他系统管理 SHELL 程序，如 /ETC/MVDIR 以及本机系统自己增写的某些 SHELL 程序。

UNIX 系统中，设备是通过特殊文件访问的。这些文件也有属主、属组和权限，起着连接内核和设备的作用。它们自身不包含数据，只是引用某一设备。其中，硬盘、光盘等存储设备（块设备），以及终端、打印机和 Modem（字符设备）需引起管理员注意。磁盘设备的属主必须是系统账户，且只有属主可进行读写操作，共享或直接访问文件系统是危险的。

系统管理员应建立完备的系统文件数据库。这个数据库包括管理员需要监测的每个文件的文件名以及属主、属组和权限。如果系统管理员要记录属于用户个人的启动文件，可以将这些文件连同用户的 HOME 目录一起记录到数据库，以便日后管理，并且定期对照数据库文件检查系统。系统文件数据库是用 ASCII 字符写成的，可以通过 MORE 或 PG 命令查看其中的内容。为保证数据库文件的完整性和检查的全面性，可以将有关数据库文件和 shell 命令脱机存放在磁盘中，使用时临时装入系统，检查新安装文件是否与磁盘中文件相同。

3. 调整用户特权和组特权

调整用户和组特权机制在 UNIX 系统中是十分重要的，通过调整，使普通用户可以修改自己的口令、显示自由磁盘空间、发送电子邮件、使用 UUCP、显示内核进程表。这样在有限的范围内，通过改变用户的特权，使许多原来不能完成或需要内核支持的操作得以实现，而同时用户又不可利用这种调整特权进行任意操作。

当然，如果没有控制住被保护文件的访问，调整用户及组特权将带来安全性的问题。解决方案是不许任何普通用户产生属主为 ROOT 且设置了调整用户 ID 的文件，系统管理员注意 ROOT 所属的 SHELL，不允许普通用户修改由 ROOT 运行的程序或 SHELL 启动程序，不以 ROOT 身份执行任何非系统程序。最好时刻监控系统所有活动。如果某个用户成功地产生了一个属于 ROOT，并且设置了调整用户 ID 和 SHELL 的文件，则应及时纠正，使入侵者无隙而入。

综上所述，为了防止未经授权的用户使用正常口令进入系统，系统管理员应当定期检查 /ETC/PASSWD 文件的正确性和完整性，经常对所有系统文件及目录权限、属主及属组进行检查和清理工作，运行安全性检查程序，及时发现非法入侵者。

(三) UNIX 安全性隐患

UNIX 系统一直没有要求具有高度的安全性。它是由两个程序员在 1969 年设计的，本意是为他们自己开发、测试和维护程序用的。该系统预定应用场合是"非敌对的"和易于共享的。因此，它的文件、数据、设备的存储空间的共享机制比较简单，没有受到强保护机制的保护。UNIX 的系统管理员只被假设为一个程序员，他只管理部分时间，不可能负责所有的安全管理。

UNIX 的主要作者是贝尔实验室的程序员 Ken Thompson，他的目标是提供一个简单的工具箱，用户可以在其中存储或访问那些为了私人应用而可以组合起来的各种工具。通用性和兼容性是主要的设计思想，现在仍然是该系统的主要特征。对系统的用户而言，这种设计是一种优点，但对于安全系统的设计者却是一种担心。安全性判决甚至渗入了 UNIX 命令之中。

如果在系统中设立一个超级用户，他在系统中可以完成任何操作。因为超级用户是全能的，大多数系统攻击都把目标锁定在超级用户的权利上。一旦得到该权利，哪怕只有几秒钟，入侵者就可以建立一个超级用户在任何时间都可以访问的后门。

如果系统程序运行在 setuid（设置用户标识符）方式，对该系统程序共享有访问权的用户就可以获得最高安全权利；当一个用户执行这样的程序时，该程序执行期间的文件访问权就是该程序拥有者的访问权，而不是程序的用户的访问权。安排这一特点的初始意图是：使用户可以利用系统的实用程序，如 mail，并通过这实用程序访问 mail 级的文件。难点在于大多数敏感的实用程序为超级用户所"拥有"，所以一个实用程序中的安全性缺陷会给予程序用户很宽的访问权。

对于 UNIX 来说，所有的客体（如目录、I/O 设备、甚至存储器的一部分）都是文件，并用相同的结构与方式进行访问。对于用户而言，这种简单性是友好的，但它牺牲了安全性。文件的访问许可只被检查一次，是在文件打开时进行的。在文件或设备被打开以后，通过改变其特征，用户便可得到未受检查的访问许可权。

UNIX 系统中不断出现的安全功能是以牺牲系统性能为代价的，如在审计工作中，每天每台计算机将产生 10MB 的数据，这些数据必须写入磁盘以便审计，而且审计工作涉及许多普通系统活动：列目录（LS）、查找文件（FIND）等，所以增加安全保护所付出的代价应与其带来的好处持平。

为了提高 UNIX 的安全性，人们进行了种种努力，但大多都是通过重写 UNIX 的内核来实现的，这样提供的系统具有 UNIX 对外的功能集合，但内部结构不同。安全专家已经说明了若对 UNIX 系统进行 B2 级安全评估会遇到的困难。

系统要达到较高的安全等级，需要设计出真正安全的操作系统，而且用户和系统管理员遵守相应的安全条例。用户能否正确使用，决定了系统是否真正变得安全。所有用户必须接受培训，并严格遵守使用条例，只要一个用户没有正确使用系统，也将为入侵者打开大门。

第六节　可信操作系统的设计

操作系统是计算机与网络信息系统安全的关键环节，没有操作系统的安全，就谈不上各种信息系统的安全。对我国而言，完全靠国外开发的操作系统，这对我国信息系统的安全造成了极大的威胁，可以说我国的网络信息系统处于极大的不安全状态中。要想彻底解决这一问题，必须设计与开发自己的安全操作系统。因此学习与研究安全操作系统的结构与设计方法是十分必要的。

计算机操作系统是直接附着在硬件设备的一层软件，它负责系统资源、外部设备和用户进程的管理与调度，负责对用户及其资源的安全管理。计算机系统安全性能的好坏在很大程度上取决于操作系统提供的安全机制功能的强弱。任何获取计算机系统中敏感信息的企图都是把操作系统作为首先攻击的目标，因为必须要首先突破操作系统的安全防护层。因此，开发可信赖的安全操作系统是计算机系统信息安全的基础性工作。

一、可信操作系统的开发过程

安全操作系统的开发应该严格遵照可信计算机系统的开发规范进行。安全操作系统的开发分5个阶段。

（1）模型阶段。在确定操作系统的应用环境、安全目标与安全等级后，首先应该构造满足安全需要的安全模型。这种模型不应该很复杂，应该是简洁、清晰、明了和易于验证，需要给出实现这种安全模型的各种方法。

（2）设计阶段。确定安全模型之后，要确定实现该模型的方法与手段。下一节将介绍在设计安全操作系统时，如何解决用户域的隔离与共享问题和安全核的设计问题，并着重介绍安全核、操作系统分层结构与环型结构的设计方法。

（3）可信验证阶段。用形式化或非形式化的方法验证设计是否满足安全模型的安全要求，通过验证发现待实现的操作系统中是否存在安全漏洞，验证设计的正确性，确保设计方案实现了安全模型的要求，使设计者与用户相信该系统是可信赖的。

（4）实现阶段。实现安全的操作系统有两种方法：一个是对现有操作系统进行改造，在其中实现安全模型描述的安全要求；另一个是按照安全模型的要求实现一个新的操作系统。在编写安全操作系统的代码时，应该实行严格的管理与代码审核制度，防止写入非要求功能的代码。

（5）测试阶段。测试时，应该按照设计时确定的安全等级严格测试所实现的操作系统的安全性能，检查其是否与设计文档中确定的性能指标与安全等级相一致。测试阶段需要对操作系统进行各种可能的攻击，并检查是否可以攻破系统。

二、可信操作系统的设计原则

操作系统是十分复杂的系统，它负责管理与控制进程、内存、CPU、硬盘、I/O 设备以及文件、数据区和其他系统资源。操作系统是紧密附着在计算机硬件之上的一层软件，它向用户应用程序提供运行支持和资源访问服务与控制。操作系统一方面要提供安全服务，这使得系统变得更复杂；一方面又要提供高效快速的响应，这又要求操作系统的代码必须十分简洁。

下面首先介绍安全操作系统的一些设计原则，随后将介绍操作系统中与安全有关的功能与技术，如多道程序操作系统环境中的各种安全措施、分离与隔离技术等，然后再介绍几种安全操作系统的设计技术，其中包括安全核设计技术、分层结构设计技术和环结构设计技术。

设计原则必须考虑安全信息系统的需求，这些安全需求是满足保密性（Secrecy）、完整性（integrality）和可用性（Availability）等要求，它们的具体要求如下。

（一）保密性

保密性要求就是要确保用户存储在系统中的信息不能未经允许地被"外泄"或被未经授权地访问。主要防范措施是信息加密存储和采用各种访问控制技术，防范一切可能的泄露途径，包括人为有意与无意的和物理的泄露。

(二)完整性

完整性要求主要指确保系统中用户信息的完整和真实可信。保证信息完整性的主要措施是,采用强有力的访问控制技术,防止对系统中数据的非法删除、更改、复制和破坏。此外,还应防止意外的损坏与丢失。

(三)可用性

可用性要求是要保证合法用户快速、方便和正确地利用自己在系统中的数据,不得在用户需要使用自己数据的时候发生拒绝访问的问题。主要保障措施是,除了防止硬件故障外,还要防止系统信息管理功能发生软件故障。

为了满足信息系统的安全需求,在信息系统设计阶段就应该根据安全需求进行严格设计,把安全性作为系统设计的一个重要部分加以实现。美国著名信息系统安全顾问 C.C 沃德提出了 23 条设计原则,具体内容如下所述。

(1)成本效率原则:应使系统效率最高而成本最低,除军事设施外,不要花费 100 万元去保护价值 10 万元的信息。

(2)简易性原则:简单易行的控制比复杂控制更有效和更可靠,也更受人欢迎,而且省钱。

(3)超越控制原则:一旦控制失灵(紧急情况下)时,要采取预定的控制措施和方法步骤。

(4)公开设计与操作原则:保密并不是一种强有力的安全措施,过分信赖可能会导致控制失灵。对控制的公开设计和操作,反而会使信息保护得以增强。

(5)最小特权原则:只限于需要才给予这部分特权,但应限定其他系统特权。

(6)分工独立性原则:控制、负责设计、执行和操作不应该是同一人。

(7)设置陷阱原则:在访问控制中设置一种易人的"孔穴",以引诱某些人进行非法访问,然后将其抓获。

(8)环境控制原则:对于环境控制这一类问题,应予重视而不能忽视。

(9)接受能力原则:如果各种控制手段不能为用户或受这种控制影响的人所接受,控制则无法实现。因此,采取的控制措施应使用户能够接受。

(10) 承受能力原则：应该把各种控制设计成可容纳最大多数的威胁，同时也能容纳那些很少遇到的威胁。

(11) 检查能力原则：要求各种控制手段产生充分的证据，以显示已完成的操作是正确无误的。

(12) 防御层次原则：要建立多重控制的强有力系统，如信息加密、访问控制和审计跟踪等。

(13) 记账能力原则：无论谁进入系统后，对其所作所为一定要负责，且系统要予以详细登记。

(14) 分割原则：把受保护的东西分割为几个部分并一一加以保护，以增加其安全性。

(15) 环状结构原则：采用环状结构的控制方式最保险。

(16) 外围控制原则：重视"篱笆"和"围墙"的控制作用。

(17) 规范化原则：控制设计要规范化，成为"可论证的安全系统"。

(18) 错误拒绝原则：当控制出错时必须能完全地关闭系统，以防受攻击。

(19) 参数化原则：控制能随着环境的改变予以调节。

(20) 敌对环境原则：可以抵御最坏的用户企图，容忍最差的用户能力及其他可怕的用户错误。

(21) 人为干预原则：在每个危急关头或做重大决策时，为慎重起见必须有人为干预。

(22) 隐蔽性原则：对职员和受控对象，隐蔽控制手段或其操作的详情。

(23) 安全印象原则：在公众面前应保持一种安全平静的形象。

针对安全操作系统的要求，Saltzer 和 Schroeder 给出了以下 8 项设计原则：

(1) 最小特权：每个用户与每个程序应该使用可能的最小特权进行操作，如果用户只需要读权，则不要赋予他读写权，这样可使有意或无意地攻击所造成的损害减到最低。

(2) 节省机制：保护系统的设计应该小而简单且直截了当，这样的系统可以被穷举测试或被验证，因而可以信赖。

(3) 开放设计：保护机制的能力不应建立在认为潜在攻击者的无知上，

保护机制应该是公开的，依赖于相对来说很少的关键项目，如通行字表。公开设计还可以获得广泛的关注，接受广泛的公开审查。

（4）完全中介（Complete Mediation）：必须检查每一次访问，即对于系统中发生的每一次对客体的访问都必须通过操作系统的控制与管理，操作系统起着中介作用。

（5）基于许可：默认的条件应该是拒绝访问，对所有的访问都应该是得到许可的。

（6）特权分离：合理的做法是让对客体的访问受到多级条件的控制，如用户验证再加上密钥。利用这种方法可以增加破解者的难度，即使攻破一种保护机制，也无法取得完全的访问能力。

（7）最少公共机制：客体共享提供了潜在的信息通道，容易产生不可控的信息泄露。应采用物理上或逻辑上隔离的系统，以便降低共享带来的风险。

（8）便于使用：安全机制应该方便使用。

上面介绍的各种安全性原则和安全功能应该融合于操作系统的设计与结构中，在新操作系统设计中应该在设计的每一个方面都要考虑安全性，当设计完一部分后，必须检验它能够达到的安全程度。对旧操作系统添加安全功能，则相对困难一些，因为这些操作系统的结构上就不符合安全要求，改造起来是很困难的，或者说把一个不安全的操作系统通过增补修改手段实际上是得不到安全操作系统的。下面将介绍安全操作系统设计中常用的方法与技术。

三、操作系统中的安全功能与技术

在多用户、多任务操作系统中需要实现以下主要的安全功能，这些功能有的在前面已经介绍过，列举如下。

（1）对客体的访问控制。操作系统中的客体除内存、文件外，还包括I/O设备、用户进程、并行与同步机制、数据结构、系统表格、特权指令、通行字和用户认证机制本身、保护机制本身等内容。对于这些客体的使用必须加以控制，防止未经授权用户的访问。

（2）用户的认证。操作系统需要识别进入系统访问的每一个用户，确认他们的身份，确保进入系统的用户是合法用户。最普遍的认证机制是通行字检验，敏感性高的系统还可以考虑采用硬件认证机制。

（3）共享的控制。应该为用户提供资源共享的功能，但共享必须保证完整性和一致性，还要防止因共享造成信息泄露。

（4）保证公平服务。在多用户的环境下，CPU、外设和其他服务属于共享客体，各个用户都希望得到及时与公平的服务，防止服务拒绝现象发生。实现公平服务主要靠硬件时钟和调度规则解决。

（5）内部过程的通信与同步。操作系统需要提供服务，满足进程间通信要求和同步对共享资源的操作。

（6）分离（Separation）技术。为了提高操作系统安全性，可以采用3种分离技术，使一个过程和其他过程分开。这3种分离技术是物理分离、时间分离和加密分离。物理分离是指让各个过程使用不同的硬件设施，如让敏感数据运行在内部专用的 CPU 上，非敏感数据则运行在公开对外服务的计算机系统上。时间分离则是让各个过程在不同的时间内运行，如可以规定上午运行执行敏感任务的程序，下午运行非敏感任务的程序。加密分离是通过加密数据的方法，使无权的过程无法读取这些数据。

（7）逻辑隔离（Isolation）技术。逻辑隔离也是一种分离技术。例如，在多用户系统中，同时运行的几个进程可以各自完成自己的计算任务而互不干扰，这就是逻辑隔离的结果。多用户系统中提供逻辑分离的方法包括虚拟存储技术和虚拟机技术。IBMMVS 操作系统提供逻辑分离，使用户感觉为物理分离。MVS 采用分页技术实现虚拟存储器，每个用户的逻辑地址空间通过页面映射机构与其他用户的逻辑地址空间分开，虽然用户程序同处于一个物理存储器内，但用户并不能直接编程访问内存的物理地址。在 MVS 系统中，每个用户的逻辑地址空间中都包含操作系统，所以用户好像运行在分离的机器上一样。

IBMVM 操作系统比 IBMMVS 操作系统更进一步，不仅可以向用户提供虚拟存储器，还可以向用户提供逻辑 I/O 设备、逻辑文件和其他逻辑资源，等于向用户提供了完整的虚拟机器。VM 系统提供了更强的保护层，虚拟机给用户全套的硬件特征，实际硬件资源在逻辑上与其他用户的资源是分开的。VM 操作系统的设计是为了运行其他操作系统，VM 中有一个控制程序（CP），CP 完成与所有硬件的实际交互，在每个操作系统之间传递信号，其作用就像操作系统与硬件之间的第二个安全层，因而进一步提高了系统的安全性。

由于 MVS 和 VM 都把用户与实际计算系统分开，这在很大程度上减少了安全漏洞造成的影响，但增加了系统设计与实现的复杂性。

四、安全核的设计与实现技术

安全核的概念是 Roger Schell 在 1972 年提出的，并把它定义为实现访问监控器的硬件与软件，因此安全核的概念是与监控器的概念紧密相关的。安全核技术是实现高安全级操作系统的最常用技术。下面主要介绍安全核的设计与实现技术。

(一) 安全核的基本概念

在普通的操作系统中，原来就有核的概念，即把操作系统中的一些最基本的和不可被中断的操作 (称为原子或原语操作) 集中在一起形成操作系统的内核。这些操作包括进程间的通信、消息的传递、同步和中断处理等动作，并完成低级的处理任务，但它们支持操作系统完成处理机管理、存储器管理、设备管理和文件管理等服务功能。

顾名思义，安全核负责整个操作系统安全机制的实现，向用户提供安全服务功能。安全核在硬件、操作系统、计算系统和其他部分之间提供安全结构。通常也把安全核放在操作系统内核中。安全核的技术基础是访问监控器，它是负责实施系统安全策略的硬件与软件的组合体。根据安全策略进行的访问判决是根据访问矩阵 (或称访问控制数据基) 做出的，该矩阵体现了系统的安全状态，它包括了主体与客体的安全属性和访问权限等信息。在 DAC 策略的控制下，随着系统中主、客体的创建、删除以及对访问权限的修改，访问矩阵的内容不断地发生变化，同时也体现了系统安全状态的变化。访问监控器的作用是对于系统中主体对客体的每一次访问都要实施控制。把系统的安全功能集中在安全核内有以下优点。

(1) 便于防护。把安全机制和操作系统的其他部分及用户空间分隔开来，便于集中保护这些安全机制不被完成非安全机制的功能和恶意用户的破坏。

(2) 便于开发与维护。安全机制集中于安全核内，由于只完成安全功能，使得安全核既小又紧凑，便于设计，便于各功能统一编码，便于调试、修改、维护与运行。

（3）便于验证。由于安全核小而简明，便于验证安全核是否实现了安全要求。

（4）安全覆盖性好。任何对被保护客体的访问都必须经由安全核的检验，这样可以保证对每次访问的检查。

把安全功能集中在安全核内，有3个主要缺陷：一是影响了操作系统模块化结构，如把本应位于文件管理功能内的用户权限核查子功能抽出来放入安全核内；二是由于在用户程序和资源之间又增加了安全核这一层接口，使得安全核可能会降低操作系统性能；三是由于系统的安全要求高、功能复杂，很难保证安全核内包含了所有的安全功能，由于核本身规模也可能比较大，验证可能相当困难。

在访问监控器部分也讨论了有关安全核的问题，是本节内容的补充。

（二）与安全核有关的一些问题

1. 关于进程间的隔离问题

任何有关进程的隔离问题都需要解决进程间的互相影响、资源的动态共享以及隐蔽信道等问题。根据强制访问控制的要求，进程（代表一个主体）与进程之间应该互相隔离，主要体现在：一个进程的运行不应影响另一个进程，防止进程之间不受控制地互相访问对方的资源；进程间的交互应该通过显式信道进行，防止它们之间用隐蔽信道通信。由于系统的资源（如存储器、I/O设备、I/O介质与通信线路等物理资源）有限，不能固定地分配给各个进程，因此只能把这些资源划分成片段，按需要动态地分配给各个进程，在进程间实现共享。在很多实际应用中需要系统能够提供进程共享支持，如需要由多个进程参与的协同运算就属于这种情况。需要解决的是由于资源动态共享而引起的安全问题。

利用资源虚拟化技术可以解决这个问题，对每一个物理资源名分配一个虚拟地址（或虚拟名），安全核把虚拟地址（或虚拟名）与物理设备名对应起来，进程对资源的访问通过资源的虚拟地址或虚拟名进行，由安全核进行解释，并控制访问的进行。

但是任何动态资源分配机制都可能为隐蔽存储信道提供潜在的途径。例如，系统在存储器与磁盘驱动器之间交换进程时，如果对进程暴露了它所在存储区的物理位置，那么该进程就有可能推测出其他进程的分配算法，这将对系统的安全造成很大威胁。如果一个进程能够利用存储器分配方法调节存储器的使用，那么隐蔽信道是很可能存在的。安全核可以通过对进程只暴露资源的虚拟信息来设法避免出现这类问题。但是要想完全消除由于资源动态共享而产生的隐蔽信道是很困难的，避免这种信道的简单方法是尽量减少动态再分配的次数，以免被恶意者观察出某些规律。另外，在硬件资源丰富的条件下，静态地分配内存与磁盘空间比花大力气去堵塞隐蔽信道更安全一些。

当资源静态地分配给不同进程，而且又不能将资源动态再分配时，共享的资源实际上就等价于每个进程各自都独占了一份资源。这种情况下，即使识别出资源的物理位置或其他信息，也仅仅暴露了资源的静态信息，也就消除了隐蔽信道的基础。

2. 可信路径问题

在利用安全核技术实现的操作系统中，在安全核的外面紧包着一层与安全关系不大的操作系统的其余功能，再外面一层是应用层，由各个用户进程组成。用户通过自己的进程与操作系统打交道，也包括和安全核打交道。在由这样层次组成的操作系统中，安全核是由可信代码组成的，核外部的操作系统层与应用层都是不可信代码，但是系统的用户又需要通过中间不可信代码层与安全核交互，需要交互的信息有注册信息、描述访问类（在多级安全中）以及改变主体与客体的安全属性等信息。这样就需要系统能够在用户与安全核之间提供一个可信路径，从而防止这些敏感信息泄露或被中途修改。例如，如果有特洛伊木马模仿注册程序接受用户注册信息，就会骗取用户的口令信息。

在用户与安全核之间建立直接的、可信路径的一种简单办法是为每个用户分配两个终端：一个用于完成正常的作业，另一个通过硬件直接与安全核连接；另一种实用的办法是，把用户的普通终端经过一条可信路径与安全核相连，同时该终端发出一个信号通知安全核表示二者之间的路径及终端本身是可信的。这个信号称为安全通告信号，必须保证该信号不能被截获、伪造或假冒，也可以使用异常信号（如中断）作为安全通告信号。

必须防止进程假冒终端与安全核打交道。对于傻终端，可以在终端上设置一个由安全核控制的特殊信号灯，或在终端屏幕上开辟一块专用于和安全核通信的特殊区域来实现可信路径。对智能的或个人计算机终端，可信路径将成为很严重的问题。必须保证可信路径直接连接到终端的键盘，其中不经过任何不可信软件。还必须保证从安全核发出的信息能够直接显示在终端的屏幕上。为了保证这条路径的安全可靠性，必须校验终端内软件是可信的，并保证该软件是不可修改的（可以采用数字签名技术）。但对于个人计算机终端，则必须在计算机内实现一个安全核或可信的软件，才有可能与安全核之间建立可信路径。

3. 可信功能问题

根据安全核的设计原则，安全核内的功能要尽可能简单，而把一些与安全关系不大的功能放在安全核之外。但对于一个实际操作系统，其中与敏感数据有关的处理功能很多，如果把它们都放在安全核内，安全核的规模肯定会很大。解决的办法是把这些与信息安全相关的处理功能实现为可信的功能（或称可信进程），并让它们运行在安全核之外。例如，系统管理员对计算机的管理操作，以及用户的注册过程是与系统安全及用户数据安全紧密相关的可信功能操作。但这些可信功能操作通常是由自治进程而不是安全核完成的，这些自治进程运行在安全核之外，利用安全核提供的服务完成指定任务。

在一个实际系统中，像自治进程这些可信功能（进程）的代码数量并不比安全核内的可信代码的数量少。系统对运行在核外的可信功能并不像对核内代码那样进行严格的检验，有些检验工具也不对可信进程的性质给予证明，只是将这些可信进程视为滤污软件。虽然它们维系系统安全，但并不对它们进行安全检验。

在利用安全核技术设计操作系统时，设计者经常面对这样的选择：将可信功能作为自治进程实现呢，还是把它作为操作系统的一部分实现呢？如果作为操作系统的一部分，实现其效率会更高；如果作为操作系统之外的功能实现，虽然效率低一些，但便于设计与维护。但是对于像用户注册这样的可信功能，通常不是由操作系统或安全核处理的，但它们必须与安全核实现同样的安全策略。

4. 安全核的安全策略

安全核技术已经被广泛应用在多级安全系统中，最常用的是 BLP 模型的自主访问控制（DAC）与强制访问控制（MAC）策略。根据 DAC 策略，要允许主体（用户或进程）对某个客体设置访问权，还要允许主体对该客体访问时实施这种访问权。安全核一般都提供对这两种要求的支持，对第一个要求支持时，只检查主体是否有权对客体设置访问权，并不检查设置何种访问权。这有可能为特洛伊木马攻击提供可乘之机。如果对这一要求进行限制，不仅不能解决问题，反而影响了系统的灵活性。

解决的办法是使用 Biba 完整性策略，对每个客体与主体分配完整性级。安全核将阻止低完整性级别的主体向高完整性级别的客体写入，防止低级别的主体污染了高级别的信息。同样，也要防止低完整性级别的程序污染高完整性级别的程序。系统的注册程序一般都实现为高完整性进程，如果用户在高级别下注册进入系统，那么该用户的进程只能运行高级别的程序，这样就可以防范低级别特洛伊木马程序的攻击了。

完整性技术在实际使用中有一定的限制。通常一些实用工具或开发工具（如编辑、编译、汇编等）都是低完整性级的，高完整性程序无法引用它们，这就限制了系统的灵活性。

（三）安全核的设计与实现考虑

在设计与实现安全核时要考虑两种情况：一是对现有操作系统进行改造，即把系统中的所有安全功能都抽出来，集中到操作系统核内；二是设计新的操作系统，即首先设计安全核，然后以它为基础，设计整个操作系统。下面介绍这两种设计安全核的方法。

1. 在早期操作系统中增加安全核

在早期开发的操作系统中，与安全有关的活动可能分散在操作系统的不同部分内。这些安全活动可能与用户每次进入系统和退出系统有关，与每次进程间的通信与同步等操作有关，与系统中每个主体对每个客体的每一次访问有关。若被改造的操作系统是模块化结构的，原先这些安全功能分散在各个模块中，也就是说这些模块中既包括安全功能，又包括其他功能。现在需要把这些安全功能集中到安全核内，这就可能破坏原操作系统的模块化的特点。这种统一的安全核可能规模很大，而难以验证其安全功能的正确性。另外，对于不熟悉的人来说，首先需要读懂旧的操作系统，然后才可能谈得上改造问题，因此，改造已有操作系统对这些人来说是一件很困难的任务。

2. 从安全核开始设计新操作系统

对于专门设计的安全操作系统，可以首先从它的安全核开始设计，然后以它为基础逐步设计整个操作系统。在以安全性为基础的设计中，安全核直接位于硬件层的上面，作为操作系统其他部分与硬件的接口层。安全核监控所有的操作系统对硬件的访问，

负责整个系统的安全保护任务，其他与安全无关的功能由操作系统其余部分完成。采用安全核技术后，操作系统可以划分为硬件、安全核、操作系统的其余功能和用户4个执行区域。每个区域的主要功能如下所示。

(1) 硬件：完成指定的操作。

(2) 安全核：访问控制、认证功能等。

(3) 操作系统其余功能：支持进程的运行、资源分配、共享管理、与硬件的交互等。

(4) 用户任务：支持各种应用的处理要求。

安全核需要维护每个区域的保密性和完整性，需要监控以下4种基本的交互活动。

(1) 进程的激活。在多道程序的环境下，从一个进程切换到另一个进程时需要完全改变运行环境信息 (如寄存器、重定位映像设施、文件访问表、进程状态信息以及其他指针等)，需要监控新进程是否有权访问其中的敏感信息。

(2) 执行区域的切换。当一个区域中运行的进程调用其他区域中的进程时，需要监控该进程获取的敏感信息或获得的其他服务是否超越其权限。

(3) 存储保护。由于每个区域中都包含存储器中的代码和数据，安全核必须监控所有对存储器的访问，确保每个区域的保密与完整。

(4) I/O 操作。考虑到效率问题，操作系统的 I/O 处理功能尽量简化，致使安全功能较弱。有的慢速 I/O 操作需要逐个字符地调用传输程序，而这些程序将外层的用户程序和最内层的 (硬件) I/O 设备联系在一起，因此 I/O 操

作可能穿过所有区域，是入侵者重点攻击的部位，需要重点安全防护。

　　Honeywell 公司在设计安全操作系统 SCOMP 的时候也使用了安全核技术。在该系统原型中，安全核中只有 20 个模块，大约 1000 行高级语言代码，用以完成安全功能。后来最终系统的安全核将近有 10000 行源代码。可见，安全核还是比较大的。SCOMP 系统最终采用环型结构设计技术。

　　UCLA UNIX 系统试图给用户提供一个安全的 UNIX 环境，而不是完全实现 UNIX 系统本身的全部功能。该系统采用了三层结构：硬件和安全核在最底层，原操作系统的任务在第二层，用户进程和某些实用程序运行在第三层。系统向用户提供了 UNIX 接口，从用户级看去系统实现了 UNIX 标准，但系统并没有实现 UNIX 标准。该接口通过核接口子系统 KISS 与核交换信息，核接口通过传统的调度程序和网络管理程序与用户 UNIX 系统交互信息。系统中的政策管理模块和会话模块是可信赖软件，通过它们获取可信赖数据，在用户与核之间提供一条可信赖的用户通道。UCLAUNIX 系统的安全核比较小，约由 2000 行代码组成。

　　关于对现有操作系统进行安全性改造的典型例子是对已有的 VM/370 操作系统的改造。在该系统中增加一个安全核，改造后的系统称为核化的 VM/370（KVM/370）。改造的客体是至少保留原系统的一半代码不变，利用 VM/370 的虚拟机概念，让 KVM/370 机能支持多个彼此隔离的机器，并让它们具有不同的安全级。安全核与负责处理用户注册和认证、与对磁盘和目录访问的可信赖进程之间交换信息，共同完成安全保护功能。

　　三次握手通行字系统的原理是：用户进入系统时，首先给出用户标识符和通行字，系统给出与该用户事先约定的通行字回答，用户必须再用第三个通行字回答。假设系统中伪装的用户认证系统有可能截获用户的第一个通行字，但伪装程序不能送出第二个通行字，它也就无法跟踪用户并得到第三个通行字。该系统的改造因问题太多，最后终止。这个事例说明，改造现有操作系统并使它达到某种安全级别的要求是一件非常困难的工作。

五、分层结构设计技术

　　采用安全核技术设计操作系统，仅把与安全有关的功能集中在安全核内。虽然也分了 4 个层次，但除硬件和安全核外，其他层的功能仍然很复杂，而且层和层之间的关系没有明确的依存和支持关系。这样设计的系统是很难证明或验证其安全性的。作为一种改进，就是下面将要介绍的分层设计技术及其形式化技术。

(一) 分层设计的概念

采用分层技术设计安全操作系统时，在考虑安全要求的基础上，同时也使各层功能相对简单且相互依赖。在分层设计中，把安全操作系统描绘成一个按可信 (或敏感) 程度排序的多层嵌套结构。在中心层的是硬件，最敏感的操作位于最内层，一个进程的可信程度和访问权可以用它离开中心的距离来判断，离中心越近的进程越值得信赖。

在操作系统分层设计中，系统的安全功能并非全部集中在安全核内。安全核内只集中了最敏感的安全功能，有一部分敏感度较低的安全功能分散在其他层内。以用户认证功能为例，包含以下处理：首先需要设置和用户的交互界面，读取用户姓名、通行字等信息，在用户账户文件中搜索用户名和加密口令，对密文口令解密，最后再与用户输入的口令进行核对等。这些处理中有的敏感度并不高，如设置和用户的交互界面、在用户账户文件搜索用户名与密码口令等操作不需要很高的安全保护。如果把这些处理都集中到安全核中，无疑将增加安全核的体积。较好的解决办法是把这些敏感度较低的处理分散到其他层中，把较重要的安全功能放在较内层，把安全性较低的处理放在较外层。

分层结构的操作系统具有显著的特征：除硬件层外，每一层都接受来自低一层提供的服务，完成本层的功能，并向上一层提供功能服务。最外层则向用户提供系统功能服务。在分层结构中，较外层不影响内层功能的独立性，也就是说去掉外层后，系统功能只是缩小而已，内层功能不会因此而受影响。

(二) 分层设计的实例

要证明一个系统的安全性，即使它是很小的安全核，也是十分不容易的，需要给出一种可以使证明变得相对简单的方法。Dijkstra 在 1968 年在他的一篇 "多道程序系统的结构" 论文中提出了一种层次化分解系统的思想。他的基本思想是：把一个系统 (或安全核) 分解为呈线性等级的抽象机 M0，

M1，……，Mn 序列。每一个抽象是由运行在下一个较低层次中的抽象机 Mi 上的抽象程序的集合实现的。

PSOS（Provably Secure Operating System）是在 Peter Neuman 指导下在 SRI（软件工程研究所）设计的可证明的安全操作系统的缩写。设计阶段中该系统被划分为 17 个抽象层次的设计等级。

PSOS 是一个支持抽象数据类型的基于能力的系统。因为能力提供基本的寻址和系统保护的机制，因此把它放在抽象机的最底层。除了能力和基本运算（层4）外，所有在虚拟存储器（层8）以下的层次在用户接口处都是不可见的。在最初的实现中，0 ~ 8 层和极少数较高层次的运算，都期望用硬件或微程序来实现。

在分层的系统设计上要完全避免无循环依赖的结构是不容易的。某些抽象机，如进程与存储器似乎就是互相依赖的。进程管理程序依赖存储进程状态信息的存储器；而虚拟存储器依赖于换页进程。进程与存储器不可能一个完全在另一个之下。为了解决这种循环依赖的情况，在 PSOS 中把这些抽象机分裂为"真实"与"虚拟"两部分。真存储器在进程之下，但极少数固定的具有真存储器的系统进程都在虚拟存储器之下。用户（虚拟的）进程都在虚拟存储器之上。此外，在 PSOS 中，实现等级（层次）与设计的等级也不完全一致。

(三) 分层设计方法学

一种系统开发方法能够称为方法学，它应该是有一定理论指导的。分层设计方法学（HDM, Hierachial Design Methodology）就是以系统层次化分解的思想为基础的一种开发方法。HDM 是由 SRI 的研究人员开发的，主要目的是用于支持可证明系统的开发的。利用 HDM 证明一个系统的过程如下所述。

(1) 开发系统的形式说明。

(2) 证明"说明满足系统的安全性政策"。

(3) 证明"实现满足说明"。

首先 HDM 按上面介绍的方法把系统分解为若干级抽象机。每一抽象机用 SPECIAL（specification and assertion language）语言进行模块说明，模块说明采用了 parnas 隐蔽技术, 用内部状态空间 (抽象数据结构) 和状态转换的概念定义。状态与状态转换分别用 V- 函数与 O- 函数定义。

利用 HDM 开发系统可划分为 5 个阶段。

1. 接口定义阶段

定义对用户可见的系统接口, 并分解成模块集。每一模块由若干个 V- 函数与 O 函数组成 (形式说明留待第 3 阶段进行), 管理一个系统客体类型, 如段、索引、进程等, 说明系统的安全性要求。例如, 在 PSOS 中, 这些要求要满足两个一般性原则。

(1) 检测原则: 确保没有非授权的信息获得。

(2) 改变原则: 确保没有非授权的信息改变。

这些都是能力机制的低层次原则, 每一类型管理器应用能力去实施它自己的高层次政策。

2. 层次分解阶段

按上一小节的要求把模块排列成抽象机 M0, M1,……, Mn 的线性序列, 并证明结构与函数名的相容性。

3. 模块说明阶段

把系统的基本安全性要求表示为全局断言, 并给出证明。做出每一模块的形式说明, 并证明其自身的一致性和满足某些全局断言。

4. 映射函数阶段

做出每一模块的映射函数, 它用 i-1 层状态空间的术语推述出 i 层的状态空间 ($0 \leqslant i \leqslant n$), 即用 i-1 层的 V- 函数表示 i 层的 V- 函数。证明映射函数与层次化分解的一致性。

5. 实现阶段

每一模块用硬件、微程序或某个高级语言实现。实现是从低到高逐层实现的。在 i 层的每一函数作为在 M i-1, 抽象机上执行的抽象程序来实现的。

在 HDM 中, 每一抽象程序都是采用程序正确性证明技术证明的。安全性证明是以 Bell-LaPadula 模型为背景的。为此, SRI 的研究人员还开发了一些自动化证明工具。

HDM 已经应用在 PSOS 的设计与 KSOS 的开发中。但在 UCLA 系统中,

Popek 等人没有用 HDM 开发并证明 UCLA 的安全核，而是采用了"两部分策略"。第一部分是逐次细化地描述核的说明，直至达到可实现为止，包括以下步骤：

(1) 顶层说明，给出系统安全性要求的一个高层次的直观描述。

(2) 抽象层说明，给出较详细的描述。

(3) 底层说明，给出更详细的说明。

(4) 实现性的程序，给出满足说明的 Pascal 程序。

在每一层的说明是用状态与状态转换术语描述的，这些描述都必须满足安全性的一般要求。在第二部分中，证明每一层的说明都是彼此相容的，并证明 Pascal 程序满足底层说明。UCLA 的安全核（secure UNIX）的证明是通过在 SRI 开发的 AFFIRM 系统协助下完成的。

六、环型结构设计技术

环型结构的操作系统具有更高的安全控制能力。MULTICS 操作系统中采用了环结构实现保护方案。环是进程执行的区域或访问的数据区，环依据其敏感程度的高低从 0 开始编号，内核为 0 号环，敏感程度最高。进程的访问权限和它所处的环有关。下面介绍环型结构操作系统的特点。

根据访问权限的高低，各进程被安排在不同的环区内运行，访问权限越高的进程运行区域的环号越小。一个进程的权限也不仅限于所在环的权限，它的权限包括比该环环号高的其他环允许的权限。

在系统中为了对访问进行控制，把每个数据区或程序编为段，每个段用 3 个数码（b1，b2，b3）作为环界标，其中 b1 < b2 < b3。系统利用环界标对各段进行保护，(b1, b2) 称为访问界标，(b2, b3) 称为调用界标或门扩展。其中 b1 与 b2 之间的所有环可以被允许访问该段的进程自由访问；b2+1 与 b3 之间的所有环只允许在指定点调用该段程序的程访问。

假定有一个 A 程序段的环界标为 (2，3，7)，它表示 2~3 级的进程可以自由调用这个程序 A；4~7 级进程只能在指定调用点调用程序 A，否则不允许调用；超过 7 级的进程不能调用程序 A；如果某个进程的环号低于 2，它也可以调用程序 A；由于 A 的环界标低于主调进程，A 只能修改数据的拷贝，不能真正修改数据，因为从主调进程来看，A 的可信度不高。环界标表示对一个段的信任程度，正确性值得信赖和敏感程度高的段具有从低号环开始的环界标。内核进程很少调用不值得信赖的段的程序，因为不值得信赖的程序的执行结果也不值得信赖。通常不值得信赖段的环界标的起始环号比较大。

对数据段访问也同样利用环界标控制。假定有一个数据段的环界标为 $(2，4，6)$，设访问该数据段的进程 P 的级别为 k，若 $2 \leqslant k \leqslant 4$，则允许进程 P 自由访问该数据区 (可读可写)；若 $4 < k < 6$，则仅允许进程 P 对该数据区只读访问；若 $k > 6$，进程 P 无权访问该数据区；若 $k < 2$，则进程 P 只能对该数据段的一个拷贝进行写访问，一个比进程 P 更有特权的进程将判断这个修改过的拷贝的正确性，并决定是否接受这种修改，用这样的方法可以保护数据的完整性。

在环型结构中，上述实现仅是最低的安全要求，系统中所有的过程调用和数据访问都必须遵循这种原则。此外还可以增加一些访问控制措施，有的可以是强制性的，如不管该环区的拥有者是谁或其内容是什么，对基本环号码的解释不许更改。有一些客体的控制措施可以由其拥有者或管理该客体的主体自主确定，如可以规定显示在某个环区内工作的调用者的标识，也可以规定某些用户必须通过某个子程序去修改某个数据文件。

Honeywell 的 SCOMP (Secure COM munication Processor) 是采用环型结构的操作系统，是被美国国家安全中心承认的第一个 A1 类系统。它依靠软硬结合的方式实现安全性。它运行在 DPS6 计算机上，这是一个 16 位总线结构的小型机。它的处理器增加了专门的安全硬件模块，存储器寻址采用分页技术，在安全核内检查对 I/O 设备的访问，但实际数据的传输是在安全核以外完成的，这样有效地减少了安全核的体积，使得对安全核的形式化验证成为可能。在用户对系统进行访问请求的时候，软件就为他建立一个由 4 个字的安全信息组成的"描述符"，然后由硬件继续处理用户的访问请求，这样既提高了处理速度，又比纯软件方式增加了安全性。

SCOMP 采用了环型结构，使用了 4 个环，环号分别为 0，1，2，3。安全核在 0 号环内，该环有最多的特权，3 号环的特权最少。用户程序和系统实用程序在 3 号环内执行。在 2 号环内，提供普通操作系统的功能，包括文件系统、进程初始化与终止、子进程的创立、同步以及与安全核的接口。特权较少的过程可以通过调用具有较多特权过程的方式请求提供服务，被调过程根据主调过程的访问权来接受传递给它的参数。这样负责安全功能的子进程可以从用户那里接受参数，但不会主动将自己较高的访问权转变为用户的参数。

SCOMP 系统中的客体访问控制技术包含强制性的访问控制，也包括可由主体自主确定客体的访问许可权的自主访问控制。另外，客体还受到反映其特权的环界标的保护。

对于安全核外的功能，SCOMP 还提供"可信软件"和"可信路径"的支持。"可信软件"和"可信路径"的概念参见安全核那一节中的介绍。在安全核外，通过依赖可信软件提供的可信数据去实现适当的安全政策。用户通过可信路径访问可信软件，可以保证让用户真正和操作系统打交道，而不是和特洛伊木马打交道。

本节介绍了操作系统对内存、磁盘文件、目录、系统数据结构、内部安全机构、进程及其他各种客体的保护技术。内存的保护往往被忽略，实际上内存是很容易泄露数据的地方，因为读入内存的数据都是以明码形式存放的。不让用户直接访问内存是一种有效的保护技术。前面介绍的访问控制技术都是在操作系统中常用的控制技术。通行字方法是最普遍使用的认证技术。为了让人们对安全可信的操作系统有深入的了解，首先介绍安全操作系统的开发方法，然后介绍安全操作系统的几种设计方法，其中包括安全核设计方法、分层设计方法和环型结构设计方法。

第七节　程序系统安全

本节重点讨论各种用户应用程序、系统实用程序（如电子报表、编译程序、文本编辑程序以及网络服务程序等）中存在的各种可能的危害信息安全和系统正常运转的问题。操作系统也是一种系统程序，它的安全问题更为复杂。

程序中的缺陷可以造成两类问题：可以使程序的用户获取非授权访问的数据，其中包括非法的数据修改权；也有的程序利用计算机系统服务的缺陷使用户具有本不该有的系统访问权,或使合法用户得不到系统应有的服务(所谓服务拒绝问题)。

目前已知程序的缺陷并不多,主要原因有:程序往往是由十分专业的程序员开发的,有的甚至是单个程序员开发的,很难通过阅读、测试和验证来发现专业程序员故意隐藏在程序中的缺陷;虽然要求操作系统提供各种保护功能,但由于保密性与可利用性需要适当平衡,为了提供良好的服务与共享,操作系统往往注意消除主要的违反安全的行为,但并不能堵塞系统所有的安全漏洞,总存在让恶意程序钻“空当”的问题。下面介绍一些常见的程序漏洞。

一、程序对信息造成的危害

在内存中程序与数据分别存放在不同的区域内,而且程序区与数据区分别都受到操作系统应有的保护。操作系统只能保护对数据区的正常读写,如可以防止对只读数据区进行“写”操作,但操作系统无法控制向允许“写”的数据区内写入什么样的数据,即对写入数据的正确性与合理性无法控制。正常的程序会根据访问权限去访问数据,如果程序中有恶意代码(如特洛伊木马程序)或缺陷,就有可能对数据进行恶意的访问(如窃取、伪造、恶意修改等)。

(一) 陷门

陷门(Trapdoor)是一个模块的秘密未记入文档的入口。在程序开发与调试期间,程序员常常为了测试一个模块或者为了今后的修改与扩充,或者为了在程序正式运行后,当程序发生故障时能够访问系统内部信息等目的,而有意识预留的。这种陷门可以被程序员用于上述正常目的,也可以被用于非正当目的。下面是程序模块测试的一个例子。

一个程序系统的功能往往是非常复杂的,根据软件开发的要求,程序员一般采用模块化技术开发与测试软件系统。测试时,首先测试单个模块,然后再把分立的模块按照处理逻辑组装到一起。

在程序的测试过程中,当测试有复杂调用关系的模块时,有时为了判断错误的原因,需要在被测模块内插入调试代码。这些代码通常用于显示模块的中间计算结果，或用于判断上一级模块传递到被测模块的参数是否正确，有的也用于跟踪程序的运行轨迹。例如，可以利用 PRINT 语句显示模块内的某个参数值或某个内部变量的值。又如，可以用一组简单赋值语句 var: =value 作为调试代码，允许程序员在程序运行期间更改程序的参数值，或用于调试该模块的正确性，或者用于向被测模块传递参数驱动模块、被测模块和桩模块之间的调用关系值。这种插入指令的方法是一种广泛使用的调试技术。在调试完成后，这些调试指令如果未被及时清除，则可能留下所谓的"陷门"。

产生陷门的另一个原因是设计或编程漏洞造成的。在某些设计粗劣的程序系统中，只检查正常输入情况，忽略对非正常输入的检查，使得用户即使输入错误值仍然可以进入程序系统。例如，某程序的输入模块期望读入一个人的年龄值，由于程序中没有检查输入值的合理性的功能，可能会将用户输入的 250 或 –30 作为合理的年龄值接受，从而允许该用户进一步执行程序的其他功能。又如，程序的某模块期望处理成绩优秀、良好和及格 3 种人员的情况，并有相应的 CASE 语句进行过滤。如果在 CASE 语句中只有处理这 3 种情况的分支语句，则当遇到不及格情况时，就可以跳过该 CASE 语句，执行程序的后续功能，这也是常见的程序缺陷。

在硬件处理器设计中也存在一些缺陷，如许多处理器中并非所有的操作码值都对应相应的机器指令。那些无定义的操作码常被用作特殊指令，或被用于测试处理器的设计，或者由于处理器逻辑设计上的漏洞，并未阻塞这些未定义的操作码的逻辑通路，使得当程序中出现未定义操作码时，处理器仍能继续执行。

程序中的陷门也可以用来发现安全方面的缺陷。审计程序有时需要借助成品程序的陷门向系统中插入虚设的但可识别的业务，以便跟踪这些业务在系统中的流向，进而研究系统中是否存在安全方面的漏洞。

程序员在程序调试结束时，应该去掉陷门 (即各种调试用的语句)，但程序中仍可能存在陷门的原因有以下几种。

(1) 忘了去掉某些调试语句，留下了陷门。

(2) 故意保留下来以便用于别的测试。

(3) 故意留在程序中以便有助于维护已完成的程序。

（4）故意留在程序中以便它成为可接受的成品程序后，有一种访问此程序的隐蔽手段。

以上情况中，第一种是无意识的安全疏忽，中间两种是对系统安全的严重暴露，而最后一种情况则是全面攻击的第一个步骤。对于用于程序测试、修改和维护目的的陷门本身并无错误，而是一种常用的技术。但是在程序调试结束后仍保留一些暴露性很强的陷门，甚至在程序易受到攻击的情况下，没有人采取行动来防止或控制陷门的使用，陷门的存在才成为弱点。陷门可以被程序员用于保证系统的正常运行而加以利用，也可以被无意或通过穷举搜索而发现陷门的任何人利用。

（二）缓冲区溢出

缓冲区溢出是指程序中给某个变量赋的值（如字符串）的长度超过该变量允许的宽度。例如，一个存放姓名的变量 NAME[10] 最多允许存储 10 个字符的人名，当向其中存放 11 个以上的字符的时候，就会发生溢出问题。程序经过编译程序编译后，程序中定义的变量一般以过程为单位，集中存放在该过程的数据区内。当发生缓冲区溢出后，从变量溢出的字符就要侵占相邻变量的存储区。如果溢出的长度很长，不仅会破坏本过程的数据区，还可能破坏其他过程甚至系统的数据区。这样不仅会影响程序本身的正常运行，严重的还会造成系统的中断，甚至往往成为攻击系统的入口。产生溢出问题的原因有以下几种。

（1）程序员缺少编程经验，程序中没有检查缓冲区边界的功能，对于超过缓冲区长度的内容（字符串）没有加以限制。

（2）程序编制错误造成的。某些需要处理指针的程序中，稍不小心就会使指针的指向出错，把一个长字符串存到另一个短字符变量中，造成该变量溢出。

（3）程序员故意遗留下来的程序漏洞，以便通过制造缓冲区溢出现象，进行系统攻击。

（4）程序设计语言编译器本身的缺陷，有的语言环境提供的函数本身就不检查缓冲区溢出问题。例如，C 语言的 gets（）函数没有任何检测缓冲区边界的功能，利用这个函数输入字符串可能会超过缓冲区的范围。

防止缓冲区溢出的办法是要求程序员在程序中必须检查缓冲区的边界，对于某些语言的输入函数要慎用，使用时要检查它们用的缓冲区边界。比较可靠的解决方法是采用安全编译器，这种编译器包括信息流安全性检查与验证功能，对数组与变元的越界检查也是其必须完成的功能之一。

(三) 特洛伊木马

特洛伊木马 (也可以直接叫作木马) 是任何由程序员编写的、提供了隐藏的、用户不希望的功能的程序，同时它也是一种能巧妙躲过系统安全机制，对用户系统进行监视或破坏的一种有效方法。特洛伊木马也可以是伪装成其他公用程序并企图接收信息的程序。例如，一种典型的木马是伪装成系统登录屏幕的程序，以检索用户名和密码。有些木马用户系统具有某种程度的破坏性。例如，修改数据库、传递电子邮件 (如将用户系统 PI 令以电子邮件发送到入侵者处)、复制、删除文件，甚至格式化硬盘等。

1. 特洛伊木马的传播

特洛伊木马并不像病毒和蠕虫那样自我复制和传播，而是需要目标用户的帮助，通常的情况是用户安装和执行感染了特洛伊木马的程序。这些感染有特洛伊木马的程序有许多可能的来源。三种最有可能的出处是公告牌系统、公共访问的文件服务器和计算机图书馆。这些在网络上经常被访问的站点成为特洛伊木马传播的理想场所。而且，由于在这些系统上的文件、软件等信息资源没有任何保证，下载和使用这些资源的用户就将面临被感染的巨大危险。

特洛伊木马感染了一个系统后，只有当它被激活后才能进行其预先设计好的工作，可能是在目标系统上添加假的文件、偷窃系统口令文件或者删除数据等。但是，特洛伊木马程序并不进行自我复制和影响其他程序。

如同病毒一样，一旦感染特洛伊木马的程序被执行，或者目标机器的操作系统执行了某项任务而激活了特洛伊木马时。特洛伊木马首先确定其激活的条件是否满足。如果所有特洛伊木马激活的条件都满足的话，它就执行。与此同时，它也可能删除它自己，以减少它本身被人们发现的机会。

STEP1：一旦被激活，特洛伊木马将决定它是否应该执行，即完成其预定的任务。如果它执行的必要条件满足，特洛伊木马就转移到 STEP2 执行；

如果它执行的必要条件不存在，它将无法执行，而是转到STEP4调整导致它执行的条件。

STEP2：一旦确定它要执行的条件满足，它将执行并完成预定的任务。这些任务通常是口令或文件的窃取。一旦它的任务完成，它也可能调整激活的条件，这时就转到STEP3。

STEP3：一旦特洛伊木马执行，它也可能自我复位，以便将来能够执行。特洛伊木马复位其执行条件以后，它就停止工作，而正常程序就开始执行。

STEP4：因为特洛伊木马没有获得其执行的必要条件，它就将只更新其执行条件，以便将来执行。需要更新信息的可能是访问的次数或者上次所偷窃的文件或口令的日期等。

任何一个特洛伊木马的精确执行步骤很可能与上述不同，但是一般来说，上述步骤代表了特洛伊木马通常的算法。

2. 特洛伊木马程序的危害性

特洛伊木马程序的存在是对目标系统的一种很高级别的危险。

首先，木马程序很难被发现。在许多情况中，木马程序是在二进制代码中发现的，它们的代码大多数以无法阅读的形式存在，而是经过编译的、以机器语言形式存在的。

其次，考虑到用户的知识水平，一个对操作系统了解甚少的用户，不太可能去深入到一个程序的目录结构中去检查那些可疑而且又枯燥的代码。实际上，即使是一个程序员也未必能够马上发现木马程序。原因很简单：程序员不可能精通编写特洛伊程序的所有语言。所以，没有其他方法能像它这样破坏系统，也没有其他破坏程序比它更难以发现。

最后，木马程序可能存在于任何操作系统或平台上，它的散播与病毒的散播极为相似。从Internet上下载的软件，如使用BBS下载的软件，特别是免费的软件或者共享软件，都有匿藏着木马程序的可能。另外，从匿名服务器或Usenet新闻组中获得的程序也可能存在特洛伊木马。

(四) 零碎敛集

零碎敛集是指把一些平时不被人注意的、价值不大的零碎东西收集起来，最后获得令人惊奇的结果。零碎敛集类似于意式香肠的制作过程，意式香肠是由零头碎肉装集而成的。利用零碎敛集方式达到不可告人的目的的攻击称为零碎敛集攻击(或意式香肠攻击)。零碎敛集攻击是指每次仅收集一点利益,最后积少成多非法获取更多的利益。典型的零碎敛集攻击的例子是银行中利息计算程序。假若某个程序员在他所编的利息计算程序中采用的算法是把每一笔用户取款数小数点后第二位后面的数字都忽略到程序员私人账号中。例如,某个用户的取款数连本带息应该是1134.648922,按正确的四舍五入算法应该付给用户1134.65元,但实际只付给用户1134.64元。用户并不知道,或即使知道也不在意这种小数字,但程序员的账户中的钱数将日积月累越来越多。只要利息计算程序将全部付出的利息与各个账户结算后的利息总和平衡,审计员一般也发现不了什么问题。

　　上面说的是一种被动式的零碎敛集攻击,恶意的程序员还可以编制一个程序主动从用户的账户中取出几分钱,放入自己的账户中。用户一般不知道银行给自己的存折上的存款数是如何计算出来的,也不会自己重新计算一遍,即使用户发现银行的报告少了几分钱也都会接受银行的数字,甚至还会归结于计算上的误差或对付息时间或条件理解上的差别。

　　由于计算机字长的限制,计算机的计算本身就是按舍入和截断规则进行数值计算的。当整数部分很大而且又带有小数部分时,这种问题更加严重。程序员和用户很容易将这种小数值的错误作为自然和不可避免的结果加以接受,而不会将确切的错误记录在案。审计部门常常忽略对这类计算误差的校正,因而就给了零碎敛集攻击以可乘之机。如果一个系统的源程序太大,很难对系统中可能存在的零碎敛集攻击进行审计,除非对某个程序员有怀疑才会这样做。程序规模越大,对搞零碎敛集攻击的程序员越有利。

(五) 隐蔽信道

　　隐蔽信道是指程序中把敏感信息传递给不该知道此信息的人的秘密途径。我国古代故事中的一些"藏头诗"中也包含了一种秘密信道。例如,《水浒传》中吴用为了逼卢俊义到梁山,在卢俊义家中题写一首藏头诗:

　　芦花滩上有扁舟,

　　俊杰黄昏独自游。

　　义到尽头原是命,

反躬逃难必无忧。

这首诗中每一句的第一个字组成了隐蔽信道，从中透露出秘密信息。在现代计算机系统中，有的程序员也采用同样的手段，在正常程序中建立隐蔽信道，如在正常输出报表中隐藏输出一些敏感信息。

在开发涉及敏感数据的程序时，程序员一般使用模拟数据进行调试，在程序试运行期间，程序员访问敏感数据是需要的。但是当程序正式运行后，程序员就不应该再接触敏感数据了。某些另有企图的程序员可能希望了解某些客户的敏感信息，如希望了解某机构大客户何时买进或卖出什么股票等信息。在许多情形中，程序员可能想开发一种可以秘密传递用户敏感数据的程序，那么程序员想出来的办法就是在程序中建立隐蔽信道。

程序员建立隐蔽信道的方法有很多，主要有以下方式。

1. 在输出报告中隐蔽输出敏感信息

如果把敏感数据直接用报表打印出来，在有的情况下十分引人注目，容易引起安全人员的注意。但程序员可以通过改变输出格式、变动行的长度、打印或不打印某个确定值的方法将某个敏感数据编制到一个正常的报告中。例如，将输出标题中的单词 total 改为 TOTALS 可能不会引起注意，却建立了 1bit 信息量的隐蔽信道。例如，可以用 S 的出现与不出现表示本次输出报表中是否有秘密信息输出，也可以用于表示某个敏感文件是否已经建立，通知窃取者可以去访问。敏感数字值可以被精心安排在输出结果清单的不重要的位置上，可以在事先约定好的某列小数点后第几位上输出一串敏感数字，其中每个数字插入在一行上，其手段就像上面介绍的藏头诗中使用的方法一样。

2. 向另一个程序传递敏感信息

如果根本不允许程序员看到程序的输出报告，那么程序员在输出报告中做手脚就没有什么用途。程序员可以让敏感程序调用一个不敏感程序，把敏感数据传递给不引人注意的程序，然后由后者把敏感信息泄露出来。例如，可以把用户的通行字传递给另一个程序。计算人员在自己敏感程序运行时，应该注意其他正在运行的程序的输出操作是否正在输出自己的敏感信息。较好的防止方法是在运行敏感程序时，应该禁止所有其他程序的运行，可以采用分时运行（即规定某一时间区间内只运行敏感程序）的办法防止这类问题的发生。

3.建立秘密信道

更狡猾的程序员可以建立一个计算的秘密信道。假定某一程序（敏感程序）执行时可以访问敏感数据，而程序员又无法通过打印输出报告的方式透露敏感信息，但只需要知道敏感程序是否在执行即可。在这种情况下，程序员可以安排这个程序用二进制信号传递信息，如传递的二进制信息可以来自磁带驱动的启停、来自系统控制台上灯的亮灭，或者来自产生了一个通知操作员做某个处理的消息。另外，程序员也可以在敏感程序中安排秘密信道，把敏感数据秘密地写到某个秘密数据文件中，等敏感程序运行结束后，程序员再取走该数据文件。

上述一些泄露信息的例子中，有的只需要小信息量的编码就可以透漏出某些敏感信息。由于程序产生的输出量极大，混在其中的这些编码实际上是不可能被检测的，更不用说破译了。例如，前面所说的把 total 加一个 S 后输出、某个字符数据项增加或减少一个空格、输出行数增加或减少一行等，都可以作为二进制编码形式，用于表示某种敏感信息的存在与否。一个文件的存在与否可以表明是否发生了另外一种行动，可以用以表示另外一个程序是否已经成功地破坏了系统的安全。表示一个文件是否存在只需一个比特的编码。

（六）开放敏感信息

在开发像 SQL Server 这样大型数据库的应用系统时，应用程序和数据库之间的连接可以利用像 ODBC 这种数据库开放接口完成。

使用 ODBC 时，需要在其中设置用户的访问权限，为了调试方便，常常把每个编程人员权限设为最高，有的甚至直接设置为系统管理员（SA）的权限，使他可以访问数据库中的任意库表。在应用程序调试完成后，应该去掉 ODBC 中的权限设置，再将应用程序打包提交给用户使用。但经常会发生程序员忘了去掉 ODBC 中的权限设置的情况，最后交给用户使用的应用程序具有很高的访问权限，造成敏感数据库开放的事实。

二、危害服务的程序

前面介绍了程序泄露敏感数据的一些常见手段，但程序对系统安全的危害不仅是这一方面，有的程序员还会利用程序影响系统提供的服务。下面将介绍几种影响系统提供正常服务的程序类型。当合法的用户不能得到合法的服务响应时，这种安全故障称为"拒绝服务"。

（一）耗时程序

一些大型计算机中心往往需要同时支持对内和对外的计算服务任务。假定对内需要提供大型科学研究计算（如用穷举法破解密码文件的解密程序），对外提供事务性查询服务。为了及时响应来自外部的查询要求，通常把计算机内部的计算任务分为前台与后台两类，前台一般运行对外服务性任务，它们具有较高的优先级；后台运行运算量大、耗时长的计算程序，可以把这种程序的优先级定低一些。当有来自外界的查询要求时，由于处理这些请求的程序的运行优先级高，计算机首先响应外界的查询要求，当回答了外界请求后，计算机又启动后台程序运行。如果优先级设置错误，把后台程序设置为高优先级，就会让这个耗时程序长时间占用机器时间，使得外界的查询要求得不到响应，系统发生了拒绝服务的现象。

很多程序都可以成为耗时程序，除穷举法解密程序外，计算极长位数的 e 或 TT 的程序、求解高阶方程的程序、高精度迭代运算等都可能是耗时程序。此外，用户程序中的死循环也会使程序变成耗时程序。有的死循环程序甚至连中断也不响应，只有重新启动系统才能从中解脱出来。

在多道程序操作系统中，CPU 应该公平地为每一道程序服务，让每一道程序都能轮流得到运行，每次运行一个时间片。但这种措施并不能防止某个内含错误的无限循环的程序长时间地占用机器时间的现象发生。为了防止某道程序长时间地占用机器时间，操作系统还需要限定每道程序总的运行时间，例如，限定每个程序的总运行时间不超过 16h，超过时限后便将其逐出系统。I/O 处理程序也可能是一个无限循环程序，在 I/O 处理任务未完成之前，程序便处于等待 I/O 完成的状态，而 I/O 程序的运行时间是不确定的。如果系统中所有进程都在等待 I/O，那么整个系统就将拒绝新的服务。

(二) 死锁问题

在系统中还可能发生进程甲占用资源 A，等待进程乙释放资源 B；而进程乙则占用资源 B，等待进程甲释放资源 A。在这种情况下，如果其中一个进程不主动释放自己所占用的资源的话，系统便处于死锁状态。在这种状态下，系统将拒绝新的服务请求。系统调度程序应该及时发现死锁状态，并让系统从这种状态下解脱出来。

圆圈称为库所 (Place)，表示存放某种资源 (或条件) 的地方；圆圈内的黑点 (称为标记，Token) 表示资源存在 (或条件具备) 与否；粗短的黑线表示变迁 (Transition)，当某个变迁的所有输入条件都具备的时候，它便可以执行 (称为点火，Fire)，变迁执行后，该变迁的输出弧所指向的库所中将增加相应的标记。在库所 B' 中没有标记之前，变迁甲不能执行，同样变迁乙也在等待 A' 中有一个标记，双方都等待对方释放资源，结果谁也不能执行。

(三) 病毒程序

计算机病毒是一种能够通过改变其他程序而使它们"感染"的程序。在被感染的程序中包含病毒程序的副本，所以被感染的程序又可以作为病毒去感染别的程序，病毒可以以几何速率传播，可以在很短的时间内感染整个计算机系统，致使整个系统瘫痪，从而无法对外提供服务。

病毒程序本身可以很小，为了能隐蔽到其他程序中，病毒的创造者把病毒程序分解成许多代码碎片分散到所寄生的程序中去。例如，一个 200 行代码的病毒程序，可以分解成 100 个分组，每个分组都由两条代码和一条跳转指令组成。在一个大型程序内部常常会有许多空闲区，这些病毒代码的分组可以很容易穿插到这些空闲区中去。如果已知两个相同的程序 (如两个文字编辑程序) 中有一个带有病毒，那么如何确认哪个带病毒呢？可以用以下一些方法。

(1) 直接比较正常程序与被怀疑程序的目标文件的长度，长度不同的那一个就是带病毒程序。

(2) 如果两种文件长度相同，再逐个比较两个文件的每一个字节，如果发现有差别，则可判断其中的带病毒文件。

(3) 利用认证技术 (如数字签名)，寻找一个认证函数，计算每一个正常的目标文件函数值，如果某一个文件的函数值有了变化，可以认定这个文件有问题。这个函数应该是很灵敏的，对目标文件中的任何一个 bit 的变化都应该有反映。

（4）有的病毒感染一个正常程序后，会在这个程序上留下一些特殊的标记（一个简单标志或一段特殊代码），通过判断这些标记的存在与否，就能确定一个文件是否带病毒。

发现一个文件带病毒以后，还需要对整个系统进行杀毒。在正在运行的系统上消除病毒，不仅要求能够检测出病毒，而且要求消除的速度必须快于病毒扩散的速度。

病毒扩散的速度取决于共享与传递性。通过共享信息，带病毒的程序可以把病毒感染到正常程序上。因此，可以通过限制信息的共享来限制病毒的感染。可以利用"分隔"的概念把数据分割成互不联系的组，在对信息分割的系统中，病毒的影响区域被限制在一个分割组内。此外，还需要考虑信息流对病毒传播的影响。如果有信息从 A 流向 B，并且信息也可以从 B 流向 C，则信息就可以从 A 流向 C。通过限制所使用的传递信息流的数量和界限，也可以限制病毒的传递范围。

（四）蠕虫程序

1988 年 11 月，一个美国青年 Robet Morris 向 Internet 注入一个仅仅 99 行代码蠕虫（Worm）程序，第二天就致使网上 6000 多台 SUN 与 VAX 计算机系统瘫痪。蠕虫程序是病毒程序在网络上的推广。蠕虫程序是利用计算机系统的网络管理机构识别网络中空闲机器的机会同时把自己传递给这台机器的。由于联网的原因，蠕虫程序可以不断传播到其他空闲机器。和病毒程序一样，蠕虫程序几乎可以嵌入任何有意义的程序中。但蠕虫与病毒程序的差别也很大，普通的病毒需要在计算机硬盘或文件系统中繁殖，而典型的蠕虫程序只需要在内存中维持一个活动的副本，甚至不向硬盘写入任何信息。

蠕虫程序有两大类型：一种是只能在一台计算机内运行，这种程序需要通过网络连接把自身复制到其他系统中，完成向新机器复制任务后就不保留副本（也可能在原始系统中保留一份副本），这种蠕虫也可以发挥一种信息中继的作用。另一种是把实际使用的网络连接作为神经系统，使各网段中的自身代码可以在多个系统中运行。如果这些蠕虫程序需要一个中心节点进行协调，这种蠕虫程序就称为章鱼程序（octopus）。

在可控制的条件下，可以利用蠕虫程序完成一些有用的工作，运行系统广告牌或警告钟就是利用蠕虫原理实现的。蠕虫程序还可以用于在网络上构成多台计算机组成的并行运算。网络控制程序本身就是蠕虫程序的例子，因为在 ARPA net 上使用分布控制来管理网上数千个用户的网络资源和共享。在这些情况中，蠕虫程序完成规定任务后便退出，对系统并不造成问题。但是，许多蠕虫程序不受控制地运行，造成系统拒绝别的用户正常访问。

蠕虫在相互友好和信任的网络环境中不受限制地增殖，最终会使这些相互信任的用户受到损害。有的网络蠕虫程序当初开发是出于正当目的，但由于后来运行的环境发生了变化（如遇到一些未知硬件和软件的连入），蠕虫程序就开始发挥坏作用了。有的蠕虫程序设计者为了防止蠕虫程序发生变化，产生副作用，就在蠕虫程序中增加了控制条件，当出现异常情况时，便停止蠕虫程序的运行。为了防止预料不到的情况发生，要保证当发现蠕虫程序破坏系统后必须能够恢复到正常的系统状态。为了做到这一点，必须在网络中为每台机器保留一个没有蠕虫副本的和干净的完整系统，保留干净系统的时间必须在蠕虫程序发布之前，而在蠕虫程序运行了一段时间后，或不知道蠕虫程序变异是什么时候发生的，就保留不到干净的系统副本了。

下面介绍一些典型的蠕虫程序。

1. 吸血鬼（Vampire）蠕虫

在 20 世纪 80 年代，施乐公司的 John Shock 和 Jon Hepps 从提高 CHJ 利用率的目的开发了一种吸血鬼蠕虫程序。这种程序的名字虽然不好听，却发挥了良好作用。它可以在系统 CPU 空闲（如夜间）时被唤醒，去完成复杂而又需要大量占用 CPU 时间的任务。当 CPU 又重新忙碌时，便把作业计算的结果储存起来，并进入睡眠状态。但不知什么原因，有一天"吸血鬼"工作发生了混乱，致使计算机系统发生了混乱，直到公司职员把这些蠕虫从所有的网络系统中清除为止，同时也就停止了对这种程序的研究。

2. 莫里斯蠕虫

Robet Morris 本意是要在因特网上进行一个小小的实验，并不想进行任何有目的的破坏活动。他所编写的程序只希望在遇到的每台计算机的后台都运行一个无害的小进程。但在编程中有一个很小的缺陷：在进入每台主机进行传播之前，该程序没有检查该系统是否已经被感染过，因此造成了系统被多次重复感染，产生了几十甚至上百个小进程，最终致使计算机系统瘫痪。系统管理员们不断地对系统进行清理，又发现系统不断地被感染。直到发现这个蠕虫是通过 Send mail 的一个缺陷从一个系统向另一个系统传播的，管理员们把自己的主机与网络断开后，才把自己主机中的这些小进程清理干净。

莫里斯蠕虫在系统中寻找一切可利用的漏洞进行传播。例如，它先攻破本地通信字文件，找出合法的用户账号与口令，然后试图以合法用户身份与远端系统联机；利用查询协议中的缺陷报告哪里有远程用户；再利用远程用户在处理过程中调试（debug）选项中的一个陷门接收与发送邮件。由于它在传送过程中采用了加密形式，很难对它进行定位，文件系统也很难对它进行跟踪。

这件事件引起了人们对计算机网络的高度重视，并促使了因特网计算机紧急事件处理小组（CERT）的成立，这在计算机网络安全史上是一件重大事情。

3. WANK 蠕虫

WANK（Worm Against Nuclear Killers——抗核武器蠕虫）是 1989 年 10 月被释放到网络系统中的，它只通过 DEC net 协议传播，感染 DEC 系统。这种蠕虫的主要行为有：

（1）一旦侵入一个系统后，修改系统的声明信息部分，设置系统被入侵的标志（WANKed），并发回一个电子邮件，告知已成功入侵的系统、使用的登录名与口令。

（2）在已有的账户中修改口令。

（3）传染本地 COM 文件，以便在自身被清除后还可以重新进入激活状态。

（4）修改登录文件，使人认为所有用户文件都被删除；在用户登录后，把隐藏该用户的所有文件隐藏起来，使它们以为自己的文件被删除了。

4. 红色代码蠕虫

红色代码蠕虫是 2001 年上半年开始流行的，很多人把它称为网络病毒，实际上它是一种网络蠕虫。它的基本原理是利用微软系统软件（如 98/

NT/2000等)中提供的因特网信息服务软件IIS4.0或5.0版本中的一个缓冲区溢出漏洞在网络中"爬行"的。为了能够探测前方是否存在有这种漏洞的机器,该蠕利用穷举所在网段IP地址的方法,在网段内判断可能存在的网络站点。如果发现有某IP地址的站点存在,就立刻探测该主机是否运行了IIS软件,如果是,就利用其漏洞获取该主机的系统管理员权限,并进入该主机。由于获得了系统的最高权限,它可以在该主机内安装后门,使该主机内的所有信息暴露于网络大众面前。由于蠕虫爬行方法需要在短时间内发送大量的探测报文,会致使网段内的信道拥挤,影响正常的信息流。

5. IRC蠕虫

因特网中蠕虫程序IRC(Internet Relay Chat)也是一种有危险的蠕虫,它会影响所有使用IRC通信软件的用户。当用户加入特定的IRC通道时,该蠕虫会感染用户系统,然后蠕虫就静静地等待其中一名IRC通道的加入者输入可识别的关键字。关键字用于标识不同形式的活动,如可以标识UNIX用户、微软系统用户或发出IRC命令的用户。针对不同用户的关键字,蠕虫发送不同的信息,如对微软用户就发送一份注册表;或给予发出命令的用户受蠕虫感染的系统本地盘的读写权等。

第八节　安全软件工程

上面介绍的程序中各种可能的危害安全的缺陷,有的是程序员无意识遗留的,有的则是有意而为之的。无意遗留的仅会在系统中留下安全隐患,一般不会主动造成对系统的危害,但会给系统攻击者留下进入系统的缺口,如陷门就属于这种情况。凡是程序中包含故意攻击系统的功能,都是程序员故意安插在程序中的,上面介绍的大部分程序中的攻击手段都属于程序员故意为之。如果要防止这类问题发生,就必须加强对程序开发过程和维护阶段的控制与检查。本节将着重讨论防止程序中包含攻击功能的程序开发控制问题,程序的类型以应用程序(其中包括数据库应用程序)为主。安全程序开发,尤其是大型安全程序的开发,应该遵照软件工程的方法开发,应该把程序的安全控制分散到各个开发阶段中去，这就是所谓的安全软件工程。讨论的内容根据软件开发的几个阶段叙述，这些阶段包括需求分析阶段、设计与验证阶段、编程阶段、测试阶段应采取的控制措施。

一、需求分析控制

待开发的新程序系统的需求分析需要由开发者与用户共同合作完成。开发方应该根据需求分析阶段软件规范要求，认真组织实施软件需求分析计划，完成需求分析阶段的任务；程序的用户既是需求分析工作的组织领导者，又是开发方需求分析的积极配合者，用户应该对待开发的程序提出明确的功能要求、数据要求以及它们的安全要求。开发者应该制定满足用户要求的安全与保密方案，并把它们体现到相应处理功能中。

详细描述需要实现的系统功能，采用适当的分析技术（如结构化分析或面向对象分析技术）分析新系统的功能，并给出系统的功能模型和系统的处理流程，可以采用数据流图或输入—处理—输出等方法描述用户的需求和处理流程。

确定新系统的数据要求，确定每个数据元素的属性。把数据按逻辑相关性组织到一起，形成表格或其他组织形式。按不同的敏感度把数据划分为不同安全等级。

详细描述用户提出的系统安全与保密要求，确定系统的总体安全策略。并对用户的安全需求进行分类，区别哪些要求可以由购买的系统提供支持，哪些要求是由开发者自己加以实现的。然后根据这些要求与安全策略确定相应的安全机制，这些机制应该是可以利用现有安全技术实现的或可购买得到的。

把需要由开发者自己实现的安全与保密要求分配到相应的处理功能中，而功能又与相应的处理对象挂钩；根据需要由运行环境提供的安全保密要求，选择达到某种安全级别（如 C2、B2 级）的操作系统、数据库系统软件平台和硬件平台。开发者还应该解决自己开发的安全功能与现成系统提供的安全机制之间的有效结合问题。

建立新系统安全模型和安全计划。安全模型应该符合总体安全策略的要求，并且应该是简洁的和便于验证的；安全计划应该是具体和可实施的。

二、设计与验证

设计阶段的任务包含 3 部分：一部分是分解软件功能，设计软件的模块结构，确定每个模块的功能，给出每个模块的编程说明；第二部分是数据集设计，除了设计数据结构外，还需要划分数据的敏感等级，数据集可能是数据库或数据文件；第三部分是验证待实现的安全模型的正确性，制定新系统的安全方案，把由程序系统自己实现的安全功能分配到相应的模块中。下面对这些内容进行具体介绍。

(一) 系统功能分解原则

根据软件工程的原则，需要把待开发的程序功能模块化。模块化设计的方法很多，其中结构化设计方法和面向对象设计方法应用最广泛。把大的系统模块化有很多优点，不仅有利于编程，而且也有利于安全。根据模块划分的原则，要求模块功能的独立性要好，模块之间的相关性要小。模块之间的交互是通过参数传递实现的，良好的模块化设计还要求模块之间传递参数的数量要少。因此，模块在一定程度上是自治的，即模块的代码及其处理的对象（数据）被封装在一起。一个模块不能访问另一个模块内部的数据，这种特性称为信息隐蔽。模块的所有这些特点都提高了系统的安全性。满足以上要求的模块化设计有以下优点。

1.降低了编程的复杂性

由于每个模块功能的单一性和规模相对的小，每个模块的代码数量不大，在结构化设计中，要求每个模块的代码的行数不超过一页打印纸的容量（60行左右）。这样规模的小程序是比较容易编写的。在面向对象的概念中，以对象为单位进行分解，对象中封装了与其有关的处理算法、数据结构和对象间通信机制，其规模较模块而言可能不同。

2.提高了系统的可维护性

由于要求模块功能相对独立，系统结构是模块化的，在系统中增加新模块或修改已有模块都不会对旧系统做大的改变，对其他模块的影响相对少。再由于一个模块的代码较短，容易阅读、容易理解，这对于程序员的维护工作都是有益的。

3. 提高了软件的可重用性

一个模块的功能独立使得这个模块有可能在其他软件中重用,可重用性是提高软件开发效率的有效方法,可以提高系统的可靠性和安全性。一个正确的模块用于其他软件,还可以减少测试的工作量。

4. 提高了系统的可测试性

由于模块功能的单一性和代码的简短性,使得比较彻底地测试一个模块成为可能。这样每个模块都有可能获得详细的测试,把这些测试过的模块集成到一起就比较容易。

5. 提高了系统的安全性

由于模块把其代码和处理的数据封装在一起,使模块内部变成一个黑盒子,实现了信息隐蔽与模块间的隔离作用,便于对数据的访问控制。模块之间的信息交换,以及它们对共享数据的访问都可以受到控制,从而提高了系统的安全性。

(二) 数据集的设计原则

位于模块之外,供若干模块共享的数据需要以数据库或数据文件的形式存放,一般把这两种组织形式的数据称为数据集。这里不准备讨论如何设计数据库或数据文件的结构,主要讨论一些设计原则。设计数据集的原则主要有4个。

1. 减少冗余性

冗余性会威胁数据的完整性与一致性。如果是设计数据库,首先要遵照关系三范式理论和数据元素的相关性建立数据库的库表;如果是数据文件设计,也应该把紧密相关的数据放在一个文件中,尽量减少冗余性。

2. 划分数据的敏感级

尽量按敏感级分割数据,这样便于对敏感级高的数据加强访问控制管理。数据的敏感级与数据的用途、重要性等因素有关。需要根据数据的敏感级对用户进行分类,以便确定用户对各个数据 (库) 文件的访问权限。

3. 注意防止敏感数据的间接泄露

不能因为允许访问非敏感数据,而造成敏感数据的开放或间接开放。

4. 注意数据文件与功能模块之间的对应关系

处理敏感数据的模块越少越好，最好仅由一个模块负责对敏感数据的处理，便于集中精力实现与验证这个模块的安全性问题。由于这种模块的敏感级别高，对这种模块的调用需要进行严格控制，最好通过统一的访问控制模块调用。

(三) 关于安全设计与验证问题

在设计阶段需要做的安全性工作主要有两部分：一是验证新系统的安全模型的可行性和可信赖性，二是根据安全模型确定可行的安全实现方案。安全模型的验证与安全模型本身的形式化程度有关，如果形式化程度高，可以采用形式化验证技术。但大多数情况下，模型是非形式化的，在这种情况下，只能进行非形式化验证，验证的方法主要是"推敲"。不仅设计者自己需要反复推敲，而且需要请专家推敲和进行各种纸上攻击，寻找漏洞。对于安全性要求很高的信息系统 (如军事信息系统，银行信息系统)，用户应该要求开发方按照安全计算机系统评价标准的相应安全级别的要求建立形式化安全模型，要求设计者对模型进行严格验证。

当确认安全模型提供的安全功能是可信赖的时候，设计者应该设计整个应用系统的安全实现方案，并把这些安全功能分配到相关模块中。整个应用系统应该有一个安全核心模块，这个模块完成对使用应用程序的用户登录、身份核查和访问控制等功能。关于安全方案及功能的分配问题应该注意以下几点：

(1) 确定安全总体方案时，应合理划分哪些安全功能是由操作系统或数据库系统完成的，哪些安全功能由应用程序自己完成。由应用程序实现的安全功能应包括：使用本程序的用户的身份核查、用户进入了哪个功能模块、操作起止时间、输出何种报表、对敏感模块的访问控制等。对数据库或操作系统的访问，由这些系统的安全机制负责。

(2) 根据总体安全要求，选择相应安全级别的操作系统和数据库系统，而且二者的安全级别应该匹配，如果需要 C2 级安全，二者都应该是 C2 级的。

(3) 在分配应用程序实现的安全功能的时候不能太分散，应该相对集中地分配到上面提到的那些敏感模块和访问控制模块中。

(4) 对那些担负安全功能任务的模块的设计，需要提出特别要求。模块的封装性要好 (信息隐蔽性好)，任何对安全模块的调用必须通过参数传递的形式进行。在安全模块的入口处或在安全模块入口的外部，设置安全过滤层，对所有对安全模块的访问加以监控。

三、编程控制

大多数都是由于程序员在编程阶段有意或无意引入的。加强在编程阶段的安全控制是减少程序中各种安全漏洞的关键环节。主要措施是加强编程的组织、管理与控制，加强对程序员的职业道德教育，加强对源代码的安全检查。

(一) 编程阶段的组织与管理

在很长的一段时间里，人们认为程序编制是程序员个人的事情。程序员接受编程任务后，独自一人完成，最后把目标程序运行给用户看，如果用户认为程序员已经达到了预计的功能要求，程序员只要再把源代码交给用户就可以了。这个过程中可能存在以下问题。

(1) 程序员是否对目标程序进行了较彻底的测试？程序中是否还存在较严重的问题？

(2) 目标程序中是否还有其他多余的用户不需要的功能？

(3) 目标程序中是否包含恶意的功能代码？

(4) 程序员提交的源代码与目标程序的版本是否一致？

(5) 软件文档是否齐全，是否合乎要求？

这些问题有的是属于组织、管理与控制方面的，有的属于程序员的职业道德问题，有的属于安全检查方面的问题。解决这些问题的关键措施是贯彻软件工程原则，并遵照安全系统的开发规则去开发软件。由于软件规模一般都比较大，程序开发任务很难由程序员一人单独完成。一个较高水平的程序员的年程序产出量是2000行代码，根据编程语言的不同和开发平台能力的强弱，也可能是这个数量的2~3倍。对某些复杂任务中的高明的程序员来说，平均每天也只能编写2~3行代码。面对这样的生产能力，由单个程序员完成几万行甚至上百万条代码的程序的编写任务是很难胜任的。

软件工程适用于大规模程序设计，其基本原则是：人员划分、代码重用、使用标准的软件开发工具以及有组织的行动。这几项原则在编程阶段都需要运用。例如，编程人员根据任务与工作量情况划分为不同的程序员组，每个组有 5～7 个人组成，有一个主程序员负责按设计文档要求完成模块的编程任务，并监督这个组的编程质量。程序开发环境中应该提供软件重用库，软件重用可以是程序结构级、模块级和代码片段级。重用时，可以是全部、部分或修改利用。当编写一个模块的程序时，应该根据该模块的功能与结构查找软件重用库，如果有就选用，否则就编写。编写时也要根据总体要求的编程方法（如结构化编程、面向对象编程）去编写模块程序，根据软件工程要求，程序员不得擅自更改模块的设计要求，包括模块的功能与接口。

(二) 代码审查

程序中各种错误与漏洞，有的是程序员无意产生的，有的则是故意制造的。除了对程序员加强责任心和职业道德教育外，防止这些问题出现的最好办法是进行代码审查。假定设计阶段提供的概要设计文档和模块详细设计文档是正确的，程序员需要理解自己编程的那些模块的说明和接口要求，有可能出现程序的实现与设计文档不一致的地方。另外，也有程序员自己产生的逻辑错误。及时发现这些不一致和逻辑错误是很重要的。

软件工程的一个原则是：保证代码的正确是一组程序员的共同责任。因此，一组中的各个成员要互相进行设计检查和相互代码检查（假设这一组既负责设计工作，又负责编程实现）。当一个程序员完成某一部分的模块的代码编写后，应该邀请其他几个设计者和程序员对设计文档和代码进行检查。模块的开发者应出示所有文档资料，然后等待其他人的评论、提问和建议。这种编程方式，称为"无私"编程。每个人都应该认识到软件产品属于整个集体，而不是属于某个程序员。相互检查是为了保证最终产品的质量，不应该根据发现的错误而去责怪程序员。因为所有检查者本身都是设计者或程序员，他们懂得编程技术，他们有能力理解程序，发现其中的错误。他们知道什么代码在程序中值得怀疑，什么代码与程序不相容，什么代码有无副作用。

对于安全性要求高的系统，在整个程序开发期间，管理机构应该强调代码审查制度。严格的设计和代码审查制度能够找出所描述的缺陷与恶意代码。虽然精明的程序员可以隐藏其中某些缺陷，但有能力的程序员检查代码时，发现这些缺陷的可能性就增大了。如果模块代码的规模在30~60行之间，发现各种问题的可能性就更大了。

四、测试控制

程序测试是使程序成为可用产品的至关重要的措施，也是发现和排除程序不安全因素最有用的手段之一。因此测试的目的有两个：一个是确定程序的正确性，另一个是排除程序中的安全隐患。

发现程序错误是一件好事情，不能因为发现错误就作为批评程序员的依据，更不应该因此而对程序员产生不好的印象。为了发现程序错误，需要设计测试数据，每次使用的测试数据称为测试实例。如果发现了错误，说明测试实例是有效的。为了测试一个程序需要大量的测试实例，如何设计测试实例需要很高的技术水平与经验，需要掌握测试理论和测试方法，需要了解程序的模块结构、模块的输入输出参数、程序的数据流与处理流（使用黑盒测试方法）。为了进行更严格的测试，还需要了解模块内部的代码逻辑结构（白盒测试法）。这里不想对测试技术做进一步介绍，这是软件工程的重要内容。

测试是为了发现更多的程序错误，而不是为了证明程序是正确的，这也是设计测试实例的出发点。如果能发现更多的错误，说明测试是严格的；如果没有发现错误，也不能说程序是正确的，只能说明测试实例无效。根据测试理论，程序测试是有限的，不可能穷尽程序的所有运行状态。但测试实例应该覆盖程序中为实现其处理功能必须运行的状态和可能进入的各种状态。

可能由于思维的"惯性"原因，或因程序员和自己编的程序的关系太密切的缘故，事实证明程序员很难有效地测试自己的程序，不太容易发现自己程序中的错误。有实力的公司可以建立独立的测试小组。当编程任务结束后，程序员提供相应的模块的文档资料（包括模块设计资料和代码），测试小组开始设计测试数据。如果采用黑盒测试技术，则不需要涉及源程序；如果采用白盒测试技术，则需要参照源代码。测试过程中，测试小组需要和程序员交流，对测试结果取得一致的解释。测试小组应该根据需求文档和设计文档的功能要求去测试系统，而不是根据程序员个人的说明和要求去测试。如果没有专门的测试小组，只能由程序员互相测试，无论如何不能由程序员自己测试自己编写的代码。

从安全的角度来讲，由测试小组独立进行测试是值得推荐的，程序员隐藏在程序中的某些东西有可能被独立测试所发现。独立测试对怀有不良意图的程序员是一种有效的威慑。

五、运行维护管理

在软件开发完成并提交运行后，便进入运行维护阶段。软件维护有两重含义：一是修改软件中在运行过程中发现的错误，二是在软件中增加新的功能。这样就产生了软件版本更新的问题。软件版本更新不是一个简单的问题，不是仅把程序错误修改就行了。尤其是软件规模较大、使用面广泛的情况下，软件修改更不是一件随便的事情。软件维护是一件很复杂的工作，需要专门的组织机构来管理。这种工作又称为软件系统的配置管理。实行配置管理时，由一个人或系统来控制并记录对一个程序或文件的所有更改，由更改控制部的一组专家评审所提出修改的合理性与正确性，未经许可的前提下任何人不得随意修改。

(一) 配置管理的必要性与目标

软件配置管理的目标是保证对所有的系统组成部分，包括软件、设计文件、说明文件、控制文件等的正确版本的使用和可获取性，简单地说，配置管理就是强化组织、控制修改和簿记工作。

由于许多原因，一个软件的并行版本会不止一个。例如，一个在市面上流行的软件，可能会有一个已发布的版本、程序员刚修改过但还未发布的版本和正在开发的增强型版本。又如，一个软件可能运行在3种操作系统上的版本，每次当一个模块修改后，必须对所有其他操作系统上的版本进行修改，然后进行测试。对一种版本的修改，还要求修改这个版本的其他部分，因此对每个版本，都有一个正在修改的版本和一个发行的版本。对这些不同的版本以及对它们所做的修改，必须加以记录与控制。

如果程序是由多个程序员共同编制的，当一个程序员修改了一个模块后，必须通知其他程序员，因为这个模块可能影响其他模块。编写程序的人不能任意修改程序，即使修改是为了更改已经发现的错误也不行。通常程序员应该保留更正后的那个程序拷贝，等待统一的更新周期到来，在此期间，程序员将完成他们对程序的所有修改，并重新测试整个系统。每个程序员都有静态版本和工作版本。随着系统开发的进展，就有在不同阶段测试或者与其他模块结合的不同静态版本。

根据上述情况，配置管理应达到以下目的。

(1) 避免无意丢失 (删除) 某个程序的某个版本。

(2) 管理一个程序或几个类似版本的并行开发。

(3) 提供用于控制相互结合构成一个系统的模块的共享设施。

这些目标可通过管理源程序、目标代码和文件的系统方法来达到。配置管理也需要相应的软件工具支持，该工具应该提供详细的记录，使每个人可以知道每个版本的拷贝存放在哪里，这个版本与其他版本有什么不同的特征。在正规的软件公司中，通常指定一个或多个管理专家来完成这项任务。通常一个程序员在某个时间停止对一个模块的修改，将控制交给配置管理系统，程序员不再有权利和能力来修改这个版本。从这时起，对软件的所有修改都由配置管理部门监督进行，配置管理部门要审查所有修改请求的必要性、正确性，以及对其他模块产生的潜在影响。

(二) 配置管理的安全作用

在运行维护阶段利用配置管理机构，既可以防止非故意的威胁，又可以防止恶意威胁。采用配置管理机构可以有效地保护程序和文件的完整性，因为所有的修改都必须在获取配置管理机构同意后才能进行，管理机构对所有修改的副作用都做了认真的评估。配置管理系统保留了程序的所有版本，可以追踪到任何错误的修改。

由于配置管理的严格控制，一旦一个检查过的程序被接受且被用于系统后，程序员就不能再偷偷摸摸地进行小而微妙的更改，不可能再在程序中做手脚。程序员只能通过配置管理部门来访问正式运行的产品程序，这样就能在软件运行维护阶段堵住恶意代码的侵入。

为了防止源代码的版本与目标代码文件的版本的不一致，配置管理部门只在源程序级别上接受对程序的修改。尽管程序员已经编译并测试了这个程序且可以提供目标代码，而配置部门只允许在源程序中插入语句、删除和代换。配置部门保存原始的源程序及产生各个版本的单个修改指令。当需要产生一个新版本时，配置管理部门建立一个暂时用于编译的源程序副本。对每次修改都精确记录修改时间和修改者的姓名。

六、行政管理控制

行政管理控制应在软件工程的各个阶段上实施，行政管理控制是为了保证软件开发按严格的规范完成。行政管理控制的主要内容包括标准制订、标准的实施、人员的管理与教育。

(一)制定程序开发标准

程序开发不能由程序员随心所欲，必须遵照严格的软件开发规范。程序开发不仅要考虑正确性，还需要考虑与其他程序的兼容性和可维护性等方面的需要。作为一个正规的软件开发单位，应该制定一些标准，规范每个程序员的行动，下面是一些需要制定的标准。

(1)设计标准，包括专用设计工具、语言和方法的使用。

(2)文件、语言和编码格式标准，如规定一页中代码的格式、变量的命名规则，使用可识别的程序结构等。

(3)编程标准，包括规定强制性的程序员间对等检查，进行周期性的代码审核，以便确保程序的正确性和与标准的一致性。

(4)测试标准，规定使用何种测试方法和程序验证技术，独立测试，以及对测试结果存档的要求，以备今后查询。

(5)配置管理标准，规定配置管理的内容与要求，控制对成型或已完成的程序单元的访问和更改。

建立这套标准的作用，除了可以规范程序员的开发过程外，还可以建立一个公用框架，使得任何一个程序员可以随时帮助或接替另一个程序员的工作。这些标准有助于软件的维护，因为程序员可以得到清晰可读的源程序和其他维护信息。

（二）控制标准的实施

制定标准容易，执行标准难。这里可能有很多原因，一是标准往往和程序员的习惯不一致，执行标准增加了工作的负担。例如，有的程序员喜欢随意命名变量名，不愿意给变量有实际意义的长名字。二是往往因为时间紧、任务急，放松了对开发标准的要求，强调项目的完成而不是遵循已经建立的标准。

承诺要遵循软件开发标准的公司通常要进行安全审计。在安全审计中，一个独立的安全评价小组以不声张的方式来检查每一个项目。这个小组检查设计、文件和代码，判断这些结果是否已遵守了有关标准。只要坚持进行这种常规检查，恶意程序员就不敢在程序中放入可疑代码。

（三）人员的管理与使用

一个软件开发部门要想在开发安全程序方面有很高的声誉，它的人员素质是非常重要的。首先，一个计算机公司在招聘人才时，应该对招聘对象的背景进行必要的调查，对有劣迹的人要慎重对待。对一个新职员的信任需要较长时间的使用才能确认，随着对职员信任度的增加，公司才可以逐步放宽对其访问权限的限制。其次，对公司的职员要经常进行职业道德和遵纪守法方面的教育，使他们了解有关计算机安全法律和违法造成的后果。

在安排项目开发任务时，应该分别设置设计组、编程组和测试组，每个组都由几个人组成，各个组完成不同的任务。根据银行的经验，把一个任务分为两个或更多的部分，由不同的职员合作完成。在需要别人合作才能完成任务的情况下，这些职员很少打坏主意。在程序设计中，可以借用这种经验，把一个程序的不同模块分配给不同的程序员编程，程序员之间必须合谋才能在程序中加入非法代码。设置不包含编程人员的独立测试小组，将对模块进行严格的测试，使程序中包含非法代码的可能性更小，这一举措可以保证程序具有更高的安全性。

程序系统安全是网络信息系统安全的重要环节。程序系统安全方面的脆弱性主要是由于程序中的各种缺陷或恶意代码造成的。对于程序中的缺陷，可以通过提高程序员的编程技术水平和提高测试强度进行检测与防范；对于程序中的恶意代码，则需要通过对模块的源代码进行对等检查（程序员之间互相检查) 和独立测试 (由专门的测试小组测试)，以便及时发现。为了让人们掌握可信软件的开发方法，要严格控制对于已经正式运行的软件的修改，这样才可以防止在正式软件中增加恶意功能。

第四章　数据库安全

计算机信息系统中的数据组织形式有两种：一种是文件，一种是数据库。数据库在数据共享、数据完整性、一致性、可管理性、可控制性和可利用性方面都强于文件系统，是信息存储管理的主要形式，是单机或网络信息系统的主要基础。人类社会正在向信息社会迈进，以数据库为基础的信息管理系统正在成为政府机关部门、军事部门和企事业单位的信息基础设施。可以说，人类社会将越来越依赖数据库技术，数据库成为存储信息最方便的"容器"，同时数据库中存储的信息的价值也将越来越高，因而数据库的安全问题显得更加重要，越来越受到各级部门领导尤其是上层领导的重视。

文件系统是操作系统的主要保护目标之一，但操作系统并不直接提供对数据库系统的保护功能。数据库文件的保护主要由数据库管理系统（DBMS）完成。本章首先研究数据库的一般安全问题，包括数据库受到的安全威胁和数据库的安全要求，如访问控制、可靠性与完整性等问题；第二节至第七节研究数据库安全威胁中尚未完全解决的推理泄漏问题，将主要介绍敏感数据的泄漏途径和对敏感数据的攻击，如直接攻击、间接攻击和统计推理攻击等，并介绍一些保护方法，以及防推理泄漏的推理控制技术；第八节将介绍数据库的多级安全问题和数据库系统的访问控制机制。学习本章内容要求读者已经学过数据库课程，并具备简单的数理逻辑知识。

第一节　数据库安全问题

传统的数据库类型包括网状数据库、层次数据库和关系数据库，近些年来，随着计算机网络技术的高速发展，数据库技术也得到了很大发展，先后出现了面向对象数据库和非结构数据库等新型数据库类型。但是，从应用角度来看，关系数据库仍然是主流数据库品种。为讨论方便，本书涉及的数据库专指关系数据库。

本节首先介绍关系数据库的一些特点和术语，然后再讨论数据库的一些安全问题。

一、数据库特点概述

关系数据库遵照关系运算理论(主要是三范式原则)来组织与管理数据。数据库由一些库表组成，每张库表由一些相关字段(也称为域)组成，这些字段可能对应着某个客观实体的属性集合。例如，一张库表可以描述一个人的简况，其中包括姓名、性别、出生日期、电话、毕业学院、专业、工作单位等字段，这张表就是描述"教员"这个客观实体的部分属性的集合，把它称为教员基本情况表。每张库表内可以存放许多记录，以上述教员基本情况表为例，每一条记录是一个具体教员属性的取值，可以为张三、李四、王五等，每人在库表中占一条记录。库表是一张二维表，表的每一行是一条记录，表的每一列是一个字段，库表的每一行与每一列的交叉点是一个数据元素，它是一个字段在一条记录中的取值。

并非每个客观实体都只能用一张库表去描述，有时需要几张相互关联的库表去描述一个实体的更多属性。例如，如果还需要管理每个教员发表的成果的话，根据三范式原则的要求，最好再另外建立一张成果库表。成果库表中包含姓名、成果名称、获奖等级、获奖日期、批准单位等字段。这张库表是教员基本情况表的从表，通过关键字段姓名把这两张库表关联起来。还可以为教员建立其他关联的库表。为了便于查询和提高检索速度，还需要为这些库表建立索引文件，索引文件可根据某些字段(如姓名、出生日期等)排序。

如果这个数据库是全学院的人员数据库，那么还可能包括机关人员、实验人员、职工等实体的对应库表，这些库表根据实际要求建立必要的关联关系。所有这些库表及其相互的关系形成了数据库的逻辑结构，并被称为数据库的模式。其中的一部分逻辑结构(如教员的所有库表)形成子模式。

　　有的数据库系统把库表的管理交给操作系统和用户自己管理，早期的 d BASE 系统就是这样的数据库系统。d BASE 数据库的结构给人以最直接的关系数据库的印象，用户可以用 Debug 工具直接观看数据库的物理结构，也可以编程直接访问物理库结构。但对流行的商业数据库，如 Oracle、SQL Server、Sybase、DB2 等大型数据库系统都提供自己的数据库管理系统（DBMS）。在这些数据库系统中，所有数据库文件，包括库表、索引文件、系统表和其他辅助文件在内，都由 DBMS 实现对这些数据库文件的物理结构和逻辑结构的管理，其中包括对这些文件的访问控制。有了 DBMS 的支持，数据库用户或数据库应用系统开发者不需要关心数据库的物理结构，只需要关心数据库的逻辑结构，即了解库表之间的关联关系。库表作用是负责定义组织数据的规则，建立数据库模式和用户子模式，负责分配用户的访问权限和规定用户可以访问哪些数据。用户通过 DBMS 提供的实用工具或数据库处理程序和数据库交互信息。

　　DBMS 都提供数据操纵和查询语言，供用户创立和删除数据库，创立和删除库表，增加、删除、更改和查询库表中符合条件的记录或字段。现在流行的查询语言是结构查询语言 SQL（Structured Query Language），利用 SQL 可以用类似自然语言的形式描述查询命令。例如，对于教员基本情况库表的如下查询要求：

　　SELECT 性别 = '男' FROM 教员基本情况表

　　可以把该库表中男性教员的记录都抽取出来。这种查询是选择操作，从库表中选取符合条件的记录，查询的结果形成一个数据库子模式。除选取操作外，数据库的查询还有投影、连接等操作，这些操作也可以组合在一起使用。DBMS 提供的这些操作是完整的，可以描述所有的查询要求。

　　使用数据库系统的优点主要有以下几种。

（一）共享访问

　　数据库中的数据可以被众多的用户同时使用。

（二）最小的冗余度

　　数据库中的数据可以通过"关系"互相关联起来，每个用户不必重复存储属于别人但自己又需要的数据，他可以通过数据库访问别人的数据，有效地减少了数据冗余。

(三)数据一致性好

对于数据库中存储的数据，不管哪个用户去访问，所得到的结果是一样的。对某个数据项的修改，将影响使用该数据的所有用户。

(四)保证了数据的完整性

数据库提供机制，尽量减少对数据的偶然或恶意修改、添加等破坏数据可信度(真实与正确性)的操作。

(五)强有力的访问控制

DBMS有一套独立于操作系统的访问控制机制，可以对进入数据库系统的用户进行合法性认证，并对合法用户的非授权访问进行控制。

数据库设计的主要目标是共享资源和加强对数据的综合利用，这些目标往往和部门的安全利益有冲突。强调系统的安全性是以增加系统规模和复杂性为代价的，安全性要求会降低系统向用户提供数据的能力。

二、数据库的安全威胁

为了更好地保护数据库系统的安全，首先需要认识数据库安全的重要性，搞清楚数据库安全受到哪些主要威胁，正确理解数据库系统的安全要求，才能确定合理的安全策略。

(一)数据库安全的重要性

数据库的安全变得越来越重要，主要原因有以下几条。

(1)人类社会正在进入信息化社会，在计算机网络的支持下，整个人类社会将变成一个大型信息系统，数据库系统是信息系统的核心，它的安全问题肯定会越来越重要。

(2)数据库内存放了一个部门的大量信息，其中包括各种密级的信息，由于各种原因(如间谍、行业竞争、好奇心等)或利益驱使，总有人试图进入数据库中获取信息，那么联网的数据库受到的威胁就更大。

(3)数据库信息将作为决策分析的依据，其数据的真实性与正确性至关紧要，需要确保数据不被恶意修改。

在信息社会和知识经济越来越得到发展的今天,数据库中信息的价值越来越被认为是财富的聚宝盆,因而打它的主意的人也就越来越多。除此以外,数据库安全还受到硬件、软件错误的和人为错误的影响。

(二) 数据库受到的安全威胁

数据库的安全主要受到以下因素的威胁。

(1) 向数据库中输入了错误的或被修改的数据,有的敏感数据在输入过程中已经泄漏,失去应有的价值;在数据维护(增、删、改)和利用过程中,可能对数据的完整性造成了破坏。

(2) 支持数据库系统的硬件环境发生故障,如无断电保护措施而发生断电时,将造成信息丢失;硬盘损坏致使库中数据读不出来;环境灾害和人为破坏也是对数据库系统安全的威胁。

(3) 数据库系统的安全保护功能弱或根本没有安全机制(如 d BASE 类数据库),对数据库的攻击者而言构不成屏障作用。

(4) 数据库管理员专业知识不够,不能很好地利用数据库的保护机制和安全策略,不能合理地分配用户的权限,或经若干次改动后造成用户权限与用户级别混乱配合,可能会产生超过用户应有级别权限的情况发生。数据库管理员责任心不强、不按时维护数据库(备份、恢复、日志整理等),使数据库的完整性受到威胁;不能坚持审核审计日志,不能及时发现并阻止黑客或恶意用户对数据库的攻击。

(5) 网络黑客或内部恶意用户对网络与数据库的攻击手段不断翻新,并整天琢磨操作系统和数据库系统的漏洞,千方百计地设法侵入系统;相反,各部门对数据库的安全防护的经费投入不足,研究深度显得不足,系统的安全设施改进速度跟不上黑客对系统破坏的速度。

(6) 计算机病毒的威胁日益严重,现在不仅针对 DOS 的病毒到处蔓延,而且已经出现了针对 Windows、UNIX 等各种操作系统的网络病毒,直接威胁网络数据库服务器的安全,目前还没有解决病毒的根本措施。

(7) 对于像中国这样的发展中国家,操作系统、网络系统与数据库系统和计算机这样核心的软、硬件都是境外公司研制的,整个国家信息的安全建筑在外国公司的"良知"与"友好"的基础上,这是最大的不安全因素。

还有来自许多方面的威胁。在这些严重威胁下，为了保护数据库的安全性、完整性和可靠性，数据库系统必须具有强有力的访问控制机制，需要合理的安全策略和有效的安全技术。

三、数据库的安全要求

数据库主要的安全要求是数据库的完整性、可靠性、保密性、可用性，其中完整性包括物理完整性、逻辑完整性和元素完整性；保密性要求包括访问控制、用户认证、审计跟踪、数据加密等内容。下面分别就这些安全要求做进一步说明。

(一) 数据库的完整性

在物理完整性方面，要求从硬件或环境方面保护数据库的安全，防止数据被破坏或不可读。例如，应该有措施解决如下问题：断电时，数据不丢失、不破坏的问题；存储介质损坏时，数据的可利用性问题；还应该有防止各种灾害 (如火灾、地震等) 对数据库造成不可弥补的损失，应该有灾后数据库快速恢复能力。数据库的物理完整性与数据库留驻的计算机系统硬件的可靠性和安全性有关，也与环境的安全保障措施有关。

在逻辑完整性方面，要求保持数据库逻辑结构的完整性，需要严格控制数据库的创立与删除、库表的建立、删除和更改的操作。这些操作只允许具有数据库拥有者或系统管理员权限的人进行。逻辑完整性还包括数据库结构和库表结构设计的合理性，尽量减少字段与字段之间、库表与库表之间不必要的关联，减少不必要的冗余字段，防止发生修改一个字段的值影响其他字段的情况。例如，一个关于学生成绩分类统计的库表中包括总数、优秀数、优秀率、良好数、良好率、及格数、及格率和不及格数、不及格率等字段，其中任何一个字段的修改都会影响其他字段的值。其中，有的影响是合理的，如良好数增加了，其他级别的人数就应相应减少 (保持总量不变)。而有的影响则是因为库表中包括了冗余字段所致，如各个关于"率"的字段都是冗余的。另外，因为有了优秀数、良好数和及格数，不及格数或总数这两个字段中的一个也是冗余的。数据库的逻辑完整性主要是设计者的责任，由系统管理员与数据库拥有者负责保证数据库结构不被随意修改。

在元素完整性方面，元素完整性主要是指保持数据字段内容的正确性与准确性。元素完整性需要由 DBMS、应用软件的开发者和用户共同完成。

软件开发者应该在应用程序中增加对字段值的录入或更新的检查验证，例如，应该检查输入数据是否与字段类型、取值要求一致。又如，性别的取值不应该是"男""女"或其他代表男、女的特征值以外的结果，年龄字段的值不超过 150、低于 0 等；还需要检查输入值是否满足字段之间的约束条件。上面例子中，输入时应保持总数和优秀数、良好数、及格数和不及格数之间的平衡关系。这些检查是必要的，可以防止一些简单错误。在大型数据库系统中，DBMS 可利用触发器（Trigger）功能实现上述对字段的输入或更新的检查任务。当用户输入或对数据库系统进行维护时，触发器自动监视相应字段值的变化，不合理的取值将被拒绝。另外，开发者还应该解决冗余字段的一致性问题，为了提高查询效率，有时应允许合理的冗余。例如，有可能在几个库表中都存储了职员的住址，当某个职员搬家后，应该同时修改几个库表中该职员的地址字段的内容。开发者应该在数据库维护程序中提供保证数据一致性的能力。

在进行数据准备、数据录入或数据库维护过程中，用户需要保证数据的真实性与准确性，不要把错误数据和虚假数据送入数据库。例如，一个人的实际年龄是 45 岁，但录入时错写成 54 岁，这种错误是无法检查出来的。对于为了蒙骗上级，故意输入虚假数据，只要这些数据在对应字段的取值范围内，程序或触发器是无法检查出来的。

数据库管理系统 DBMS 对保证元素完整性方面起着重要作用，除了提供访问控制机制最大限度地减少未授权用户对数据库的修改以外，DBMS 还需要提供中心共享数据的维护问题、分立重复数据一致性的维护问题和从错误数据恢复的功能。如果中心共享数据可由多个用户修改，可能会发生对一个数据项的相互矛盾的修改，也可能出现重复记录。当出现了这些问题时，DBMS 都应该提供解决这些问题的安全策略。一个数据库可能包括多个来源的数据项，如上面提到的职员地址问题，除程序方法外，DBMS 也应该提供相应机制解决这类问题，如可以指定某个数据源为中心源，对某个数据项的更新以来自中心源的数据为准。

DBMS 维护数据完整性的另一个有力措施是数据库日志功能，该日志能够记录用户每次登录和访问数据库的情况以及数据库记录每次发生的改变，记录内容包括访问用户 ID、修改日期、数据项修改前的值和修改后的值。利用该日志系统管理员可以撤销对数据库的错误修改，可以把数据库恢复到指定日期以前的状态。

(二) 可审计性

为了能够跟踪对数据库的访问，及时发现对数据库的非法访问和修改，需要对访问数据库的一些重要事件进行记录，利用这些记录可以协助维护数据库的完整性，还可以帮助事后发现是哪一个用户在什么时间影响过哪些值。如果这个用户是一个黑客，审计日志可以记录黑客访问数据库敏感数据的踪迹和攻击敏感数据的步骤，因为他们可能用一组访问逐步逼近敏感数据，系统分析人员利用对踪迹的分析，可以辨别黑客已经对敏感数据获得了哪些线索，找出如何阻止的策略。

对于审计粒度与审计对象的选择，需要考虑存储空间的消耗问题。审计粒度是指在审计日志中将记录到哪一个层次上的操作 (事件)，如用户登录失败与成功，通行字正确与错误，对数据库、库表、记录、字段等的访问成功与错误。为了达到上述审计目的，必须包括审计到对记录与字段一级的访问才行。但小粒度的审计又需要大量的存储空间，这又是一般数据库系统很难做到的。对于那些要求高度安全的系统来说，这种开销是需要的。

但审计日志也不见得完全反映用户已经从数据库到底获得了什么值，如完成选取操作时可以访问一个记录而并不把结果传递给用户，但在另外的情况下，用户可以通过间接访问方式获得敏感记录的数据，用户可能已经得到了某些敏感数据，而在审计日志中却很难反映出来。因此，记录所有访问过的记录的审计日志可能夸大也可能低于用户实际知道的值。在确定审计日志中到底记录哪些事件的时候需要仔细斟酌，需要考虑敏感数据可能被攻破的各种路径。

(三) 访问控制与用户认证

和操作系统相比，数据库访问控制的难度要大得多。在操作系统中，文件之间没有关联关系，但在数据库中，不仅库表文件之间有关联，而且在库表内部，记录、字段都是相互关联的。对目标访问控制的粒度和规模也不一样，操作系统中控制的粒度是文件，数据库中则需要控制到记录和字段一级。操作系统中几百个文件的访问控制表的复杂性远比同样具有几百个库表文件，而每个库表文件又有几十个字段和数十万条记录的数据库的访问控制表的复杂性要小得多。若访问控制机制规模大而复杂，则对系统的处理效率有影响。

由于访问数据库的用户安全等级是不同的，分配给他们的权限是不一样的，为了保护数据的安全，数据库被逻辑地划分为不同安全级别数据的集合。有的数据允许所有用户访问，有的则要求用户具备一定的权限。在DBMS 中，用户有数据库的创建、删除，库表结构的创建、删除与修改，对记录的查询、增加、修改、删除，对字段的值的录入、修改、删除等权限，DBMS 必须提供安全策略，管理用户这些权限。

在数据库系统中，由于被访问的目标数据库、库表、记录与字段是相互关联的，字段与字段的值之间、记录与记录之间也是具有某种逻辑关系的，存在通过推理从已知的记录或字段的值间接获取其他记录或字段值的可能。而在操作系统中，一般不存在这种推理泄漏问题，它所管理的目标（文件）之间并没有逻辑关系。这就使数据库的访问控制机制不仅要防止直接的泄漏，而且还要防止推理泄漏的问题，因而使数据库的访问控制机制要比操作系统的复杂得多。限制推理访问需要为防止推理而限制一些可能的推理路径。通过这种方法限制可能的推理，也可能限制了合法用户的正常查询访问，会使他们感到系统访问效率不高，甚至一些正常访问也会被拒绝。

DBMS 是作为操作系统的一个应用程序运行的，数据库中的数据不受操作系统的用户认证机制的保护，也没有通往操作系统的可信路径。DBMS 必须建立自己的用户认证机制。DBMS 要求有很严格的用户认证功能，如DBMS 可能要求用户传递指定的通行字和时间——日期检查。DBMS 的认证是在操作系统认证之后进行的，这就是说，用户进入数据库需要进行操作系统和 DBMS 两次认证，增加了数据库的安全性。

（四）保密性与可用性

DBMS 除了通过访问控制机制对数据库中的敏感数据加强防护外，还可以通过加密技术对库中的敏感数据加密。但加密虽然可以防止对数据的恶意访问，也显著地降低了数据库访问效率。有经验表明，数据库加密后，访问效率减低 20% ~ 40%，对数据库的可用性造成了影响。数据库由于存在推理泄漏问题，使得数据库的保密性受到很大威胁，而为了防止敏感数据的间接泄漏，往往又需要封锁某些非敏感数据，造成部分数据不可获用的问题。由于数据库的基本目的是资源共享，所以数据库中的数据可用性是重要的，但保密性与可用性之间存在冲突，需要妥善解决二者之间的矛盾。

四、数据库的安全技术

上述已经介绍了数据库的安全需求问题，下面研究 DBMS 防止数据丢失或被破坏的办法，保证数据库完整性、元素完整性和元素准确性 (元素值是正确的) 的技术。但所有的解决办法都不是绝对的，因为任何控制都不能阻止一个有权用户有意、无意对数据库中数据的破坏。

前面已经说明数据库的安全建立在操作系统的安全基础上，这些文件在执行期间受到操作系统的标准访问控制设施的保护，抵御了外部的非法访问。在数据库访问期间，需要把磁盘上的库文件读入内存，数据处理完后又需要写回磁盘，在这个输入 / 输出过程中，操作系统对这些同样数据进行了一定的完整性检查。所有这些控制都为数据库提供了基本的安全。DBMS 在这个基础上再进一步加强了这些控制。下面介绍 DBMS 中的一些常用的安全性措施。

(一) 两阶段提交

为了保证数据更新结果的正确性，必须防止在数据更新过程中发生处理程序中断或出现错误。假定需要修改的数据是一个长字段，里面存放着几十个字节的字符串。当仅更新了其中部分字节时，更新程序或硬件发生了中断，结果该字段的内容只被修改了一部分，另一部分仍然为旧值，这种错误不容易被发现。对于同时更新多个字段的情况，发生的问题更加微妙，可能看不出一个字段有明显错误。解决这个问题的办法是，在 DBMS 中采用两阶段提交 (更新) 技术。

第一阶段称为准备阶段。在这一阶段中，DBMS 收集为完成更新所需要的信息和其他资源，其中可能包括收集数据、建立哑记录、打开文件、封锁其他用户、计算最终的结果等处理，总之为最后的更新做好准备，但不对数据库作实际的改变。这个阶段即使发生问题，也不影响数据库的正确性。如果需要的话，这一阶段可以重复执行若干次，如果一切准备完善，第一阶段的最后一件事是"提交"，需要向数据库写一个提交标志。DBMS 根据这个标志对数据库作永久性的改变。

第二阶段的工作是对需要更新的字段进行真正的修改，这种修改是永久性的。在第二阶段中，在真正进行提交之前，不对数据库采取任何行动。如果第二阶段出问题，数据库中可能是不完整的数据，因此一旦第二阶段的更新活动出现任何问题，该阶段的活动也需要重复，DBMS 会自动将本次提交对数据库执行的所有操作都撤销，并恢复到本次修改之前的状态，这样数据库又是完整的了。在 DBMS 中，上述操作称为 rollback —— "回滚"。

上述第一阶段和第二阶段在数据库中合称为一个"事务"（Transaction），所谓事务，是指一组逻辑操作步骤，使数据从一种状态变换到另一种状态。为确保数据库中数据的一致性，数据的操纵应当是离散的和成组的逻辑步骤：当它全部完成时，数据的一致性可以保持，而当某个步骤中的一部分操作失败，整个事务应全部视为错误，所有从起始点以后的操作应全部退回到开始状态。

（二）纠错与恢复

许多 DBMS 提供数据库数据的纠错功能，主要方法是采用冗余的办法，通过增加一些附加信息来检测数据中的不一致性。附加信息可以是几个校验位、一个备份或镜像字段。这些附加信息所需的空间大小不一，与数据的重要性有关。下面介绍几种冗余纠错的技术。

1.附加检错纠错码

在单个字段、记录甚至整个数据库的后面附加一段冗余信息，作为奇偶校验位、海明校验码或循环冗余校验码（CRC）。每次将数据写入数据库时，便同时计算相应的校验码，并将其同时写入数据库中；每次从数据库中读取数据时，也计算同样的校验码，并与所存的校验码比较，若不相等则表明数据库数据有错，其中某些附加信息用于指示错误位置，另一部分信息则准确说明正确值是什么。奇偶校验码只需一位，只能发现错误不能纠错，所需要的存储空间最小。其他校验技术需要的附加信息位数多，需要的存储空间就多。如果针对每个字段都设置附加校验信息，则需要附加的存储空间更大。

2. 使用镜像技术

在数据库中可以对整个字段或整个记录作备份，当访问数据库发现数据有错时，可以用第二套拷贝直接代替它。也可以对整个数据库建立镜像，但需要双倍的存储空间。

3. 恢复

还有一种纠错方法是利用数据库日志，该日志中记录了用户对数据的每次修改和修改日期，DBMS 提供从日志恢复数据库的实用程序。当数据库发生故障时，先把较早的数据库备份装入，然后再根据数据库日志内记录的数据修改情况把数据库恢复到指定时间前的状态。

4. 并发访问控制

数据库系统通常支持多用户同时访问数据库，DBMS 需要提供一种解决因共享数据产生冲突的办法。如果这些用户不同时访问同一条记录，则用户之间不存在任何问题。当他们同时从一个数据项读数据的时候，也不存在相互影响，各自都可以获取正确的数据；但当多个用户同时读写同一个字段的时候，将有可能发生冲突。DBMS 提供了解决冲突的机制，如加锁 / 解锁就是一种解决冲突的办法。下面举例说明共享冲突的现象与解决办法。

假设某单位在银行设立一个全国通兑公用账户，金额 2.5 万元，供出差人员在各地提取现金使用。假设老李在北京出差，老张在上海出差，他们很巧合地在两地同时从公用账户取钱。假设老李希望取出 1 万元，老张希望取出 2 万元。两人通过终端查询，在终端屏幕上都显示 2.5 万的余额，每人发现自己的要求都可以得到满足，于是两人在各自的终端输入自己的取款数。若账户管理系统无任何冲突保护机制，就有可能发生以下情况：老李取出 1 万元以后，处理程序把账户的余额修改为 1.5 万；由于此时老张的终端屏幕上仍为 2.5 万元，老张取出 2 万元后，处理程序又把账户的余额修改为 0.5 万元。当使用该账户的用户很多的时候，发生上述事件的几率是存在的，银行部门肯定不愿意使用这种不安全的系统。解决这个问题的办法是：DBMS 要把整个查询与更新两个阶段作为一个不可分割的基本操作，把这种可以保持数据库完整性的基本操作定义为一个"事务"。根据一个事务处理的原则，在老李的取款操作没有完成之前，不考虑接受第二个人的取款请求。

并发访问的另一个问题是读与写之间的冲突，当一个用户正在更新一个字段的值的时候，另一个用户恰好进来读该字段的值，则第二个用户完全有可能获取一个仅部分被更新的数据。为了防止这种问题发生，DBMS 为读、写用户分别定义了"读锁"和"写锁"，当某一记录或数据元素被加了"读锁"，其他用户只能对目标进行读操作，同时也分别给其他目标加上各自的"读锁"，而目标一旦被加了"读锁"，要对其进行写操作的用户只能等待，若目标既没有"写锁"，也没有"读锁"，写操作用户在进行写操作之前，首先对目标加"写锁"，有了"写锁"的目标，任何用户不得进行读、写操作。这样在第一个用户开始更新时将该字段（或一条记录）加写锁，在更新操作结束之后再解锁。在封锁期间，另一个用户禁止一切读、写操作。

（三）触发器

在功能简单的数据库系统（如 d BASE）中，保护数据库完整性的任务交给用户程序完成。在大型的数据库系统（如 Oracle、Sybase、SQL Server、DB2 等）中，DBMS 提供触发器（trigger）功能，用于监视正在输入或修改的值是否破坏数据库的完整性。触发器可以检查正在输入的数据是否与数据库的其他部分保持一致，或者与特定字段的属性是否一致。触发器可以完成以下功能。

1. 检查取值类型与范围

触发器检查每个字段的输入数据的类型与该字段的类型是否一致。例如，是否向字符类型的字段输入数值型的值，若不一致则拒绝写入；范围比较则是检查输入数据是否在该字段允许的范围内，如成绩的分类是"优秀""良好""及格""不及格"，如果当前输入的是"中等"，则拒绝写入。又如，成绩字段的取值范围为 0～100，若输入的成绩为 101，则肯定拒绝写入。字段的取值范围有多种形式。

（1）可以是枚举的形式，如上面提到的成绩的取值就是枚举集合。

（2）离散可数空间，如一个班级的学员人数的取值范围是 1～50。

（3）连续不可数空间，如学员的身高或体重，若精确计量，它们的取值是连续可数的，身高的范围是 1.4 ~ 2.4m。

（4）某个函数的值，字段的值可以通过对函数的计算获得。

范围比较还可以通过比较字段之间的取值确保数据库内部的一致性。例如，在存放部队简况的库表中，有部队单位名称和单位级别两个字段，如果单位名称字段内写入的是某某步兵师，那么在单位级别字段内就应该相应写入"师级"，写入其他级别都是错误的，都将造成数据库的不一致性。又如，如果规定教授级别的人必须具有本科以上学历，那么触发器也可以监视记录中级别与学历两个字段的取值的一致性。

2. 依据状态限制

状态限制是指为保证整个数据库的完整性而设置的一些限制，数据库的值在任何时候都不应该违反这些限制。如果某时刻数据库的状态不满足限制条件，就意味着数据库的某些值存在错误。

在前面谈到的两阶段更新过程中的提交标志，该标志在提交阶段一开始就被设置，在提交阶段结束时被清除。DBMS 可以利用提交标志作为一种限制，它的置位表示数据库处于不完整状态，此时应拒绝用户访问。状态限制的另一个例子是对一个班级内学员的分类，在每个班的学员记录中，只应该有一个人是班长，而且每个学员的学号不应该有重复。检查数据库状态有可能发现多个班长或有重复学号的状态，若发现这种状态，DBMS 便可以知道数据库处于不完整状态中。

3. 依据业务限制

业务限制是指对数据库进行修改必须满足数据库存储内容的业务要求，做出相应的限制。例如，对于有名额限制的录取数据库，当向数据库增加新的录取人员时，必须满足名额还有空缺这一限制条件。

业务限制和字段之间取值关联的问题与具体业务内容情况相关，其中包括许多常识性知识，彻底检查这一类的不一致性，需要在程序中增加一些常识性推理功能，即检查程序需要有一些"智能"处理能力。简单的范围检查可以在多数 DBMS 中实现，而更为复杂的状态和业务限制则需要由用户编写专门的检测程序，供 DBMS 在每次检查活动中调用。

第二节　推理泄露问题

推理控制、访问控制与信息流控制一起形成了信息安全控制的基本理论与方法，一个安全的信息系统离不开这3种控制方式的支持。对于一个安全的数据库信息管理系统，推理控制是必不可少的。

数据库中的敏感数据是指公开范围应该受到限制的那些数据。敏感数据的确定与具体的数据库和数据的具体内容有关，也与数据库拥有者的意愿有关。有的数据库内容是完全不敏感的，如图书资料数据库或企业的广告信息库；有的数据库则是完全保密的，如军用数据库。这些要么可以全部公开，要么全部要求保密的数据库的访问控制相对而言是比较简单的。困难的情况是，如果一个数据库内的数据的敏感程度不一样，这就需要对不同权限的用户实施不同级别的访问控制。不仅需要控制每个人对直接目标的访问，还要防止各种用户对数据库可能的间接访问途径，即防止所谓的推理泄漏问题。

在讨论敏感数据泄漏问题之前，先讨论什么是敏感数据。下面先讨论一个具体示例，从中感受敏感数据的特征。

有一个人事数据库，其中一张库表包含姓名、性别、出生日期、评语、工资、职称、奖金、部门等字段。其中姓名、性别、部门、职称这4个字段可能是最低敏感度的数据，而评语、奖金等字段可能是最敏感的数据（假定奖金是用红包的形式发放的）。出生日期、工资字段也具有一定的敏感性，因为用户可能不希望别人知道自己的年龄、工资收入。根据敏感程度的不同，姓名、性别、部门这3个字段可以允许所有人访问，可以访问出生日期与工资字段的人则相对少些，而可以访问评语、奖金字段的人则受到严格限制，这两个字段属于最高机密字段，只能限于几位主要领导查询。

对敏感数据的访问控制要求非常严格，必须对用户的权限做严格限制，只允许他们获得有合法访问权的数据，并且确保敏感数据不泄漏给未经授权的人。确定敏感数据的因素需要考虑以下几点。

(1) 本身是敏感的。字段内容本身是非常敏感的，如通信枢纽的经纬度、导弹发射井的位置、银行用户存款数等都属于高度敏感的。

（2）来源敏感。数据的提供者需要保密，如果泄漏了信息来源，有可能给信息提供者带来危害。例如，举报者的姓名可能泄漏举报的内容、军事情报的来源，或可能泄漏情报收集者的身份等。

（3）指定为敏感的。数据的拥有者或数据库管理员把某些数据确定为敏感数据，如有的领导不希望自己的住宅电话和住址对外公开，数据库管理员不希望暴露数据库服务器的网络 IP 地址。

（4）与以前泄漏信息有关的敏感性。以前曾经泄漏了一部分信息，如果再泄漏一部分，将会造成严重泄漏。例如，平时通信要求使用部队番号与信箱号，如果在以后的通信中又使用部队的真实地址，则暴露了该部队的真实位置。又如，若以前泄漏过某个铀矿的纬度，那么该铀矿的经度就成为敏感数据了。

（5）间接敏感的。本身并不敏感，但它的泄漏会间接导致敏感信息的泄漏。

一、泄漏的类型

数据的内容可以是敏感的，而数据的特征也可以是敏感的，如一个培养目标字段中是否为空也是敏感的，因为没有内容就意味着这个人没有被列为培养对象。下面介绍几种泄漏类型。

（一）数据本身泄漏

这是最严重的泄漏，用户可能只是向数据库系统请求了一般性的数据，但有缺陷的系统管理程序却把敏感数据也无意地传送给用户，即使用户不知道这些数据是敏感数据，这也会使敏感数据的安全性受到破坏。

（二）范围泄漏

范围泄漏是指暴露了敏感数据的边界取值。假定用户知道了一个敏感数据的值在 LOW 与 HIGH 之间，用户可以依次用 $LOW \leq X \leq HIGH$，$LOW \leq X \leq HIGH/2$ 等步骤去逐步逼近敏感数据的真值，最终可能获得接近实际数据的结果。在有的情况下，即使仅仅泄漏某个敏感数据的值超过了某个数量，也会对安全造成威胁。例如，泄漏驻军的数量超过某个范围也是对信息安全性的破坏。

(三) 从反面泄漏

对于敏感数据，即使让别人知道其反面结果，也是一种泄漏。例如，如果让别人知道某个地方的防空导弹数量为零，其意义并不比知道该地方的具体导弹数量差。确定一个国家是否有原子弹比知道该国到底有几枚原子弹的敏感性更高。从反面泄漏，可以证明敏感事物的存在性。在许多情况下，事物的存在与否是非常敏感的。

(四) 可能的值

通过判断某个字段具有某个值的概率，来判断该字段的可能值。

由上面几种情况可以看出，保护敏感数据的安全不仅需要防止泄漏真实取值，而且需要保护敏感数据的特征不被泄漏，泄漏了敏感数据的特征也可能造成安全问题。另有图谋的人可以从关于敏感数据的信息推测出敏感的结果。成功的安全策略必须包括防止敏感数据的直接和间接两种泄漏。

二、安全性与准确性

由于敏感数据有可能通过其特征或通过非敏感数据间接地泄漏出去，使得非敏感数据的共享问题变得非常复杂。从保密角度出发，希望只透露非敏感数据，要拒绝任何涉及敏感字段的查询。但这种限制可能会拒绝许多合理的查询。例如，尽管工资字段具有一定的敏感性，应该允许统计人员查询工资收入在 700 元以上的人数。又如，应该允许统计一个单位内有多少人受过处分，尽管不应该暴露具体被处分者的个人信息。所谓"准确性"，是指应该透露尽可能多的数据使数据库用户能够访问到他们需要的数据。准确性的目标是在保护所有敏感数据的同时，让用户从数据库获得尽可能多的非敏感数据。

安全性与准确性的合理组合是在维护良好保密性的同时提供最大的准确性，也可以说应该透露所有不敏感数据。但实际中，常常为了保护安全性而牺牲精确性，主要是由于有些敏感数据可以从非敏感数据推测出来，因而对部分非敏感数据也需要保护，这就影响了数据库查询的准确性。

第三节 统计数据库模型

本节将利用抽象模型来描述数据库，该模型虽然不能全面地描述大多数逻辑的或物理的数据库系统，但它的简明性便于集中讨论泄漏问题，并比较不同的泄漏控制。

统计数据库系统的信息状态可由存储在数据库中的数据和外部知识这两个分量描述。设数据库中的记录数为 N，每一记录有 M 个属性，每一属性 |A j|(1 ≤ j ≤ M) 有 |A j| 种取值。例如，若 Aj 表示密级，则其取值为绝密、机密、秘密和无密等 4 种，如果 Aj 是 1 ~ 100 之间的整数值，则其取值有 100 种。xij 表示个体 i 的属性 A j 的值。任何满足三范式的关系数据库也都可以化归为这种单表视图。

外部知识是指用户关于数据库所拥有的知识，有两类：一类是工作知识，是关于数据库中所表达的属性和可用的统计类型的知识；另一类是补充知识，是数据库非正常提供的知识。例如，用户可能了解某个组织内部各部门人员的数量与构成情况，奖金发放的原则，效益情况等，其中有的可能是机密的。

一、统计类型

统计查询数据库 (如人口数据库) 一般都提供各种统计查询操作，如查询总量、比率、均值、极大极小值以及排序等功能，这些统计查询操作都需要用户提供查询条件，数据库系统根据这些条件，将计算的结果返回给查询者。这些查询条件是用逻辑公式表征的，我们把它称为特征公式。下面先介绍特征公式和查询集，然后介绍统计类型。

(一) 特征公式和查询集

统计是对有公共属性的记录子集算出的，子集由特征公式 C 指定。非形式地说，特征公式是在属性值上应用逻辑算符 or (+)、and (*) 和 not (~) 的任意逻辑公式。例如，(性别 = 男) * ((部门 = 计划处) + (部门 = 销售部)) 是一个特征公式，它指定部门为计划处和销售部的男职工。为了简明，可省去属性名，因为根据上下文判断，属性名是清楚的。例如，上边的公式可写成"男 * (计划处 + 销售部)"。在特征公式说明中还可引用关系算符 (<、

≤、#、=、≥、>），因为这些只是若干个值的 or 的缩写。例如，"处罚次数 < 3"等价于"（处罚次数 =0）+（处罚次数 =1）+（处罚次数 =2）"。其属性值与特征公式 C 匹配的记录的集合称为查询集。例如，如果"C= 男 * 销售部"的查询结果由"黄爱东""齐贺礼"2 条记录组成，则称 C 的查询集也是这两条记录的集合。后面有时用 C 代表公式，有时也代表其查询集，用 |C| 表示查询集中的记录个数，用代表查询集是整个数据库的公式。

其中，有些可能是空集合。设 g 代表所有基本集合的最大基数，即 g 是具有相同属性值的个体的最大个数。如果 g=1，那么每一个体都能用唯一的基本集合来识别。当数据库中的记录数 N ≤ E 时，才有可能 g=1。

（二）顺序统计量

常用的顺序统计量有求最大值、最小值和中值 3 个。因为它们根据查询集中元素属性值的大小按序排列而确定的，故名顺序统计量。分别记为 largest（C, Aj），smallest（C, Aj）和 median（C, Aj）。值得注意的是：当 |C| 是偶数时，C 中属性的中值是指两个中间值的较小者，而不是它们的平均值。

从 m 个不同属性值推得的统计称为 m 阶统计。例如，Count（ALL）是 0 阶统计，Count（男）、Sum（ALL，工资）、Count（计划处 + 销售部）都是 1 阶统计，注意，公式"计划处 + 销售部"中两个属性间为"或"关系，但 Count（男 * 计划处）是 2 阶统计，因为要求计算计划处中的所有男职员人数，两个属性之间是"与"关系。

二、敏感统计的泄漏

如果一个统计能泄漏出某个体（个人、单位、集团等）的太多的机密信息，则称此统计为敏感的。敏感性的确切标准是由系统的安全策略确定的。例如，美国人口普查局对经济数据的和所用的标准是"n- 响应，k%-支配"规则。即如果一个和的统计能确定其中不多于 n 个加数占和数的以上，则称此统计为敏感的。例如，若一次查询得出两个个体的某属性值之和 *1+*2=19825，而由外部知识知道 $0 ≤ x2 ≤ 300$，显然 $x1/19825 > 98\%$。所以在"1- 响应，98%- 支配"标准下这一查询是敏感的，它泄漏了两位高位数。

根据查询集大小是 1 的机密信息算出的统计总是敏感的。例如，统计 Sum（（女 * 销售部），工资）=850 是敏感的，它给出唯一在销售部工作的女职员的工资数额。

根据查询集大小是 2 或大于 2 的机密信息算出的统计也可能被分类为敏感的，因为若有"知道一个或几个值"的补充知识，则容易推出另一个值。具体分类的方法如上边所指出的，要由系统的安全策略确定。

显然，所有敏感的统计不允许访问。此外，限制某些非敏感统计也许是必需的，如果它们可能导致敏感统计泄漏的话。

三、完全秘密性和保护

一个统计数据库提供完全秘密性，当且仅当没有敏感的统计被泄漏。这一定义类似于密码系统中完全秘密性的定义。对密码这是合理的目标，对统计数据库则是达不到的。实际上，没有统计数据库能提供完全秘密性，因为任何给出的统计都含有用来算出此统计数据的信息。因此，我们对于获得与机密信息紧贴的近似值的困难更感兴趣。

注意，这一定义已覆盖了近似泄漏的所有形式，除了否定泄漏，也覆盖了确切泄漏，此时 p=1，而 k=0。

显然，对足够大的和足够小的 p，任何统计都是可泄漏的。因此，我们仅关注相对小的 A 和接近于 1 的 p 的泄漏。当一个满足等式的估计值 q 能根据发出的统计集合得出，就出现了泄漏。

如果一个统计不是受保护的，我们将愿意知道得到一个满足公式的估计值的困难程度——泄漏的复杂度。对具有补充知识的用户来说，复杂度是用需要获得应发出的统计个数来测度。类似于密码的唯一解距离，是将不肯定性减少到一个可接受的程度所需的统计个数。

第四节　推理控制机制

为了防止恶意用户通过合法的统计查询功能，反复进行统计操作，最终通过推理方法从数据库中泄漏出敏感信息，在统计查询程序中增加推理控制机制是十分必要的。推理控制机制是实现推理控制策略的支持功能与措施。

一、安全性与准确性

设 S 是所有统计的集合，P 是分类为非敏感的 S 的子集，而 R 是在给定安全机制下合法释放出的 S 的子集，又 D 是由泄漏出的统计的集合（含 K）。如果 D ∈ P，那么统计数据库是安全的，即没有敏感的统计被 K 泄漏。如果 P，那么统计数据库是安全的，即没有敏感的统计被 K 泄露。如果 R，那么统计数据库是精确的，即所有非敏感统计都允许用户查询，不多也不少。其含义与前面介绍的访问控制和信息流控制中的安全性与精确性定义是类似的。

从保护信息专有性角度来说，安全性是必需的，即推理控制机制必须保护所有敏感统计。从信息最大共享角度来说，又希望机制是精确的，即所有非敏感统计能完全提供共享。问题是确定"释放出的统计是否会导致敏感统计的泄漏（违反安全性），或是否会阻止非敏感统计的完全集合的释放（违反精确性）"是极端困难的。大多数统计仅当它们和其他统计相关时，会导致泄漏。为了不暴露她的奖金，必须限制其中一个统计，并且从合法释放的统计应该不能够推算出受限制的统计。此例表明释放非敏感统计的完全集一般是不可能的，因此任何推理控制机制必定是不精确的。另外，有人指出要确定可释放统计的最大集合问题是 NP 完全的。

不管一个统计导致泄漏是否要依赖于用户的补充知识，要计算一个特定用户的补充知识通常是不可行的。所以，机制必须建立在关于补充知识的最坏情况的假设上。为了避免限制过多的统计，许多统计数据库对数据和对释放的统计加上"噪声"。其目的是加上足够的"噪声"使得大多数非敏感的统计能被释放而不危及敏感的统计。但也不能加得太多，使得释放的统计变得毫无意义。

二、释放的方法

许多机制取决于统计释放的方法。人口普查局和一些政府机构公布群体概况时，通常采用两种形式释放统计：宏观统计和微观统计。

（一）宏观统计

宏观统计是一些相关的统计集合，通常用计数与求和的二维表形式表达。

宏观统计有其缺点：仅提供所有统计的有限子集。例如，二维表只能给出 $0\sim2$ 阶统计，不能给出 3 阶和 3 阶以上的统计；不可能得出属性间相互关系。但另一方面也有其优点，因为释放的统计集合极大地受限制，比其他释放形式提供较高的安全性。虽然如此，从表中隐藏一定项目或加噪声到统计中仍可能是必要的。

（二）微观统计

微观统计是若干个个体数据记录组成，是一组个体记录的列表式的汇总形式。典型的数据是分布在磁盘或磁带上的，借助于统计计算程序算出所希望的记录组。这些程序有"根据磁盘或磁带上的记录汇总出查询集和在汇总的记录上算出统计"的功能。

因为对处理磁盘或磁带的程序没有假设可以做出，保护机制必须应用于建立磁盘或磁带文件的时刻。人口普查局是通过以下方法控制泄漏的。

(1) 从记录中移去姓名和其他标志信息。

(2) 对数据加噪声，比如进行舍人或变换。

(3) 隐藏高敏感数据。

(4) 移去具有极端价值的记录。

(5) 对"能释放微观数据的群体大小"加以限制。

(6) 仅提供完全数据的相对小的样本。

宏观统计和微观统计主要用于一次性公布，因为获得它们通常是费时和费钱的。这两种统计不适用于经常更新的、在线数据库系统的统计释放。

适合于在线数据库释放的系统是查询处理系统。在线数据库中的数据是被逻辑地和物理地组织的，能够实现快速检索。通常数据库具有有效的查询语言，这种语言可以很容易访问任意的数据子集，以满足统计和非统计的应用。这样在线查询系统可以在请求的时候做出统计，以反映当前系统状态。

由于数据的访问都限制于查询处理系统，实施访问、信息流或推理控制的机制能够放置在系统的软件中，所以是否释放一个统计或是否允许对数据直接访问的决策能够在提出查询时做出。

在这种情况下，用于宏观统计和微观统计的许多机制已不适用。例如，加噪声到存储中的数据一般不能应用，因为对非统计目的的数据，其精确性可能是主要的。对于含有耗时、费钱的计算技术，诸如项目隐藏，不能应用于每次查询为目的的统计中。抽样技术也不能用到中小规模的系统中，因为会给出不够精确的统计。

第五节　推理攻击方法

本节将讨论若干类泄漏技术，包括大小查询集攻击、追踪者攻击、线性系统攻击、选择函数攻击、插入删除攻击等泄漏技术，它们中的大多数是应用释放的统计和某些补充知识构造出方程组，然后求解的。

如果仅仅看到一个弹出窗口，那么就会和一个可视的事件联系起来，而不会认识到一个隐藏在窗口背后的不可视的事件。现代的用户接口程序设计者花费很大的精力来设计简单易懂的界面，人们感受到了方便，但潜在的问题是人们可能习惯于此，不可避免地被该种暗示所欺骗。

Web 欺骗是一种电子信息欺骗，攻击者在其中创造了整个 Web 世界的一个令人信服但是完全错误的拷贝。错误的 Web 看起来十分逼真，它拥有相同的网页和链接。然而，攻击者控制着错误的 Web 站点，这样受攻击者浏览器和 Web 之间的所有网络信息完全被攻击者所截获，其工作原理就好像是一个过滤器。

由于攻击者可以观察或者修改任何从受攻击者到 Web 服务器的信息；同样地，也控制着从 Web 服务器至受攻击者的返回数据，这样攻击者就有许多发起攻击的可能性，包括监视和破坏。

攻击者能够监视受攻击者的网络信息，记录他们访问的网页和内容。当受攻击者填写完一个表单并发送后，这些数据将被传送到 Web 服务器，

Web 服务器将返回必要的信息，但不幸的是，攻击者完全可以截获并加以使用。大家都知道绝大部分在线公司都是使用表单来完成业务的，这意味着攻击者可以获得用户的账户和密码。即使通过 SSL 来建立安全的连接，可能也无法逃脱被监视的命运。

在得到必要的数据后，攻击者可以通过修改受攻击者和 Web 服务器之间任何一个方向上的数据来进行某些破坏活动。攻击者修改受攻击者的确认数据，如如果受攻击者在线订购某个产品时，攻击者可以修改产品代码、数量或者邮购地址等。攻击者也能修改被 Web 服务器所返回的数据，如插入易于误解或者攻击性的资料，破坏用户和在线公司的关系等。

Web 欺骗是当今 Internet 上具有相当危险性而不易被察觉的欺骗手法。可以采取的一些保护办法，从短期解决来看，可以有以下措施。

（1）禁止浏览器中的 JavaScript 功能，那么各类改写信息将原形毕露。

（2）确保浏览器的连接状态是可见的，它将给你提供当前位置的各类信息。

（3）时刻注意你所点击的 URL 链接会在位置状态行中得到正确的显示。

现在，Java Script、Active X 以及 Java 提供越来越丰富和强大的功能，而且越来越为黑客们进行攻击活动提供了强大的手段。为了保证安全，建议用户考虑禁止这些功能。这样做，用户将损失一些功能，但是与可能带来的后果比较起来，每个人会得出自己的结论。

长期的解决方案可以有以下措施。

（1）改变浏览器，使之具有反映真实 URL 信息的功能而不会被蒙蔽。

（2）对于通过安全连接建立的 Web——浏览器对话，浏览器还应该告诉用户谁在另一端，而不只是表明一种安全连接的状态。

第六节　限制统计的机制

推理控制应用的机制分为两类：一类是限制可能导致泄漏的统计机制；一类是加噪声机制。本节讨论前者，下节讨论后者。

限制统计的机制通常有以下几种。

（1）查询集大小控制。这种机制便于实现，是有价值的，但仅有大小控制是不足够的。

（2）查询集交搭控制。一般地难以实现，即使实现也极为不精确，并且不充分。

（3）最大阶控制。它限制任何统计应用过多的属性值。有人从一个含有30000个以上记录的病历数据库中抽出100个记录样本，发现没有一个记录能用少于4个属性唯一地识别，仅有一个记录能用4个属性识别，大约有一半记录用不超过7个属性可识别，而用10个属性几乎能够识别所有记录。因此，在这种数据库中，限制查询到3阶统计可能会阻止大多数泄漏。可惜，这可能已过分限制了，因为许多高阶统计也许是安全的。

有关属性不会分解数据库为太多的集合——相对于数据库的大小 W 而言。根据 Denning 的研究：该控制是极端有效，比最大阶控制较少限制性。虽然它不保证安全性，但它能和简单的扰乱技术组合，用低耗费提供高水平的安全性。

此外，还有项目隐藏、蕴含查询集控制、划分3种限制技术，下面将进行讨论。

一、项目隐藏

这是美国人口普查局用来保护在宏观统计的二维表中公布的数据的技术。它隐藏表中的所有敏感统计和足够数量的非敏感统计，后者称为补充隐藏，以保证公布的数据不能推导出敏感统计。计数的敏感性标准典型的是最小查询集的大小，求和的敏感性标准是"n-响应，支配"规则，简称（n，fc）敏感性规则。

如果应用（1，90）敏感性规则，所有涉及一个职员的奖金统计表项的内容都必须隐藏，如计划处男、女奖金的统计项，销售部女职员奖金的统计项都应隐藏。但仅隐藏这几项是不充分的，还必须隐藏那些能从列和中减去相应项得到这些表项的各表项，于是销售部男职员的奖金项也必须隐藏。

确定一个非敏感的统计能否用来——确切地或近似地——推导出一个敏感的统计异常困难。遵照 Cox 的文献，我们从敏感统计的估计值的可接受的界说起。应用线性代数可得出每一敏感统计的区间估计。能推导出不可接受估计值的统计须从表中隐藏。次加性和超加性反映"归并减少数据的敏感性"的原理，因此，我们希望随着数据的归并能够得到最好的可接受的界。

项目隐藏已成功地应用于2维和3维表。2维表中隐藏的项目确定区间，已经有了一个线性分析算法。项目隐藏是否适用于通用数据库的查询处理系统是一个未解决的问题。对多维表，项目隐藏分析过程的计算复杂度会急剧增大，也许是难以处理的。

二、蕴含查询集控制

当敏感性由最小查询集大小所定义时，在通用数据库中动态地应用有限形式的项目隐藏的可能性。这里 n 是查询集大小控制参数。为了简明，这里将限于注意确切泄漏。一个查询集 a*6 是允许的，当且仅当 a*6 和其蕴含的查询集的大小都落入 [n, N−n] 范围内，这称为二阶的蕴含查询集控制。

二阶的蕴含查询集控制只需检查 a*6，a*~6，~a*6，~a*~6 的大小是否小于 n，上界可不必检查，因为若有一个集合是大于 N−n，则其他的必小于 n。二阶的蕴含查询集控制能阻止某些追踪者和线性系统攻击。

若要实行蕴含查询集控制，要检查的蕴含查询集的个数以 2m 方式增长。因此，对高阶统计，蕴含查询集是不实用的。即使考察了所有蕴含查询集，控制可能仍不能阻止敏感统计的推出。

三、划分

把数据库划分成若干块，所有统计都对块进行，可以减少泄漏。主要有以下几种方法。

(一) 物理层次上的划分

Yu，Chin 和 Ozsoyoglu 等研究了在物理层次上划分的可行性。他们划分一个动态数据库为不相交的块，并且得出以下结果。

(1) 每块 G 有 g=|G| 个记录，这 g=0 或 g ≥ n，并且 g 是偶数。

(2) 记录都成双地加到 G 或从 G 删去。

(3) 查询集必须包括整个块。如果一个统计的查询集包括来自 m 块

G1，…，Gm 的每一块的一个记录或多个记录，那么统计 g（G1，…，Gm）就可以释放。

这里，前两个条件是阻止基于小于 n 的查询集和记录的插入和删除的攻击。第 3 个条件是阻止基于分离一个特定个体的攻击，比如应用追踪者或线性系统攻击。使得聪明的查询序列，最好只能泄漏关于一个整块的信息。

根据 1、2 或 3 阶统计的划分是等价于前边描述的宏观统计表。为了控制近似值泄漏［例如，根据（n，fc）敏感性规则］，必须应用项目隐藏技术；这对动态数据库也许是不实际的。按 2 或 3 阶统计划分，每块可能很大，限制了数据库的有用性；倘若按高阶统计划分，项目隐藏的耗费可能较大。

（二）逻辑层次上的划分

Chin 和 Ozsoyogl 也考虑了在逻辑层次上支持划分的完全数据库的设计。他们把在数据库中出现的个体划分为有公共特征的群体；群体再分解成子群体。不能进一步分解的群体称为原子。群体的完全集合形成一个层次结构，使得每一非原子群体由不相交的原子群体组成。有公共特征的不相交群体组成"丛"。

在层次结构中如何确定一个统计可否释放呢？为此引入两个结构。

1. 群体定义结构（Population Definition Construct, PDC）

它定义每一群体能够完成的运算和群体的安全性约束，对一个群体允许的统计 q（P），必须满足约束。

（1）q（P）是允许的，当且仅当对和 P 在一个丛中的每一群体 P'，q（P'）是允许的。这说明如果是同在一丛中的原子群体，若任意 P' 必须隐藏，那么其余也必须隐藏。这可能比所要求的限制要多。

（2）如果对 P 的任何子群体 S，q（S）是允许的，则 q（P）是允许的。

2. 用户知识结构（User Knowledge Construct, UKC）

它定义用户和它们关于数据库的补充知识、对组员允许的操作和组的安全性约束。一个统计是否应该释放给一个用户，是用 PDC 和 UKC 中的安全性信息来确定的。

（三）微归并

这是划分的一个变种。个体都被编组，以建立许多综合的"平均个体"；

统计是对这些综合的个体算出，而不是从真的个休算出。

以上 3 种方法，如果划分的块过分地大，形成了病态划分，或对每一块仅有有限制的统计集合能够算出，划分可能限制统计信息自由流动。但如果有一个丰富的统计函数集合可用，大的块可能不会严重影响某些数据库的实用性。

(四) 划分成单块的数据库

如果划分成单块的数据库，泄漏是极端困难的，但统计学家算出属性的相关性是可能的。它比宏观统计提供更丰富的统计集合，也比宏观统计提供较高水平的保护。可作为宏观统计和微观统计的一种补充。但随着 e 和 M 的增大，要算出所有矩或它的相对小的子集也许都是不可行的。

第七节　加噪音机制

"限制可能导致泄漏的统计"的机制一般耗费大而不精确，尤其是在计及用户的补充知识的情况下更是如此。因此，有必要研究另一种加噪声机制来对付泄漏问题。这些机制一般耗费少，对防泄漏更有效，并允许更多的非敏感统计的释放。

一、响应扰乱

响应扰乱就是不直接释放一个统计 $q=q(C)$ 的真实结果，而是释放 $r(q)$，即用函数 r 把响应 q 扰乱后，再释放给用户。扰乱通常采用舍入技术，即把 q 上进或下降到某基数 b 的最近倍数。有两种类型的舍入方式。

(一) 规则舍入

随机舍入对平均化攻击是脆弱的。如果一个查询 q 被请求多次，它的确切值能通过平均化舍入值推出。改进随机化方法，使得相同的查询总是送回相同的响应，可防止这一攻击。

(二) 控制舍入

规则舍入和随机舍入的共同缺点是不相交查询集的舍入统计之和与其并集的舍入统计不同。这通常能用来得出舍入值的较好估计值。为克服这一缺点，人们提出一种控制舍入。

Cox 等人给出了宏观统计的 1~2 维表中达到控制舍入的一个办法：给定整数 p ≥ l，它找出最小化目标函数的控制舍入。这可表达作一个容量约束的运输问题，因而能应用标准算法解出。这一技术对保护相对小的频度计数表特别适用。

二、随机样本查询

前述大多数推理控制可能失效的原因是因为用户能够控制每一查询集的组成，能通过相交查询集分离出单一的记录或值。Denning 引入一种称为随机样本查询 (简记为 RSQ) 的技术，使得用户不能精确地控制被查询的记录，因而不能分离出机密的记录，但能获得一组记录的精确统计。

RSQ 控制如下：给定一个查询 q (C)，查询处理器考察 C 中每一记录；它应用一个选择函数 f (C, i) 来确定 i 是否用来算出统计，被选择的记录集合形成一个抽样的查询集。

RSQ 控制与美国人口普查局为保护微观统计所用的抽样控制有两点不同。

(1) RSQ 中所用的 P 远比后者大，比如说在 80~90% 量级，因此释放的统计都是比较精确的。

(2) RSQ 应用不同的样本算出每一统计，因此 RSQ 在查询处理系统中能经济地实现。然而，用于微观统计或宏观统计则可能很昂贵。

如何选择 r 和 S 函数，可以考虑加密算法，当加密算法产生的串在形式上像随机比特序列时，都是函数 r 和 S 的优秀候选者。如果数据库是用某种方法加密的，函数 r 能简单地从记录的某不变部分 (例如，标识符字段) 选 m 比特，这可避免在查询处理时计算 r (i)。用一个好的加密算法，两个差不多相同的查询集公式 C 和 D 将映射到十分不同的 s (C) 和 s (D)。借此保证 C* 和 D* 的差异与它们应用纯随机抽样一样地多。

在 RSQ 下，送回的相对频率和平均数是逼真的。因为统计不是基于整个数据库，而用户很可能不知什么百分比的记录被包含在样本中。

可能公布 p 和 N 的值，此时用户能判断送回的估计值的意义。比如能算出非抽样的计数与和数的近似值。

对 RSQ，如果抽样概率 P 是大的，一个最小查询集大小限制仍然是需要的。否则，小查询集中的所有记录可能以高概率包括在样本中，可能泄漏。通过引入小的抽样误差到统计，泄漏可以控制。

虽然 RSQ 对相同的查询总是送回相同的响应，但对"用平均化移去误差"的攻击仍是脆弱的。攻击的方法是应用不同公式去指定相同的查询集。

三、随机扩展查询

给定一个查询集 C，随机样本查询是对 C 的随机子集做出统计。随机扩展查询（简记为 REQ）恰恰相反是对 C 的一个随机扩集做出统计。以下 REQ 方法是 Reiss 给出的，假定 j 是求平均值、中值、最大值、最小值类型的查询。

C* 这样组成：首先 C ∈ C*，另外从整个数据库中随机地选取 l 个元素 v1，……，vl 作为 C* 的成员。我们仅讨论 l=1 的情况，l > 1 的情况是类似的，l=0 时，C*=C，响应就是原查询的响应。

下面对这一方法再作几点补充说明。

（1）采用伪随机函数是为了防止用重复查询（即平均化）的方法移去误差。因为 r 对确定的 C，响应总是确定的，重复查询答不出新信息，除非 r(C) 不满足式。

（2）j 是一个调节参数，当 j ≤ 1 时，条件式放宽，计算出 r(C) 都能用。这样，真统计与随机扩展后的统计的绝对误差可能会很大，减少了随机化后统计的精确性。当 j ≥ 1 时，条件式很严，选出的成员的值 xi 可能就是 q(C)，或接近于 q(C)。这相当于没有随机化，数据库就有可能被泄漏，减少了安全性。所以，j 要根据数据库的实际和使用情况选定。

（3）k 是用来防止响应时间过长的。有人认为以上方法适用于实际，可以加到任意已存在的数据库，费用低、安全性高，也能用于小数据库，其缺点是统计不够精确，但是可以接受。

四、数据扰乱

噪声也能直接加到数据值，方法是：每当计算一个统计 q（C）时，用于计算 q（C）的每一数据 xi 用 f（xi）代替，这里 f 是某种扰乱函数。有人表明数据扰乱如何能够集成进计数、求和的查询处理系统中和选择查询中。研究表明，为了泄漏一个数据库，应用任何线性系统攻击，包括基于用平均化移去误差的攻击，最少需要（A）2 次查询。综合上述两结论，我们知道，挑选（a 远大于 Cc）可以阻止泄漏。

可惜，这一方法有可能把极端大的误差引入到要释放的统计中。为此，研究者还引入了一个改进方案：

误差中的标准偏差增加到？（小于线性增长），而查询次数增长到 < T(指数地增长)。研究者指出选取 a=3+C（即 d=3），选取 m 使得 3m 是用户难以实现的查询次数，而保持为最小。这样就避免了 a ≥ C 的要求，减少了所释放的统计中含有极大误差的可能性。研究者应用模拟的数据库证明"能防止10 亿次查询而仍提供合理的精确统计"是可能的。

五、数据交换

上面介绍了统计计算时，暂时扰乱数据的方法。其实，也可以通过对存储在数据库中的数据进行持久地修改来保护库中数据的敏感性，这种方法对保护微观统计形式中公布的数据很有用。但这种方法不能用于通用数据库中，因为精确性对于非统计目的的查询是根本要求。

如何持久地修改数据库呢？有人提出一种建立在交换（swap）记录中的值的数据变换方案，目的是通过交换足够多的值，使得统计不能从个体记录中泄漏出敏感信息，但同时又要保持低阶统计的精确性。

研究者定义了数据库 D 是 d– 可交换的，如果至少存在一个另外的数据库 IV，使得 D 和相同的 k 阶频度计数，&=0，1，…，D 和 D' 没有公共记录。

由于要求所有 1 阶统计都必须保持，D' 必须和 D 含有相同的值集合与记录数。因此根据数据库 D, D' 能通过交换记录之间的值得出。如果交换是在单一字段（属性）A 上完成的（如在表"M6 中的性别"字段），为了确定是否所有的低阶统计都是保持的，只要核实含有属性 A 的值的计数（count）统计就可以了。

研究者指出数据库 D 是 d- 可交换的条件是：

（1）D 必须有 M 多 d+1 个属性。

（2）D 必须至少含有 N ≥（m/2）个记录。

（3）D 必须有递归结构，即对某属性 A 有相同值的所有记录组成 D 的子数据库 D,（0，中属性 A 被取消）。如果 D 是 d- 可交换的，那么 D 在余下的属性上必须是（d-1）可交换的。

给定一个数据库 D，选取某个合适的 d，找出 D 上的一个 d 变换，然后释放数据库 D'，然后允许释放 D'。如前所述，这种方法只能用于唯统计数据库和微观统计两种场合，不能用于计算 k > d 阶的统计。如果能够对所有敏感属性的值进行交换，就可以防止泄漏敏感数据。但研究者指出，找一个通用的数据交换是 NP- 完全问题，因此难以实现。为了克服这些限制，研究者研究了对微观统计应用近似数据交换的方法进行释放的可能性，这种交换的方法是，把原数据库中的一部分数据用随机生成的和原数据库有近似相同的 A（&=0，1，…，）幻阶统计的数据库取代。释放的数据库的记录是逐个生成的，每个记录选取的值是根据"原数据的 A 阶统计所定义的分布"随机地抽取的。研究表明，在提供十分精确的统计的同时，保证数据的敏感性是可能的。

数据交换技术虽不能用于通用数据库，但如果能够证明一个数据库 D 是 d- 可交换的，理论上就能够安全地释放其他任何 Ad 阶的统计，这是因为这种统计可能从不同的记录集合推出。可惜的是，目前还没有一个已知算法能够测试数据库 D 是 d- 可交换性，即使有一个有效算法，如果用户有关于数据库的补充知识，安全性仍无法表示。

用微观统计形式释放的数据也可以用其他方法扰乱，如舍入技术或通过交换数值的一个随机子集但不考虑 1 阶以上的统计等。

六、随机化响应

因为许多个体担心他们的隐私为人所知，或担心某种报复，对敏感的调查询问不愿如实地回答。例如，问一个个体："你曾否为抑郁症用过麻醉剂？"个体可能撒谎说："没有。"又如问："你认为某领导胜任吗?"个体可能违心地说:"胜任。"这样,就有可能使某些调查不能反映真实情况。

为了解除个体的顾虑,使调查能真实反映情况,人们设计了一种随机化响应技术。其基本思想是让被调查个人从问题集(有些是敏感的,有些不是敏感的)中随机地抽取一个问题,只回答"是"或"否",但不揭示出回答是针对哪个问题的。

举例说明这种技术。假定要调查某领导是否胜任工作,可以制出以下 3 种卡片:

卡片 1:

(1)某领导胜任工作

(2)某领导不胜任工作

卡片 2:

(1)我到过上海

(2)我没到过上海

卡片 3:

(1)某领导不胜任工作

(2)某领导胜任工作

要求被调查的个体随机地抽一张卡片,回答(1)或(2),不给调查者过目放回卡片。这样,对(1)或(2)的回答是联系于某领导胜任或不胜任两者,个体可能觉得真实地回答调查问题不会受到威胁。

设 p_i 是卡片 i 在所有卡片中的比例,i=1,2,3;b 是被调场到过上海的百分数(可能率),d 是群众反映某领导的胜任率。

随机化响应技术是数据扰乱的一个例子,这里每一个体用随机选择来扰乱数据。这一方法不能应用于在线通用数据库(如病历,雇员记录等数据库),因为那里数据的精确性是基本要求。

本节针对推理泄漏攻击提出了许多防范方法,这些方法中有的是可行的,有的是不可行的,有的则需要互相配合使用,下面是对这些方法的综合评价与使用建议。

查询集大小控制是必要但不充分的,交搭控制的实现是不可行的,阶数控制的精确性差,项目隐藏只能用于宏观统计,数据交换局限于微观统计的公布。最有希望应用的技术是 RSQ、REQ 和本节介绍的数据扰乱方法,再加上简单的限制技术，诸如查询集大小控制和 SM/N 控制等方法。

划分是一种可用的方法，但若划分及匹配研究者所需的查询集，或者合用的统计集合不足够丰富，都可能限制信息的流通。如果要应用划分方法，必须在数据库的初始设计中加以考虑，不能后加。

第八节　数据库的多级安全问题

数据库的安全模型可以参照操作系统的安全模型进行讨论。操作系统中管理的目标（或主体）种类较多，包括内存、CPU、I/O 设备、文件系统、各种系统数据区与数据结构，以及进程、程序库等，但访问控制要求相对简单，控制粒度基本上就是这些目标本身。例如，对文件的访问控制是对整个文件的控制，并不对文件的部分内容再区分敏感级别。数据库的访问控制机制控制的对象比较单一，就是数据库中的数据文件，但控制粒度细，不仅需要控制数据库文件本身，还需要控制到记录、字段甚至数据元素一级。同一个文件中不同记录的敏感度不同，同一记录中的不同字段也可能具有不同的敏感度。另外，还需要管理不同用户的不同访问权限。因此，数据库的访问控制机制非常复杂，实现也变得非常困难。还有许多关于数据库的安全性课题还处于探索过程中。本节首先介绍数据库的几种安全模型，然后再讨论多级安全问题，最后介绍几个目前流行的大型数据库中采用的访问控制技术。

一、数据库的安全模型

数据库的安全保护机制是十分复杂的，为了研究这些保护机制本身的安全性，最好的办法是建立简单精确的形式化安全模型，然后检验模型提供的安全机制是否存在缺陷，从而发现实际系统中的安全缺陷。安全的数据库系统的设计也可以从安全模型开始，首先建立待实现的数据库系统的形式安全模型，再验证该模型是否可以满足安全性的要求，若不满足要求，则对模型进行修改，直到满意为止，最后再依据模型实现实际系统。下面将介绍几种安全数据库模型，由于具有相似性，下面的讨论中仍用以下概念与符号：

主体集合 S、客体 (也称目标) 集合 O, 权限集合 R, 用相应小写字母表示对应集合中的个体。这些模型都是初步的, 仅供进一步研究数据库安全模型的参考。

(一) 访问控制矩阵模型

在数据库系统的安全模型中, 主体集合 S、客体集合 O 和访问权限的集合 R 的成员分别是: 主体成员有数据库的用户、用户组、或用户的查询过程、或 DBMS 的管理进程; 客体成员是指所有被访问的对象, 包括数据库本身、库表、记录、字段和数据元素等; 访问权限是指主体对客体实施的操作, 包括 READ、WRITE、UPDATE、APPEND、DELETE、CREATE 等操作。

访问控制矩阵模型是用矩阵结构描述主体对客体的访问权限。在矩阵模型中, 每一行代表一个主体, 每一列代表一个客体, 矩阵的元素中存放的是相应主体对对应客体的访问权限。这种模型用同一种方法处理系统内所有客体的保护问题, 不管对库表的访问控制还是对库表内的字段的访问控制都可以用这种结构。从该控制矩阵可以看出, 系统管理员和数据库的拥有者对该库表的所有字段都拥有全部权限, 用户甲的权限最低, 只有 3 个非敏感字段的读权, 用户丁的权限较高, 可以读所有的字段, 并具有两个敏感字段的修改权。

(二) 扩展的访问控制矩阵模型

在数据库的实际应用中, 对库表各字段的访问权限往往与记录存放的内容有关。在有的记录中, 某一个字段的内容是敏感的, 而在另一条记录中, 同一字段中的内容可能是不敏感的。这一访问控制要求可以通过在上述控制矩阵增加谓词功能得以实现。谓词的作用是控制主体访问权限的执行, 当谓词值为真的时候, 方可对客体执行相应权限的操作。在矩阵中谓词 "T → ALL" 表示无任何控制条件, 谓词 "处罚次数 < 4 → W" 表示用户乙在写入奖金数的时候, 必须满足该职员所受处罚数低于 4 次的条件。

对于上面矩阵描述的访问控制规则, 可以用四元组 (S, O, R, P) 表示, 其中 S 是主体集合, O 是客体集合, R 是权限的集合、P 是谓词的集合。四元组的含义是在谓词 P 成立的条件下, 主体 S 对客体 O 才能进行 R 类操作。在谓词 P 中引用的数据称为控制数据。访问控制机制中还应该有一个验证过程，确保所有对数据库的访问都符合权限的要求。

(三) 多级安全模型

上面介绍的安全模型中，安全性具有"是"与"否"的性质。主体对客体的访问要么被许可，要么被拒绝；客体的安全等级要么是敏感的，要么就是非敏感的。但在实际数据库系统中，用户按其身份或工作需要是分为不同权利等级的，同一条记录（或字段）的密级也不相同。这种情况需要使用多级安全模型来描述。

在实际情况中，数据库中的敏感信息是分为不同敏感级别的，典型地划分为绝密、机密、秘密、无密4种等级，每一个等级的信息又可能分属于不同的主体。一个单位内不同部门都有自己不同敏感级别的信息，一个部门的用户未经许可不能访问另一部门的敏感信息，哪怕这个用户在本部门内具有很高的访问权限也不行。可以借助前面介绍的军用安全格模型描述这种访问控制要求。例如，在某军训部门的管理信息系统中，数据库中的信息可以按部门划分为组织计划信息、训练实施信息、训练保障信息、部队简况信息、外军训练信息等不同类别的信息。这种划分把军事训练信息划分成不同的分隔项。假定外军训练信息是无密级别的，可供任何用户查询，而其他类别的信息都划分为绝密、机密、秘密、无密4种不同敏感等级。目标信息可以用安全级别与分隔项的组合形式《级别；分隔项》表示成带有敏感级别的信息段，对主体的访问许可权限也可以用同样的形式表示。根据军用安全模型的原理，主体S对目标O具有访问权，当且仅当：

(1) 主体S的安全级别不低于目标O的级别。

(2) 目标的所有分隔项都是允许主体S知道的。

军用安全模型在描述数据库的安全要求方面还是不足的，能力还需要增强。

(四) 信息流安全模型

上面介绍的访问控制模型可以控制主体对客体的访问，但无法控制主体获得客体的信息后，再把客体的信息传递给其他无权主体。这种情况属于信息流控制问题。防止这种类型泄漏，需要使用信息流安全模型。第3章介绍的 Bell-LaPadula 模型是符合这种要求的信息流模型。该模型的简单安全特性防止低权限的主体去读高敏感级别的信息,而该模型的 *- 特性则保证某一主体在读取目标 O 的信息后,不得将该信息再"下写"到敏感级低于 O 的另一个目标 P 上,这样就可以有效防止信息的泄漏。

另外,Graham-Denning 模型提出在访问控制矩阵 A 中,除了每个目标占有一列,每个主体也占有一列,这与实际中一部分主体对另一部分有控制权的情况相符合。在该模型中还定义了 8 种保护权:创立与删除目标权、创立与删除主体权、读访问权、授予访问权、删除访问权、转移访问权。所有这些概念在目前流行的大型数据库系统的 DBMS 中都得到了应用。

二、数据库多级安全问题研究

数据库的多级安全问题是一个正在探讨但又没有获得彻底解决的问题,下面首先讨论一下多级安全数据库的保密性、完整性和可用性方面的一些特殊要求,再介绍迄今为止对数据库的多级安全的一些研究成果与建议,这些结果大都处于理论阶段。

(一)数据库多级安全的特点

1. 一些特殊要求

在数据库的多级安全模型中已经说明,数据库中信息的敏感度不能简单地按字段来确定。数据库信息的敏感性问题是相当复杂的,数据库中信息的敏感性既不能用二进制安全性来描述,也不能简单地套用军用安全模型。下面举一个简单的库表实例来说明这个问题。

姓名	部门	职务	工资	家庭电话	奖金
王永红	经理部	总经理	2000	51001	1000
张树声	技术部	总工	1500	51003	800
黄爱玲	销售部	经理	1200	51110	700
李三多	销售部	职员	1000	51112	500
谢灵	技术部	技术员	800	51113	600
王燕飞	保密处	处长	1200	51115	900

这张库表存储某个单位个人主要情况表,其中每个人的工资是比较敏感的,但总工资数是不敏感的;每个人的奖金的敏感度最高,单位采用给红包的形式发奖金,不希望公布每个人的奖金,奖金总数也是敏感的。总经理的家庭电话不希望别人知道,希望能够有一个安静的休息日。王燕飞是搞保密工作的,他的个人记录是需要保密的。

(1)一条记录不同元素的安全性可以是互不相同的,同一字段在每个记录中的数值的安全性也可以是不同的。也就是说,在库表中一个元素的安全性可能与同一行或同一列中的其他元素的安全性不同,这说明数据库的保护粒度应该达到数据元素一级。

(2)简单的二进制安全性,即仅把数据的安全性分为敏感与不敏感两级,这是不能满足实际情况的需要的。可能需要分成几个安全级别,每一种安全级别可能代表允许知道的范围,一个主体可以知道的信息可能是属于不同级别的。典型的情况是安全级别形成代数上的格。

(3)数据库的一些集体性信息可能要求具有不同的安全性,如一些统计、求和、求平均、计数以及具有某种性质的一组信息都可能要求具有一定的安全级别,这些统计性信息的安全性与有关个体信息的安全性不一定在一个安全级别上。

(4)粒度问题。在操作系统中,对文件的访问控制对象是以文件本身为最小控制单位的,也就是说,访问控制并不深入到文件内部的页、段落、词组或单词。把整个文件赋予某个安全级进行管理是比较容易实现的。数据库中信息的存储分为整个数据库、库表、记录、字段和元素等几个层次。元素类似于文章中的单词。在一篇文章中,单独的词并没有敏感性。例如,"计划""蝙蝠""旅游"等单词在任何上下文中都不是敏感的,但有些单词,如"蝙蝠计划",则可能在有的上下文中包含敏感意义。

类似地,数据库中不仅需要考虑到每个元素的安全级别,而且还要考虑它们组合后产生的敏感性问题。例如,部队的番号、驻地和代号作为单个字段时,其敏感度并不高,但当这3个字段同时被查询输出时,就会成为敌对方需要获取的情报资料。因此在确定数据库中数据的敏感度时,需要同时考虑各个字段以及它们的组合敏感度。

为了实现每个元素具有不同安全级的要求,首先需要确定用户的访问权限和对每个数据项的访问控制，规定哪些用户可以访问什么数据。此外，还需要有措施确保不允许无权用户修改这些数据项的值。

从上述几条关于数据库安全的特点可以看出，数据库的安全要求与第三章介绍的军用安全模型的安全功能是不同的。在数据库安全模型中，一个目标的安全级可能是属于 N 级的某一级，并且按信息类进一步分隔成不同的类别。多级安全数据库对于数据库的数据元素和用户都要求两级或多级安全。军用安全模型仅仅是多级安全的一个特例。

2. 多级数据库中的完整性与保密性

计算机系统安全问题包括保密性、完整性和可用性问题以及他们之间的平衡问题。在多级数据库中，它们的概念需要扩展，下面加以说明。

即使在单级安全数据库中，各个数据元素都具有同样的敏感级，要保证其完整性也是一个困难的问题。在多级安全数据库中，要保持完整性则更难。根据保护信息完整性的 Biba 模型的 *– 特性原则的要求，不允许高级别的用户把读取的高级别元素的信息写到低级别的元素上。DBMS 下列操作将可能会与这一要求相矛盾：做备份、为了回答用户的查询而搜索整个数据库、根据用户处理需要而重组数据库或更新数据库的所有记录等操作。对于数据库用户来说，可以通过提高他们的安全意识和一些规章制度，防止这些人把高级别的信息写入到低级别的元素上。对于多级安全的 DBMS 来说，面临两种选择，要么规定不准高级进程向低级元素上写，要么要求进程必须是"可信赖进程"，是具有某种权限的人的计算机等价物。但到目前为止，可信赖的 DBMS 还没有开发出来。

为了增加敏感数据库的保密性，往往需要牺牲数据库的可用性和准确性。根据前面介绍的敏感数据库的保护方法，为了防止恶意用户通过统计推理获取数据库内的敏感信息，数据库管理程序采用故意致乱方法，使用户在两次等价查询后得不到相同的结果。在可能涉及敏感信息的情况下，数据库要么拒绝回答查询请求，要么给出与真实数据有误差的信息。

保密性还会带来一定的冗余性。在多级安全数据库中，为了区别不同记录的敏感级，常常把敏感性作为一个字段放到库表中。在有的情况下，某个人的信息可能具有两重敏感性，他可能是一个普通工作人员，但他又被赋予特殊任务，为了不影响数据库的完整性，让不同级别的人都能查询到他的信息，这个人的记录就可能以两种敏感级别放入同一库表中，这就造成了信息的冗余存储现象。

(二) 对多级安全实现方法的探讨

下面讨论的内容很多是不成熟的，有的处于建议阶段，有的处于原型阶段。向读者介绍这些研究成果是为了让读者了解解决数据库多级安全各种方案的原理和实现上的难度，也向读者提供解决数据库多级安全问题的一些思路。

1. 分开建库

解决数据库中存在多级敏感信息的一个简单方法是，把这些敏感信息分开放在不同级别的数据库中，不同级别的用户只能访问相应级别的数据库。这种方案的优点是：DBMS 可以相对简单，便于对不同数据库实现不同安全控制。由于同一数据库的用户都具有相同访问级别，对于用户的查询不需要采用数据致乱或隐蔽技术，用户可以得到较好的查询准确性。关于冗余性问题，如果在各级别数据库中，不重复存储其他级别的信息，则分立存放方式不增加数据库的冗余性，但这又给高级别用户访问低级别数据带来麻烦。分立方式也给数据库的综合查询或统计查询带来困难。

2. 加密

采用敏感字段加密的方法，可以防止低级用户即使在意外获得这些信息的时候也无法了解其含义。但加密方法有许多问题没有解决，如严重降低系统处理效率问题；单一密钥加密又容易被解密，多密钥加密又增加了密钥管理的困难。数据库的加密方式有以下两种。

(1) 库外加密。所谓库外加密，就是在数据从操作系统控制下的内存写入数据库之前，以存储块为单位先加密，然后再写入数据库中。DBMS 与操作系统的接口有 3 种方式：一是直接利用文件系统的功能；二是直接利用操作系统的功能；三是直接调用存储管理功能。假定采用文件加密方法，文件系统把一张库表当成一个文件，把每一个存储块当作文件的一个记录，文件系统与 DBMS 之间交换存储块号。当 DBMS 要求组装数据库或插入数据记录时，就向文件系统申请一个块，以便建立索引。库外加密方法简单，密钥管理也相对简单。

(2) 库内加密。库内加密的粒度可以是记录、属性或数据元素，分述如下。

记录加密是把库表的一条记录作为一个文件来加密，为了防止通过与明文记录比较的方式破解加密记录，需要做到一条记录一个密钥，需要解决密钥管理问题。如果数据库中需要加密的记录数较少，采用记录加密的方法是比较好的。

属性加密又称域（或字段）加密，属性加密是以库表中的列为单位加密的，记录加密是对库表的一行加密，属性加密则是对一整列加密。一般而言属性的个数少于记录的条数，需要的密钥数相对少一些。如果只有少数属性需要加密，属性加密是可选的方法。

数据元素加密是以记录中每个字段的值为单位加密。数据元素是数据库的最小加密粒度。当需要对数据库中的数据元素有选择地加密时，可选择这种加密方法。每个加密的元素需要对应一个密钥，因而当需要加密的元素数量较大的时候，需要管理的密钥数量很大。采用元素级加密会显著降低系统的效率。

3. 敏感性锁

敏感性锁的目标是提出一种兼顾数据库的完整性和保密性的解决方案。该方案的基本思想是把表示信息敏感度的信息包含到数据元素中，而不是存放在主数据库库表中。每个数据元素包括3部分：数据本身值、该数据的敏感标记和该数据元素的校验和，这个校验和用于防止数据值与敏感级别被非法修改。为了提高访问效率，数据值以明文形式存放。为了能有效地控制用户对数据元素的访问，敏感性锁中的敏感度标记应具有以下特性。

（1）不可伪造。防止恶意主体修改该元素敏感级或建立一个新的敏感级。

（2）唯一性。防止恶意主体把别的元素的敏感级复制到本元素的上。

（3）隐蔽性。使恶意主体无法确定任一目标的敏感级。

敏感性锁中的校验码称为密码校验和。校验和的作用是防止数据值与敏感级被恶意修改，校验和必须和数据元素严格地一一对应，必须包括该元素的值以及表示该元素在数据库中的特定位置关联的参数。给出了一个密码校验和的产生来源，其中记录号、字段名、字段值和敏感级等成分都是为了让校验和与该元素、该元素的值与敏感级以及该元素在数据库中的特殊位置相关，保证它的唯一性和不可复制性。加密函数可以根据安全性要求采用不同的加密算法。

有了敏感性锁以后，恶意用户不能仅仅根据敏感性锁的敏感级部分就能区分有相同安全级的两个元素。由于进行了加密，锁的内容尤其是敏感级是隐蔽的。这种锁只与特定字段有关，而且也保护了该字段的安全级。

敏感性锁方案的主要缺陷有两方面：在空间方面，由于对每个记录中的每个元素都需要增加存储敏感级别和校验和的空间，需要增加的存储空间是相当可观的，因而空间利用效率不高；在处理时间方面，在每次向用户传送数据之前，都必须对敏感性标记解码，以便验证该用户身份的合法性，而且当向元素写入或修改元素旧值时，又需要重新计算该标记的密码，由于需要对每一个元素都要作这些处理，因而时间效率也不高。如果数据库文件本身能受到可靠的保护，各数据元素的值也可以用明码存放，将有利于对敏感字段的选取与投影，因此可以稍微改进时间效率方面的缺陷。

4. 改造不可信 DBMS

改造不可信 DBMS，可以在用户与不可信 DBMS 之间增加一个可信赖前端，在 DBMS 与敏感数据库之间，增加可信赖访问控制器。可信赖访问控制器使用带有可信赖子程序的数据库管理程序来处理访问控制问题。用这种方法只需要验证该访问控制子程序，因为只有它才能够实现和批准对敏感数据的访问。

可信赖前端的概念是考虑到目前市场上已经流行许多成熟的大型企业级数据库，这些数据库的安全性是在不能令用户放心的情况下提出来的。可信赖前端是在现有不可信的 DBMS 与用户之间增加的一个访问控制模块。这个模块的作用类似于一个门卫，它核查每一用户对数据库的访问，它的角色类似于访问监控器的作用。

可信赖前端的功能是确认用户的身份、接收用户的查询请求、验证用户对数据的权限、向 DBMS 发出请求并接收来自 DBMS 的响应、通过校验和验证结果数据的正确性、把正确的数据传递给用户终端。

5. 安全过滤器

由于对不可信 DBMS 的改造困难较大，人们提出了安全过滤器的方案。该方案尽量利用现有 DBMS 的功能，只负责过滤用户的查询请求，在必要的时候还可以重新编排用户的查询要求，使这些查询和用户具有的权限相适应，确保用户只能获得被允许的敏感数据。过滤器是一个过程，它也作为用户与 DBMS 之间的接口。过滤器把接收到的用户查询请求过滤并重新进行编排后，交由 DBMS 去执行，过滤器对 DBMS 提交的记录再根据安全性要求进行一次过滤，以便只选出那些用户有权访问的数据。

安全过滤器的使用需要满足以下条件。

（1）如果过滤器用于记录级，过滤器从 DBMS 获取用户需要的数据及其校验和等有关信息，然后验证将要传递给用户的数据的准确性与可访问性。

（2）如果用于属性（即字段）一级，过滤器需要检查用户查询中涉及的所有属性是否可被该用户访问。若是，则把该查询提交给 DBMS，返回时过滤器将删除该用户无权访问的所有属性。

（3）如果用于元素一级的话，过滤器从 DBMS 获取用户需要的数据及其校验和等有关信息。当把这些信息传递给用户时，过滤器需要检查查询出来的各个记录中的每个元素的密码是否与用户级别相对应，不符合要求的元素将不提交给用户。

下面举例说明安全过滤器的作用。假如对于某军用数据库要求查询某个军区所有师长的名单，查询请求表示如下：

RETRIEVE 姓名 WHERE（（职务 = "师长" 八军区 = "XX 军区"））

这是一个敏感度很高的查询要求，必须严格核查查询者的身份，假定只允许相当级别的人才能查询所有师长的名单。为了保证敏感数据不被无权用户获取，安全过滤器需要重新编排原有的查询：

RETRIEVE 姓名 WHERE（（职务 = "师长" 范围 = "XX 军区"））

FROM ALL RECORDS R WHERE

（姓名密级（R）≤用户密级）

（职务密级（R）≤用户密级）

（范围密级（R）≤用户密级）

其中姓名密级、职务密级、范围密级分别表示 "姓名""职务" 和 "范围" 这些元素的密级，而用户密级则是用户自身的安全级别。过滤器为了重新编排查询，需要向数据库请求 "姓名""职务" 和 "范围" 3 个字段的值以及它们的安全级别的值。过滤器根据编排的查询条件对所有的记录进行过滤，只将那些用户有权了解的记录传送给用户。

　　为了重新编排用户的查询请求，在过滤器中必须有对查询语句的语法、语义分析功能，从用户的查询要求中提取用户涉及的字段，然后生成相应的过滤语句。过滤器方法的优点是把查询任务交给DBMS完成，自己负责查询的编排与安全过滤，这样可使过滤器的规模较小，从而可以提高整个系统的效率。

　　6. 窗口与视图

　　窗口是数据库的一个子集，它恰好包含允许一个用户访问的信息。视图可以代表某单个用户的子集数据库，该用户对数据库的全部查询访问完全限制在该子集数据库中。因此利用视图可以有效地限制用户访问数据库的范围。视图由数据库中的一组关系组成，当数据库中的数据发生变化的时候，视图中的数据也跟随发生变化。

　　除了元素而外，视图还包括属性上的一些关系。用户可以由新的和现有的属性及元素而建立新的关系。这些新关系也可以被其他用户访问，只要用户拥有足够的权限就行。只有当一个用户在视图上的操作是合法的时候，才能对该视图所定义的子集数据库进行操作。例如，用户可以用在一个视图内抽取记录去更新另一个视图内的记录。

　　7. 安全数据库的分层

　　安全数据库的投影与视图概念和可信赖操作系统结合起来可以成为可信赖DBMS的理论基础。最内层是访问控制层，这一部分主要借助安全操作系统的安全功能实现数据库的访问控制功能。该层是一个访问监视器，完成与数据库之间的文件交互，执行Bell-LaPadula的访问控制技术、进行用户的认证，它还要完成传递给高层的数据的过滤任务。第2层完成数据库的基础索引与计算功能。第3层将视图翻译为数据库的基本关系。这3层组成系统的可信计算基（TCB）。最外层是和数据库用户的接口层，其余各层完成DBMS的普通功能。这种对数据库功能的逻辑划分是设计与实现安全数据库DBMS的重要基础。

　　上面重点讨论了多级安全数据库的完整性与保密性问题。敏感性锁是实现数据库完整性和访问控制的一种方法。所介绍的视图、具有修改查询能力的可信赖前端和交换过滤器是实现数据库保密性的主要方法。

第五章　网络安全问题

　　随着计算机网络的不断延伸以及和其他网络的集成，保持网络内敏感对象安全的难度也极大地增加了。网络和连接在使通信和信息共享变得更为容易的同时，也像潘多拉盒子一样，将联网的系统暴露在能损坏计算机系统和数据的各种攻击之中。

　　通常计算机设备通过包括局域网、广域网和调制解调器与电话网之类的各种方法与外部世界连接，这就使得外部的人有可能获得对你的计算设备的访问权，即使这些人所在的单位与你的单位没有任何关系。网络黑客、脱离单位的职员和其他有恶意的人有可能和你的计算机设备连接，就像坐在你的计算机中心机房那里工作，因而可能会造成不可忽略的损失。

　　计算机网络关系着联网设备上的系统、程序和数据的安全。网络的风险比那些独立的系统要大一些。共享既是网络的优点，也是风险的根源，它会导致更多的用户（友好与不友好的）从远地访问系统，使数据遭到拦截与破坏，以及对数据、程序和资源进行非法访问。因此，计算机网络的安全问题成为各级部门、各级领导非常关心的重要问题就是一件显而易见的事情。

　　计算机网络系统可以看成是一个扩大了的计算机系统，在网络操作系统和各层通信协议的支持下，位于不同主机内的操作系统进程可以像在一个单机系统中一样互相通信，最多通信时延稍大一些而已。因此，在讨论计算机网络安全时，可以参照讨论操作系统安全的有关内容进行讨论。每一个计算机系统的安全问题都与数据的完整性、数据的保密性以及服务的可获得性有关。对网络而言，也必须保证数据的完整性、数据的保密性和服务的可获得性。在下面的讨论中，以一个系统的观念看待计算机网络，把注意力集中在用户对网络的访问、系统内部的处理过程和系统的输出上。

第一节　网络安全框架与机制

为了保护数据和网络资源，网络安全服务有 5 个基本目标，具体如下。

（1）可用性。可用性就是指网络服务对用户而言必须是可用的，也就是确保网络节点在受到各种网络攻击时仍然能够提供相应的服务。

（2）机密性。机密性保证相关信息不泄漏给未授权的用户或实体。

（3）完整性。完整性保证信息在传输的过程中没有被非法用户增加、删除与修改，保证非法用户无法伪造数据。

（4）真实性。真实性保证和一个网络节点通信的对端就是真正的通信对端，也就是说要鉴别通信对端的身份。如果没有真实性，那么网络攻击者就可以假冒网络中的某个节点来和其他的节点进行通信，那么他就可以获得那些未被授权的资源和敏感信息。

（5）不可否认性。不可否认性保证一个节点不能否认其发送出去的或收到的信息。这样就能保证一个网络节点不能抵赖它以前的行为。

如果破坏了上述网络安全服务的任意一个安全目标，那么就是对网络安全构成威胁。这些威胁依照它们如何影响网络中的信息正常的流向而定。

一、网络安全框架

虽然 OSI 标准协议并未得到真正的实现，但它为网络协议的标准化进程确立了一个榜样与目标。同样，提出 OSI 安全体系结构也为如何解决网络面临的威胁给出了思路与方向，直到现在为止，在 OSI 安全体系结构中提出的许多安全概念至今仍是安全专家们致力研究的网络安全课题。该安全体系结构支持 OSI 的层次独立原则，目的是为了保障 OSI 安全而提供一个一致性的安全方法，而不是为一些个别问题提供大量独立性的解决方法。下面将介绍 OSI 安全体系结构所提供的 6 类安全服务，然后介绍实现这些服务的 8 种安全机制以及这些服务与机制之间、服务与层次的对应关系。

为了防止计算机网络受到威胁，OSI安全体系结构提供了6种不同的安全服务。这些服务可能包含在体系结构中，也可能包含在体系结构的服务和协议的实现中。这些安全服务的主要内容如下。

(1) 对等实体鉴别（peer entity authentication）服务。这是为了确保位于同层网络连接两端的对等实体的身份是合法与真实的而提供的服务。这种服务可以防止实体假冒或采用重复以前的连接方式进行伪造连接初始化的攻击。这种鉴别可以是双向的也可以是单向的。

(2) 访问控制服务。用来防止未经许可的用户非法地通过OSI访问网络的资源。这种保护服务也可以同时为一个组的用户提供。

(3) 数据保密（data confidentiality）服务。用来保护网络中交换的数据，防止未经许可地暴露数据内容。根据OSI标准协议中规定的数据交换方式，它提供连接方式和无连接方式的数据保密服务。此外，它还提供防止从观察信息流就能推导出信息的保护，以及允许用户选择协议数据单元中的某些字段进行保护。

(4) 数据完整性（或通信完整性）服务。用来防止非法网络实体对传输中的数据的主动攻击（如插入、篡改、删除等）或因网络服务质量问题造成数据的错误或丢失，以保证接收到的信息与发端发送的信息完全一致。数据完整性服务包括可恢复的连接完整性服务、无恢复的连接完整性服务、选择字段连接完整性服务、选择字段无连接完整性服务和无连接完整性服务。

(5) 数据源点鉴别。该服务是由OSI体系结构中的第（N）层向第（N+1）层提供的，它为第（N+1）层提供数据源的对等实体进行鉴别，以防假冒。

(6) 不可否认（non repudiation）服务。该服务向数据的接收者提供数据源的证据，防止发送者否认发送过数据（或数据中的内容）；也可以向发送者提供数据已交付的证据，防止接收者抵赖曾经收到过此数据（或数据中的内容）。这种服务需要利用数字签名技术或第三方认证技术。

二、网络安全机制

为了实现上述的各种安全服务，OSI安全体系结构建议采用8种安全机制（security mechanism）来实现这些服务。

(1) 加密机制。加密是保护数据安全常用技术，加密和其他技术相结合可提供数据的完整性。加密可以采用常规密钥算法和公开密钥算法。加密还有一个层次选择问题。ISO认为，选择物理层加密可以保护整个报文流的安全；在表示层加密，可提供无恢复的完整性、"不可否认"等服务；选择运输层加密，可提供保密性和带恢复的完整性。

（2）数据签名机制。数据保密机制可以防止信息向非授权实体泄露，但不能防止数据交换过程中的否认、伪造、篡改和冒充等威胁数据安全的问题发生。数据签名机制就是为了解决这个问题。

（3）访问控制机制。访问控制机制是为了防止网络实体未经授权地访问网络资源。可以利用存放访问权限的数据基、口令、安全标记、能力和审计等措施与技术实现访问控制机制。

（4）数据完整性机制。数据完整性需要保护数据单元的完整性和数据单元序列的完整性。数据单元完整性可以由收、发两个实体共同协作完成，确保数据在传输过程中未被修改过；数据单元序列的完整性要求数据单元编号的连续性和时间标记的正确性，防止假冒、丢失、重复、插入或修改数据。

（5）鉴别交换机制。该机制用交换信息的方式确认实体身份。鉴别交换机制可以综合使用口令、加密、数字签名、公证、时间戳或实体特征等技术与方法实现。

（6）业务流量填充机制。为了防止网络窃听者通过对传输的报文和报文流的流量与流向的分析，从中发现敏感信息，利用该机制连续地在网络中发送随机序列的报文，使网络中的信息流不论忙时还是闲时都变化不大，使得窃听者无法区分有用信息流和无用信息流。

（7）路由控制机制。路由控制机制允许网络用户按自己希望的路径在网络中传输数据，该机制可以提供选择安全路由的能力。

（8）公证机制。在分布很广和互不信赖的用户之间进行公证，防止因双方对收发的报文抵赖或因报文中途被修改、丢失、迟延等原因引起的责任问题进行公证和仲裁。在网络中公证机构是由第三方实体完成的，通信双方进行数据通信时，必须通过这个机构交换，该机构才能依据所得到的信息进行公证。

安全服务机制是为了提供各种安全服务的，安全机制和安全服务之间不是一一对应的，有的是多对一的，有的是一对多的。

第二节　IPv4 网络的安全问题

除最后一小节外，本章所讨论的网络安全问题都是针对 IPv4 网络的，因此，了解 IPv4 协议体系的缺陷，就可以理解为什么在 TCP/IP 网络中发生各种各样的攻击的原因了，虽然这并不是所有的原因，但也是主要的原因之一。

一、IPv4 网络协议的安全问题

目前广泛使用的 TCP/IP 协议是缺少安全机制的 IPv4 版本。该版本的 TCP/IP 协议体系中存在许多安全缺陷，主要列举如下：

（1）TCP/IP 本身不提供加密传输功能，用户口令和数据是以明文形式的传输的，很容易在传输过程中被截获或修改。

（2）TCP/IP 本身不支持信息流填充机制，容易受到信息流分析的攻击。

（3）TCP/IP 本身不提供对等实体鉴别功能，恶意的第三者实体可以轻易冒充合法连接的两个对等实体之间的某一个实体与另一个实体进行通信，并骗取对方的信任。

（4）TCP/IP 协议体系本身存在缺陷，容易遭受到攻击。例如，服务端口的半开连接问题会造成拒绝服务现象发生。Internet 紧急事件反应小组（CERT）已经通报了这一情况。

（5）由 TCP/IP 支持的 Internet 中的各个子网是平等的，难以实现分级安全的网络结构（如树状结构），无法实现有效的安全管理。

（6）许多厂商提供的 TCP/IP 应用层协议实用软件中存在严重的安全漏洞，常常被黑客用作网络攻击的工具。

综上所述，TCP/IP 协议体系中确实存在严重的安全缺陷，但它的协议被广泛使用，因此必须重视研究与解决 TCP/IP 体系的安全问题。

二、常见的网络攻击

目前针对 IPv4 网络的攻击手段极为繁多，在 Internet 上的许多黑客站点上都免费提供各种类型的网络攻击应用程序，它们攻击的目标可以针对

Windows 系列、UNIX 到 Netware 等各种操作系统平台。根据我们对现有网络攻击手段的分析和总结，计算机网络经常遭受的网络攻击手段可以划分为 7 类：阻塞类攻击、控制类攻击、探测类攻击、欺骗类攻击、漏洞类攻击、软破坏类攻击和硬破坏类攻击。其中软破坏类攻击是指攻击时只破坏系统中的软件或数据，被攻击后的系统仍可以利用备份恢复正常运行；硬攻击是指毁坏对方系统的芯片或整个硬件设备，由于这主要是通过"火力"或"电磁炸弹"的威力实现的，本书对此类攻击不作讨论。当然这几类攻击之间也可能有交叉，而且在一次网络攻击中，并非只使用上述 7 种攻击手段的某一种，而是多种攻击手段相综合，取长补短，在不同的网络攻击中发挥各自不同的作用。

（一）阻塞类攻击

阻塞类攻击企图通过强制占有信道资源、网络连接资源、存储空间资源，使服务器崩溃或资源耗尽，无法对外继续提供服务。拒绝服务攻击（DoS）是典型的阻塞类攻击，常见的方法有：TCPSYN 洪泛攻击、Land 攻击、Smurf 攻击、电子邮件炸弹等多种方式。为了针对宽带网络技术的发展，目前 DoS 已发展为"火力"更为猛烈的分布式集群攻击（DDoS）。

拒绝服务攻击是一类个人或多人利用 Internet 协议组的某些工具，拒绝合法用户对目标系统（如服务器）和信息的合法访问的攻击。以这种方式攻击的后果往往表现在以下几个方面。

（1）使目标系统死机。

（2）使端口处于停顿状态。

（3）在计算机屏幕上发出杂乱信息、改变文件名称、删除关键的程序文件。

（4）扭曲系统的资源状态，使系统的处理速度降低。

在几乎所有的情况下，拒绝服务攻击没有表示出攻入的危险，也就是说，攻击者通过这种攻击手段并不会破坏数据的完整性或者获得未经授权的访问权限，他们的目的只是捣乱而非破坏。拒绝服务攻击并没有一个固定的方法和程式，它以多种形式体现出来。在这里我们仅探讨几种典型拒绝服务攻击的形式以及它们的攻击原理。

1. TCPSYN 洪泛攻击

一个标准的 TCP 连接的建立，是通过一台主机向目的主机 (或者服务器) 发送 SYN 数据包开始的。如果目标主机在 SYN 指定的端口上等待连接，它就发回 SYN/ACK 响应数据包。当连接发起一方的主机收到 SYN/ACK 数据包时，就回应以 ACK 数据包，这时连接就建立起来了。这个过程称为"三次握手"。当 SYN/ACK 包发送回源主机时，目的主机一方要保留一部分内存，用以保留当前所建立的连接状态信息。除非收到源主机一方发回的 ACK 包或者超时，否则这部分内存不会被释放并且目的主机将一直等待。

如果攻击者将大量的 TCPSYN 连接请求数据包发送给目的主机 (或者服务器)，目的主机将耗尽与源主机进行连接时必须使用的存储器，而合法的用户将不再能够与该目标主机建立连接，也就当然无法获得正常的服务。

2. Land 攻击

在 Land 攻击中，攻击者故意生成一个数据包，其源地址和目的地址都被设置成某一个服务器地址，这时将导致接受服务器向它自己的地址发送"SYN-ACK"消息，结果这个地址又发回 ACK 消息并创建一个空连接。每一个这样的连接都将保留直到超时。对 Land 攻击反应不同，许多 UNIX 系统将崩溃，而 Windows NT 会变得极其缓慢。

3. Smurf 攻击

"Smurf 攻击"是以最初发动这种攻击的程序名 Smurf 来命名。这种攻击方法结合使用了 IP 欺骗和 ICMP 回复方法，使大量网络传输信息充斥目标系统，引起目标系统拒绝为正常系统进行服务。Smurf 攻击通过使用将回复地址设置成受害网络的广播地址的 ICMP 应答请求 (ping) 数据包，来淹没受害主机，最终导致该网络的所有主机都对此 ICMP 应答请求做出答复，导致网络阻塞。更加复杂的 Smurf 将源地址改为第三方的受害者，最终导致第三方崩溃。

4. 电子邮件炸弹

电子邮件炸弹是一种简单有效的侵扰工具，也是网络攻击者常用的攻击手段之一，电子邮件炸弹攻击实质上是反复给目标接收者发送地址不详、内容庞大或相同的恶意信息，也就是用邮件垃圾充满被攻击者的个人邮箱。

由于个人邮箱的容量有限，大量的垃圾邮件会冲掉用户个人的正常邮件。而且大量垃圾邮件会占用大量的网络资源，并可能导致网络拥塞，使得网络用户不能正常工作。电子邮件炸弹攻击对 E-mail 服务器也会构成极大的威胁。因为如果服务器同时接收到许多的 E-mail 时，网络用户的 E-mail 无法被正常发送和接收，而且有可能会出现服务器死机现象，这种攻击也被称为拒绝服务攻击。

电子邮件炸弹程序可以存在于任何操作系统平台上，在 Internet 许多站点上有许多发布的免费 E-mail 炸弹程序。

（二）控制类攻击

控制类攻击是一类试图获得对方机器控制权的攻击，最常见的有 3 种：口令攻击、特洛伊木马攻击和缓冲区溢出攻击。口令截获与破解，仍然是最有效的口令攻击手段，进一步的发展应该是研制功能更强的口令破解程序；木马技术目前着重研究更新的隐藏技术和秘密信道技术；缓冲区溢出是一种常用的攻击技术，早期利用系统软件自身存在的缓冲区溢出的缺陷进行攻击，现在研究制造缓冲区溢出。关于缓冲区溢出攻击的原理在前面已经介绍过，这里不再重复。

1. 口令攻击

口令是一种为了获得进入所访问系统或文件必须使用的字符串。由口令对用户系统所提供的安全很大程度依赖于口令本身的安全，因此，口令的正确使用是一件十分重要的事情。然而，大多数的系统用户对口令问题并不十分在意，他们设置系统口令时往往很随便，如以他们自己、配偶和子女的姓名或生日作为系统的口令，这种情况下，入侵者使用一些口令破解程序能够较容易地破解口令。所以，口令攻击也是常见的网络攻击手段之一。

任何可以完成口令破解或者屏蔽口令保护的程序都称为口令入侵者。网络攻击者往往把用户口令的破解作为对目标系统攻击的开始。

几乎所有的用户系统都利用口令来防止非法登录，却很少有严格地使用口令的。网络入侵者经常利用有问题的且缺乏保护的口令进行攻击。一个口令入侵者并不一定能够解开任何口令。实际上，只要网络用户认真地对待系统口令问题，将命名的口令达到 8 位以上，且无规律性，绝大多数口令破解程序都不能正确破解。

可以通过蛮力口令猜测进行攻击。蛮力口令猜测就是对所有可能的口令进行反复猜测。例如，蛮力攻击可能尝试 A，B，C，D…AA，AB，AC……AAA，AAB 等等。一般情况下，使用蛮力破解口令所需要的时间是该口令长度的几何函数，同时也取决于该口令基于的那个字符集的大小等因素。例如，如果攻击者知道某个目标系统用户只使用大写（或只使用小写）字母，则使用蛮力破解口令的时间将显著地减少。攻击者常常拥有足够多的蛮力选择项可从口令破解程序中选择，包括选择口令所构成字符的选择项以及控制口令长度的选择项等。

字典攻击是网络攻击者常常使用的一种简单口令突破方法。由于网络用户常采用一些英语单词或自己名字作为口令，因此口令入侵者以很高的速度，自动地从某个计算机字典中取出所有条目，一个接一个地作为口令发送到目标系统中去尝试，最终可能会碰到正确的口令。攻击者可以使用他们自己的字典或存储于该服务器或本地硬盘上的字典文件。这个破解过程由计算机程序自动完成，需要若干小时就可以把一部字典中的所有单词尝试一遍。

如果使用蛮力破解方法不能奏效，网络入侵者也可以利用目标系统存在的自身漏洞，盗取其口令文件。例如，UNIX 系统的口令文件是 PassWD，它是网络入侵者光顾的重要目标之一。一旦他得到 PassWD，网络入侵者将一个字表送到加密进程（如 DES）进行加密，通常是一次加密一个单词。每加密一个单词，就将加密后的结果与目标口令（同样是加密的）对比，如果不匹配，就开始处理下一个单词。一旦有一个单词与目标口令匹配，则认为口令被破解，相应的明码单词被存入某个文件中提供给入侵者。

当用户必须从硬盘或软盘注册，攻击者就可以通过对目标系统安装内存驻留程序来记录用户的登录口令，并通过某种磁盘工具来查看所捕获的口令文件。

2. 特洛伊木马攻击

这种攻击的表现形式对被攻击者来说并不像拒绝服务攻击那样直观，甚至受害者根本不知道自己已经被入侵，因而它是一种极为危险的网络攻击手段。

特洛伊木马是任何由程序员编写的、提供了隐藏的、用户不希望的功能的程序，同时它也是一种能巧妙躲过系统安全机制，对用户系统进行监视或破坏的一种有效方法。特洛伊木马也可以是伪装成其他公用程序,并企图接收信息的程序。例如,一种典型的特洛伊木马是伪装成系统登录屏幕的程序,以检索用户名和密码。有些特洛伊木马用户系统具有某种程度的破坏性。例如,修改数据库、传递电子邮件(如将用户系统口令以电子邮件发送到入侵者处)、复制或删除文件,甚至格式化硬盘等。

(三)探测类攻击

信息探测型攻击主要是收集目标系统的各种与网络安全有关的信息,为下一步入侵提供帮助。特洛伊木马也可以用于这一类目的。这类攻击主要包括:扫描技术、体系结构刺探、系统信息服务收集等。目前正在发展更先进的网络无踪迹信息探测技术,其中用得比较多的是网络安全扫描器。

网络安全扫描是网络安全防御中的一项重要技术,其原理是,采用模拟攻击的形式对目标可能存在的已知安全漏洞进行逐项检查。目标可以是工作站、服务器、交换机、数据库应用等各种对象。然后根据扫描结果向系统管理员提供周密可靠的安全性分析报告,为提高网络安全整体水平产生重要依据。在网络安全体系的建设中,安全扫描是一种花费低、效果好、见效快、与网络的运行相对对立、安装运行简单的工具,它可以大规模减少安全管理员的手工劳动,有利于保持全网安全政策的统一和稳定。网络安全扫描器可以用于对本地网络进行安全增强,同样可以被网络攻击者用来进行网络攻击。

(四)欺骗类攻击

欺骗类攻击可发生在 IP 系统的所有层次上。比如 IP 欺骗、ARP 欺骗、DNS 欺骗等。

所谓的 IP 欺骗,就是伪造合法用户主机的 IP 地址与目标主机建立连接关系,以便能够蒙混过关而访问目标主机,而目标主机或者服务器原本禁止入侵者的主机访问。

ARP 欺骗原理如下:假设 A 和 B 要进行通信,入侵者想对主机 B 实施 ARP 欺骗,那么他可以先对主机 A 进行拒绝服务攻击(入侵者可以利用 ARP 协议造成拒绝服务:入侵者发送大量的 ARP 请求报文,且报文的 IP 地址与 MAC 地址不一致,造成响应主机不得不花很多时间处理这些请求),使其暂时挂起或干脆趁主机 A 关机时进行。然后入侵者用主机 A 的 IP 地址向主机 B 发送 AKP 请求报文，这样在主机 B 的高速缓存中就更新了原来主机 A 的 IP 地址（物理地址）的映射。若原来主机 A 和主机 B 有某种信任关系，那么现在主机 B 就和入侵者的机器有了同样的信任关系，危险可想而知。

DNS 欺骗的机制比较简单：以一个假的 IP 地址来响应域名请求。但它的危害性大于其他的电子欺骗方式。在多数情况下，实施 DNS 欺骗时，入侵者要取得 DNS 服务器的信任并明目张胆地改变主机的 IP 地址表，这些变化被写入到 DNS 服务器的转换表数据库中，因此，当客户发出一个查询请求时，他会等到假的 IP 地址，这一地址会处于入侵者的完全控制之下。

(五) 漏洞类攻击

针对扫描器发现的网络系统的各种漏洞实施的相应攻击，跟随新发现的漏洞，攻击手段不断地翻新，防不胜防。由于这些攻击的新颖性，一般而言，即使安装了实时入侵检测系统，也很难发现这一类攻击。

现有的各种操作系统平台都存在着种种安全隐患，从 UNIX 到 Microsoft 操作系统无一例外，只不过是这些平台的安全漏洞发现时间早晚不同、对系统造成的危害程度不同而已，即在每一种操作系统平台上，都有目前已经被发现的、潜在的、有待检测的各种安全漏洞。因此，所有的系统和网络管理员一旦有可能就应该研究这些漏洞，把它看成与管理员称号相配的职责。因为即使管理员不研究这些漏洞，网络入侵者也会去研究的。

漏洞就是系统硬件或者软件存在某种形式的安全方面的脆弱性，这种脆弱性存在的直接后果是允许非法用户未经授权获得访问权或提高其访问权限。漏洞的种类和表现形式繁多，有熟知的最简单的漏洞，如 PC 机的 CMOS 口令在 CMOS 电池被移走或供电不足的情况下丢失，任何非授权用户都可以借此获得访问 PC 主机的权利；也有很少接触到的、不熟悉的甚至还是潜在的系统隐患。每个平台无论是硬件还是软件都存在漏洞，可以说，不存在绝对安全的事物。

任何入侵者可以利用的漏洞可能导致发现并利用其他的漏洞（其等级或高或低）。每一个漏洞，不管它的等级如何，在网络中都是一个环节。入侵者破坏了一个环节，入侵者就有希望破坏所有其他的环节。某些入侵者甚至在入侵一个目标时，可能联合使用几种技巧或者利用多种漏洞。如果成功地入侵了一个目标，那么其他的目标也可能被入侵成功。要找到某种平台或者某类安全漏洞也是比较简单的。在 Internet 上的许多站点，不论是公开的还是秘密的，都提供漏洞的归档和索引。

(六) 软破坏类攻击

破坏类攻击是指对目标机器的各种数据与软件实施破坏的一类攻击，包括计算机病毒、逻辑炸弹、信息删除和修改等攻击手段。信息删除一般与病毒攻击结合在一起使用。

1. 病毒攻击

计算机病毒已经由单机病毒发展到网络病毒，由 DOS 病毒发展到 Windows 系统的病毒，现在已经发现 UNIX 系列的病毒。电子邮件与蠕虫技术是网上传播病毒的主要方法，在红色代码 II 中，病毒技术与后门技术结合是网络攻击手法的新动向。

任何病毒只要侵入系统，都会对系统及应用程序产生程度不同的影响。轻者会降低计算机工作效率，占用系统资源，重者可导致系统崩溃。由此特性可将病毒分为良性病毒与恶性病毒。良性病毒可能只显示些画面或出点音乐、无聊的语句，或者根本没有任何破坏动作，但会占用系统资源。这类病毒较多，如 GENP、小球、W-BOOT 等。恶性病毒则有明确目的，或破坏数据、删除文件，或加密磁盘、格式化磁盘，有的对数据造成不可挽回的破坏，这也反映出病毒编制者的险恶用心。

对于传统病毒来讲，病毒是寄生在可执行程序代码中的。新的病毒的机理告诉我们，病毒本身是能执行的一段代码，但它们可以寄生在非系统可执行文档里。只是这些文档被一些应用软件所执行。

2. 逻辑炸弹

逻辑炸弹是指隐藏在目标程序中的一段恶意代码，当某种执行条件 (如指定的日期时间) 满足时，该恶意代码便会发作，去破坏用户或系统的资源，如用户数据库、应用程序、系统软件等。我国某程序寻呼台的一位工程师因待遇问题和经理产生矛盾，在离开寻呼台之前，在他自己编制的寻呼软件中写入了破坏寻呼系统的软件与数据库内容的代码，并指定了破坏时间。在他离开寻呼台不久，该逻辑炸弹发作，致使该寻呼台瘫痪。这是一种典型的逻辑炸弹事例。

逻辑炸弹与计算机病毒的主要区别是：逻辑炸弹没有感染能力，它不会自动传播到其他软件内。逻辑炸弹是由软件的编制者故意安放在目标代码中，而不是被传染的。由于我国使用的大多数系统都是国外进口的，其中是否存在逻辑炸弹，应该保持一定的警惕。对于要害部门中的计算机系统，应该以使用自己开发的软件为主。

第三节　因特网服务的安全问题

从网络安全的角度来讲，每一种 Internet 网络服务都存在自身的安全问题。本小节从 Web 服务、FTP 服务、Telnet、电子邮件和 DNS 服务 5 个方面讨论 Internet 网络服务的安全问题。当然，Internet 上并非只有这些服务，只要存在一种服务，其安全问题都需要引起重视。

一、Web 服务的安全问题

(一) 安全漏洞

安全漏洞是所有软件的最大安全问题，Web 服务器也不例外。Web 服务器上的漏洞一般可以分为以下几类。

(1) 操作系统本身的安全漏洞。比如由于操作系统本身的漏洞，使得未授权的用户可以获得 Web 服务器上的秘密文件、目录或重要数据。

(2) 明文或弱口令漏洞。当远程用户向服务器发送信息时，特别是信用卡之类东西时，中途可能会被网络攻击者非法拦截。如果客户和服务器间的通信是明文或弱口令加密方式，如果当时传输的信息是明文形式，那么一切都暴露出去了；或者虽然经过加密了，但加密的口令是弱口令，那么密文仍然可能会很容易被网络攻击者解密。

(3) Web 服务器本身存在的一些漏洞，或者 IIS（运行于 Windows 下）和 Apache（运行于 UNIX 下）本身的漏洞，使得一些人能侵入到主机系统，破坏一些重要的数据，其至造成系统瘫痪。

(4)CGI 安全方面的漏洞有：有意或无意在主机系统中遗漏的 Bug，从而给网络攻击者创造了条件；用 CGI 脚本编写的程序当涉及远程用户从浏览器中输入表格并进行检索或允许客户在主机上直接操作命令时，或许会给 Web 主机系统造成危险。

因此，不管是配置服务器，还是在编写 CGI 程序时，都要注意系统的安全性。尽量堵住任何存在的漏洞，创造安全的环境。还有一些简单的从网上下载 Web 服务器，没有过多考虑到一些安全因素，不能用作商业应用。要最大限度地降低由于安全漏洞引起的问题，主要还是在于对 Web 服务器的管理，比如要定期下载安全补丁，不选用从网上下载的简单 Web 服务器，进行严格的口令管理等。

(二) Web 欺骗

Web 欺骗允许攻击者将对一个正常 Web 的访问流量全部引入到另一个攻击者的 Web 服务器，经过攻击者机器的过滤作用，允许攻击者监控受攻击者的任何活动，包括账户和口令。攻击者也能以受攻击者的名义将错误或者易于误解的数据发送到真正的 Web 服务器，以及以任何 Web 服务器的名义发送数据给受攻击者。简而言之，攻击者观察和控制着受攻击者在 Web 上做的每一件事。

在一次欺骗攻击中，攻击者创造一个易于误解的上下文环境，以诱使受攻击者进入并且做出缺乏安全考虑的决策。欺骗攻击就像是一场虚拟游戏：攻击者在受攻击者的周围建立起一个错误但是令人信服的世界。如果该虚拟世界是真实的话，那么受攻击者所做的一切都是无可厚非的。但遗憾的是，在错误的世界中，似乎是合理的活动可能会在现实的世界中导致灾难性的后果。

欺骗攻击在现实的电子交易中也是常见的现象。例如，我们曾经听说过这样的事情：一些西方罪犯分子在公共场合建立起虚假的 ATM 取款机，该种机器可以接受 ATM 卡，并且会询问用户的 PIN 密码。一旦该种机器获得受攻击者的 PIN 密码，它会要么"吃卡"，要么反馈"故障"，并返回 ATM 卡。不论哪一种情况，罪犯都会获得足够的信息，以复制出一个完全一样的

ATM 卡。后面的事情大家可想而知了。在这些攻击中，人们往往被所看到的事物所愚弄：ATM 取款机所处的位置，它们的外形和装饰，以及电子显示屏的内容等。

人们利用计算机系统完成具有安全要求的决策时，往往也是基于其所见。例如，在访问网上银行时，可能根据所见的银行 Web 页面，从该行的账户中提取或存入一定数量的存款。因为相信所访问的 Web 页面就是所需要的银行的 Web 页面。无论是页面的外观、URL 地址，还是其他一些相关内容，都让人感到非常熟悉，没有理由不相信。但是，很可能被愚弄了。

为了分析可能出现欺骗攻击的范围和严重性，我们需要深入研究关于 Web 欺骗的两个部分：安全决策和暗示。

1. 安全决策问题

一般安全决策往往都含有较为敏感的数据。如果一个安全决策存在问题，就意味着一个人在做出决策时，可能会因为关键数据的泄露，导致不受欢迎的结果。很可能发生这样的事情：第三方利用各类决策数据攻破某种秘密，进行破坏活动，或者导致不安全的后果。例如，在某种场合输入账户和密码，就是在此谈到的安全决策问题。因为账户和密码的泄露会产生不希望发生的问题。此外，从 Internet 上下载文件也是一类安全决策问题。不能否认，在下载的文件当中可能会包含有恶意破坏的成分，尽管这样的事情不会经常发生。

安全决策问题无处不在，甚至在通过阅读显示信息做出决策时也存在一个关于信息准确性的安全决策问题。例如，如果决定根据网上证券站点所提供的证券价格购买某类证券时，那么必须确保所接收信息的准确性。如果有人故意提供不正确的证券价格，那么不可避免地会有人浪费自己的财富。

2. 暗示

Web 服务器提供给用户的是丰富多彩的各类信息，人们通过浏览器任意翻阅网页，根据得到的上下文环境来做出相应的决定。Web 页面上的文字、图画与声音可以给人以深刻的印象，也正是在这种背景下，人们往往能够判断出该网页的地址。例如，一个特殊标识的存在一般意味着处于某个公司的Web 站点。

我们都知道目标的出现往往传递着某种暗示。在计算机世界中，往往都习惯于各类图标、图形，它们分别代表着各类不同的含义。富有经验的浏览器用户对某些信息的反应就如同富有经验的驾驶员对交通信号和标志做出的反应一样。

目标的名字能传达更为充分的信息。人们经常根据一个文件的名称来推断它是关于什么的。manual.doc 是用户手册的正文吗？它完全可以是另外一个文件种类，而不是用户手册一类的文档。一个 microsoft.com 的链接难道就一定指向大家都知道的微软公司的 URL 地址吗？显然可以偷梁换柱，改向其他地址。

人们往往还会在时间的先后顺序中得到某种暗示。如果两个事件同时发生，就自然地会认为它们是有关联的。如果在点击银行的网页时，username 对话框同时出现了，就会自然地认为应该输入在该银行的账户与口令。如果在点击了一个文档链接后，立即就开始了下载，那么很自然地会认为该文件正从该站点下载。然而，以上的想法不一定都是正确的。

二、FTP 服务的安全问题

如果接触 Internet 比较早的话，那么一般比接触 HTTP 更早接触到了FTP，因为 FTP 流行前 HTTP 还未出现。虽然当时人们还停留在命令行阶段，但人们乐此不疲，直到 WWW 的出现。直到现在，FTP 仍然扮演着重要的角色，特别是 FTP 服务器在提供公用服务方面。但是，FTP 服务器同样存在着一些安全问题。

(一) 匿名登录

用过 FTP 的人知道其提供一种匿名服务（Anonymous Service）。登录名用 anonymous，而口令通常可用你的 Email 代替。正是这种服务方式方便了用户，但也不可避免地带来了问题，如客户登录后，往往能够获得一个可写目录（通常是 /incoming），这样客户就可以通过 PUT 上载一个甚至是多个 TXT 文件，来达到其攻击该 FTP 服务器或其他 FTP 服务器的目的。虽然许多 FTP 服务器都限制匿名用户的权限，如执行权，而许多 FTP 服务器同Web 服务器安装在一台机器上，那么匿名用户完全可以利用该可写目录运行命令调用 Web 服务器执行。

(二) FTP 代理服务器

通过 FTP 代理服务器连接到匿名 FTP 服务器，而不是直接同其连接。这主要基于两个原因：第一，无法直接连接，比如存在防火墙；第二，出于不被匿名服务器知晓其 IP 地址的目的，或者登录者就是网络攻击者，或者由于匿名服务器根据 IP 地址来限制客户登录。

所以对于防火墙内的客户来说，它必须首先运行 FTP 命令，并通过作为主机的防火墙连接，连接完成后，必须说明用户名和连接的地点，在认证该地点确实允许之后，代理就与远程系统上的 FTP 服务器建立连接，然后根据用户提供的用户名开始登录。然后远程服务器提示用户输入口令，如果口令正确则连接被允许。对于非防火墙内用户，它可以通过任意代理服务器来连接其目的服务器，并达到隐藏其地址的目的。因对于目标服务器而言，其知道的仅仅是代理服务器的地址。

这样，通过 FTP 代理服务器对 FTP 服务器进行攻击的话，往往使得查找网络攻击源变得很困难，而且如果 FTP 服务器和 FTP 代理服务器间存在一定的信任关系的话，这样的攻击就变得更容易了。

(三) 挑板 (Bounce) 攻击问题

FTP 的代理服务特性是允许第三方文件传输。一个用户可以从一个 FTP 向另一个远程 FTP 请求代理传输。实际上这种特性已在 RFC959 中被说明，当与引用命令相连时，如 PORT 及 PASV 语句，允许一个用户避免 IP 访问控制及可跟踪性。

问题的核心在于用户可以请求远程 FTP 服务器向任意一个 IP 地址与 TCP 端口发送文件。因此，用户可以请求远程 FTP 发送一个包含有效网络协议命令的文件给任意一台主机在任意一个 TCP 端口上监听的服务程序，导致服务程序相信网络协议连接的是远程 FTP。

假设一个网络攻击者的 IP 地址是 X.X.X.X，他想从另一个目标服务器获得资源。但一般来讲，目标服务器对一些特定的 IP 地址范围进行了限制。假定网络攻击者的 IP 地址 X.X.X.X 恰好在这一范围内，因此目标服务器上的一些或所有的资源都不能访问，所以必须使用另一台机器 (中继服务器) 去访问目标服务器。其简单的过程就是，用户登录上这台中继 FTP 服务器后，向中继 FTP 服务器目录写一个文件，该文件包含有连接到目标机器并获得一些文件的命令。当该中介服务器连接目标服务器时，使用了它自己的地址而不是攻击者的地址。因此，目标服务器信任该连接请求并返回要求的文件，这样就构成了一个跳板攻击。

三、Telnet 的安全问题

Telnet 是一个非常有用的工具，并且一般主机都开启了 Telnet 服务。可以使用 Telnet 登录上一个开启了 Telnet 服务的主机来执行一些命令，便于进行远程工作或维护。但 Telnet 本身存在很多的安全问题，描述如下：

（1）传输明文。Telnet 登录时没有口令保护，远程用户的登录传送的用户名和密码都是明文，网络攻击者使用任何一种简单的嗅探器都可以被截获。

（2）没有强力认证过程。验证的只是连接者的用户名和密码。

（3）没有完整性检查。传送的数据没有办法知道是否完整的，不能判断数据是否被篡改过。

（4）传送的数据都没有加密。中途截获就可以马上看到数据的内容。

解决办法是替换在传输过程中使用明文的传统的 Telnet 软件，即使用 SSL Telnet 或 SSH 这样的对数据加密传输的软件。

四、电子邮件的安全问题

电子邮件作为一种网络应用服务，采用的主要协议是简单邮件传输协议 SMTP（Simple Mail Transfer Protocol）。传统的电子由 P 件基于文本格式，对于非文本格式的二进制数据，比如可执行程序，首先需要通过一些编码程序，像 UNIX 系统命令 uuencode，将这些二进制数据转换为文本格式，然后夹带在电子邮件的正文部分。随着网络应用的不断发展，大量多媒体数据，如图形、音频、视频数据可能需要通过电子邮件传输。Internet 采用"类型/编码"格式的多目的互联网络邮件扩展 MIME（Multipurpose Internet Mail Extensions）标准来标识和编码这些多媒体数据。这些传输的数据如果在传送中途被截获，把这些数据包按顺序可以重新还原成为发送的原始文件。

由于电子邮件的发送要通过不同的路由器进行转发，直到到达电子邮件最终接收主机，攻击者可以在电子邮件数据包经过这些路由器的时候把它们截取下来，这些都是不能被发现的。发送完电子邮件后，就不知道它会通过那些路由器最终到达主机，也无法确定，在经过这些路由器的时候，是否有人把它截获下来，就像去邮局寄信，无从知道寄出去的信会经过哪些邮局转发，哪些人会接触到这封信。

使用电子邮件就像在邮局发送一封没有信封的信一样不安全。从技术上看，没有任何方法能够阻止攻击者截取电子邮件数据包，不可能确定邮件将会经过哪些路由器，也不能确定经过这些路由器会发生什么，也无从知道电子邮件发送出去后在传输过程中会发生什么。也就是说，没有任何办法可以阻止攻击者截获需要在网络上传输的数据包。

那么，让攻击者截获了数据包但无法阅读它的唯一办法，就是对电子邮件加密。当对电子邮件加密后，只要加密算法和密钥足够强大，那么即使攻击者截获了邮件数据，也不能看到或修改邮件的内容。

大家经常使用的电子邮件的收发方式有两种：一种是通过 Web 页方式收发信件，即用浏览器登录到主页，来进行收发动作；另一种是使用邮件客户端，如 Outlook 和 Fox Mail，使用这种方法的前提是：邮件服务器必须支持 POP 协议。目前多数的免费信箱都支持这两种方式。

当用 Web 页方式收发信件时会存在以下问题。

(一) 缓存漏洞

对于多数的浏览器来说，为了提高浏览速度，会将最近浏览过的网页保存到硬盘的某个临时文件夹里，这个文件夹称为缓存（Cache）。当打开的网页关闭的时候，这些文件仍然可以轻易地被读取。既然通过 Web 页方式读信，那么信实质上就是一个普通的网页，它同样会被保存在缓存里面。如果有人可以接触你的硬盘文件，你就没有任何秘密可言了。

(二) 历史记录漏洞

这个漏洞的原理也很简单。事实上，每个信箱都是将用户名和密码通过特定的算法体现在 URL 上的，在进入信箱的时候，看见地址栏里很长的一串字母就是 URL 了。而不幸的是，浏览器的历史记录里，恰恰会保存这一串地址，如果有些信箱没有设置超时校验的话，任何人都可以通过查看本机的历史记录而进入你的信箱。

(三)攻击性代码漏洞

恶意的发件人可以将一段 JAVA SCRIPT 代码包含在给你的邮件中，当你看这个邮件时，你可能被系统自动弹出，需要重新输入用户名和密码登录，而事实上，你输入的密码已经在幕后被发送到攻击者手中了。还有一种攻击手段就是，当你打开邮件时，一段代码已经自动为你设置好了自动转发，以后你的每一个新邮件，都会有一个副本寄到对它感兴趣的人手里。还有的代码可以打开无数个窗口，使系统资源耗尽而最终死机。

总的来说，使用邮件客户端是比较安全的，但仍有以下几点应该注意。

(1)尽量不要保存密码，因为密码框中的号，在一些工具的帮助下就会原形毕露。

(2)不要盲目信任有些密码，比如 Fox mail 的多账户。一个简单的调包就可以读到任何用户的信件而无需密码。

(3)公用机器最好不要使用 POP 收发，即使一定要用，退出时也要将账号以及属于你的各个邮件夹一并删除。

电子邮件还容易收到电子邮件炸弹的攻击。现在互联网上有很多发送电子邮件炸弹的软件，事实上，自己编制这类软件也不难，它的主要原理是重复发送邮件到某一邮箱，可以伪造邮件发送地址，伪造邮件发送 IP 地址，伪造发送人和发送邮件服务器。

当有人得知你的电子邮件地址时，可发送大量无用的垃圾邮件给你。他只要输入一串数字和你的电子邮件地址，按发送按钮即可让你明天早上起来时发现自己电子邮箱里存在数千甚至数万信，你正常的邮件就根本无法从如此众多的邮件里面过滤出来，甚至你的邮箱可能被如此众多的电子邮件给挤爆了，这样，别人发给你的正常信件就再也发送不进来了。

电子邮件采用的协议确实十分不妥，从目前来说，在技术上也是没有任何办法防止攻击者给你发送大量的电子邮件炸弹。只要你的邮箱允许别人给你发邮件，攻击者即可做简单重复的循环发送邮件程序把你的邮箱灌满。很多情况下，即使我们设置邮箱过滤也无济于事，因为攻击者是可以伪造邮件发送地址的。

既然我们不能直接阻止电子邮件炸弹，那么在受到电子邮件炸弹攻击后，只能做一件事，就是在不影响信箱内正常邮件的前提下，把这些大量的电子垃圾方便快捷地清除掉。

另外，电子邮件是传播病毒最常用的途径之一，很多著名的病毒都是通过电子邮件来传输的，如造成全球经济损失十几个亿美元的"爱虫"病毒。电子邮件传播病毒通常是把自己作为附件发送给被攻击者，如果接收到该邮件的用户不小心打开了附件，病毒即会感染你的机器，并且现在大多数电子邮件病毒往往在感染你的机器之后，会自动打开你 Outlook 的地址簿，然后把自己发送给你地址簿上的每一个电子邮箱中，这正是电子邮件病毒能够一下子大面积传播的原因所在。另外由于电子邮件客户端程序的一些 Bug 也可能被攻击者利用传播电子邮件病毒，微软的 Outlook 曾经就因为两个漏洞可以被攻击者编制特制的代码，使接收到邮件的用户不需要打开附件即可自动运行病毒文件。

防御电子邮件病毒的方法和木马一样，不要随便打开那些不明的可执行文件，即使是熟人寄来的，也要问清楚之后才打开，因为一些电子邮件病毒是会自动伪装成朋友的电子邮件发送给你。另外及时注意电子邮件客户端程序的漏洞更新，由于 Outlook 一直以来都是黑客们照顾的重点，并且 Outlook 也经常出现较大的安全漏洞，建议不要使用 Outlook 作为电子邮件客户端程序。

五、DNS 的安全问题

域名服务同样存在若干安全问题。

一般每一个域名区域（domain zone）的 DNS 服务器都有两个：一个通常是该区域（zone）的主域名服务器（primary DNS server），另一个大多为从域名服务器（secondary DNS server）一个从域名服务器通常通过 UDP 包、利用端口 53 来向主域名服务器更新该区域的资料，这个过程称为"transfer（区域传送）"。在区域传送中，TCP 的连接是由主域名服务器负责建立的，网络攻击者便利用这种区域传送的方式，从 SOA（Start of Authority）取得各种机密资料。因此，一般需要将区域传送设定在从域名服务器上，这样外来者就不容易取得主域名服务器的资料了。

保护主机的另一个方法，就是将主机名以不规则名称命名或是用乱数命名。例如，可以将自己的 Hp UNIX server 命名为 zhg25231，这样即使黑客取得了 zone 资料，也不知道哪一个主机才是值得攻击的。但是管理员必须要记住哪一个主机用哪一个主机名，大多数企业都不愿意这样做——因为这种做法会增加管理的困难，假如有一天网络管理员离职了，新任管理员必然对这些主机感到非常头痛。

现在一些比较新版的应用程序可以杜绝黑客利用区域传送来读取区域主机的资料，如 BIND8.1.2（for UNIX）就可以对一些 zone 的列表存取设下限制。不过如果你有防火墙的话，就可以利用防火墙对 DNS 做更多补充措施，如保护内部网络比较重要的主机不随便被外界存取，甚至不允许外界直接存取，并把一些比较重要的内部网络地址隐藏起来。但是要这样做之前，必须要先确认一下该防火墙是否支持 NAT（Network Address Translation）的功能。如果你的防火墙是包过滤且不支援 NAT 的话，那这种防火墙将无法保护 DNS 信息，因为它采取 TCP 的连接方式，所以当用户和 Internet 上任一部其他主机连线时，用户的 DNS 信息就可以被任一个系统读取。

并不是每一个防火墙供应商都能好好地处理有关 DNS 方面的问题，甚至有些防火墙还未把 DNS 的安全问题考虑进去，因此在选购防火墙时要特别注意这一点。一般说来，53 端口是给 DNS 使用的，但如果用户的系统不需要 DNS 服务器，那么可以将此端口转给其他服务器使用，这就成了黑客攻击的途径之一：对那些没有考虑 DNS 安全的防火墙来说，53 端口就相当于防火墙的后门。某些防火墙就允许各种包自由通过此端口。而要预防 53 端口成为黑客进入的通道有两个简单的方法：其一是阻断此端口，改由其他受保护的端口进行服务，二是对访问 DNS 服务设置一些限制。

一些早期的 DNS 服务器对一些 DNS 的回应是来者不拒。它们将这些信息存放在缓存（cache）中。换句话说，如果黑客传送的 DNS 回应是假的，那么这些服务器依旧会将这些信息存到缓存中，而当有客户对这类假信息提出某些要求时，黑客就可以知道该 DNS 服务器缓存中的一些资料了。比较早期的 Windows NT 系统、UNIX 或是 Linux 系统都发生过这种情况。因此，要保护 DNS 的方法最基本的还是得从认证与访问授权方面着手，并对 DNS 用来通信的 53 端口进行监督或限制访问，这样才能确保用户的网络主机资料不会外泄。

对 DNS 服务而言，另一个较为严重的安全问题是 DNS 欺骗。DNS 欺骗的机制比较简单：以一个假的 IP 地址来响应域名请求。但它的危害性大于其他的电子欺骗方式。在多数情况下，实施 DNS 欺骗时，入侵者要取得 DNS 服务器的信任，并明目张胆地改变主机的 IP 地址表，这些变化被写入到 DNS 服务器的转换表数据库中，因此，当客户发出一个查询请求时，他会等到假的 IP 地址，这一地址会处于入侵者的完全控制之下。比如 xxx.yyy.com 对应的 IP 地址本来是 200.20.33.36，但入侵者可以以 210.28.129.229 来响应，而用户却很少会察觉。若有商业行为，一旦输入密码、信用卡号等，则全部传向入侵者，而入侵者可以做一个代理为用户完成正常的请求，从而给用户造成一种错觉："我获得了服务"。就这个情况讲，用户永远发现不了。任何防火墙都不能完全解决这问题。

最根本的防止 DNS 欺骗的方法是不再使用 DNS。然而很明显，使用域名系统已经成为用户和系统管理员习惯性的工作，如果禁止 DNS 会给用户带来极大的不便。可以通过修改本地 DNS 软件来对高速缓存的信息加以选择，对在 DNS 服务器中发生的域名——IP 地址映射的改变要做出反应。

RFC1788 提出了一个可供选择的 DNS 反向查询：所有机器都响应一个新的 ICMP 消息，该消息请求对应于 ICMP 消息接收者的 IP 地址，然后通过转发 DNS 查询交叉检查这些响应，也就是试图用反向方式来配合正向查找。

第四节　网络安全的增强技术

除了使用防火墙、入侵检测等技术来使网络更安全，还可以使用其他的网络安全增强技术，比如 Kerberos、SSL、VPN 和信息隐藏技术等。

一、Keberos 系统

目前影响 Internet 安全的一个问题在于用户口令在网络中以明文形式传输，认证仅限于 IP 地址与口令。入侵者通过截获和分析用户发送的数据包就可以捕获口令，伪装 IP 地址等方法，就可以进行远程访问系统。另一个是在用户使用某种系统服务之前的身份认证问题。由于系统完全处于用户的控制之下，用户可以替换操作系统，甚至可以替换机器本身，因而，一个安全的网络服务不能依赖于工作站执行可靠的认证。

解决这些安全问题的一个办法是使用 Kerberos。Kerberos 系统使用56位 DES 加密算法加密网络连接，并且提供用户身份的认证。Kerberos 环境依赖于 Kerberos 认证服务器的存在，它执行密钥管理和控制的功能。Kerberos 认证服务器维护一个保存所有客户密钥的数据库。每当两个用户要进行安全通信及认证请求时，Kerberos 认证服务器就产生会话密钥。Kerberos 的3个主要功能：认证、授权及记账（accounting）。

（1）认证。每一个用户都可以声明一个 ID，认证过程就是测试这个声明。在基本的认证中，要求用户提供一个口令。在改进的认证中，要求用户使用赋给 ID 合法拥有者的一块硬件（令牌），或者要求用户提供生物统计量（指纹、声音或视网膜扫描），来认证对 ID 的声明。

Kerberos 的目标是将认证从不安全的工作站集中到认证服务器。服务器在物理上是安全的，并且其可靠性是可控制的，这就保证了一个 Kerberos 辖域中所有用户被相同标准或策略认证。

（2）授权。在用户被认证后，应用服务或网络服务可以管理授权。它查看被请求的资源、应用资源或应用函数，检验 ID 拥有者是否具有使用资源或执行应用函数的许可。Kerberos 的目标是在基于其授权的系统上提供 ID 的委托认证。

（3）记账与审计。记账的目标是为客户支付的限额和消费的费用提供证据。另外，记账审计用户的获得，以确保动作的责任可以追溯到动作的发起者。例如，审计可以追溯发票的源点来自某个将其输入系统的人。

记账和审计的安全性是很重要的。如果一个入侵者能够修改记账和审计信息，则不再能够保证用户对其行为负责。

Kerberos 是一个神话对象，是一种拥有3个头的看门神犬。开发者借用这个神话来表示其对数据的安全保护作用。Kerberos 最初在麻省理工学院（MIT）开发，公开的版本有版本4、版本5。其代码是公开的，源代码可由 MIT's Project Athena（雅典娜工程）免费提供。

Kerberos 是一种网上服务，其实体是：客户机/服务器，客户机可以是用户，也可以是处理事务的应用程序。

工作中，Kerberos 是 KDC，它拥有一个所有客户机及其秘密密钥的数据库，需要其提供服务的客户机首先要在其中注册其身份信息和秘密密钥。

Kerberos 由管理服务器、鉴别服务器、数据库传播软件、用户程序、其他应用程序组成。管理服务器提供一个到数据库的读写网络接口，用于增加、删除、更新数据库数据；鉴别服务器提供到数据库的只读网络接口，用于鉴别实体和生成会话密钥。数据库传播软件负责复制数据库，因为 Kerberos 可能有多个鉴别服务器，这样它们可以随时更新数据库；用户程序是 Kerberos 提供给用户的界面程序，可用于用户向 Kerberos 注册、修改秘密密钥、显示和消除鉴别信息等。其他应用程序是 Kerberos 提供的各种具体服务。

（一）Kerberos 的认证协议

当客户通过运行 Kinit 程序并输入口令而登录进入一个工作站时，就产生了一个从工作站发向 KDC 的请求，请求一个待用的票据许可票（ticket-granting-ticket，TGT，授予票据用的票据）。当客户需要服务时，便使用 TGT 向 KDC 请求一张票据（ticket）。该票据包含一个客户与服务器连接的会话密钥。Kerberos 作为受托的第三方执行认证服务，认证服务采用了共享的密钥密码技术。认证进程的处理过程如下。

（1）客户向认证服务器发送一个请求，请求指定认证服务器的证书。证书由认证服务器的票据许可票（TGT）和会话密钥组成，这些证书可直接用于应用服务器或授予票据服务器。

（2）认证服务器用客户的密钥加密证书，并向客户传送证书以响应他的请求。

（3）客户将认证服务器所发送来的票据许可票（TGT）交给授予票据服务器，客户凭此即可从授予票据服务器请求应用服务器的服务票据。

（4）授予票据服务器向客户传送一张应用服务器的票据，以作为对客户请求的应答。票据中包含客户的身份证明和会话密钥的拷贝。

（5）客户将该票据传送给应用服务器。

（6）客户和应用服务器共享会话密钥，即该会话密钥既可以用于认证客户，也可以用于认证应用服务器。

（二）Kerberos 的密钥交换协议

Kerberos 借助于 KDC 进行在线密钥分配。假设每一个用户与 KDC 共享一个秘密密钥如 DES 密钥等。用户 H 的身份信息记为 ID。

（三）Kerberos 的不足

尽管 Kerberos 解决了连接窃听以及用户身份的认证问题，但也存在不少问题和缺陷。

（1）它增加了网络环境管理的复杂性，系统管理必须维护 Kerberos 认证服务器以支持网络。如果 Kerberos 认证服务器停止访问或不可访问，用户就不能使用网络。

（2）如果 Kerberos 认证服务器遭到入侵，整个网络的安全性就被破坏。

（3）对 Kerberos 配置文件的维护是比较复杂而且很耗时的。

（4）一些 Kerberos 实现对多用户系统是不安全的。

（5）Kerberos 无法防止拒绝服务的攻击。

（6）Kerberos 无法防止口令破解程序的攻击。

二、SSL 安全协议

SSL（Security Socket Layer）是 Nets Cape 公司于 1996 年推出的安全协议，它为网络应用层的通信提供了认证、数据保密和数据完整性的服务，较好地解决了 Internet 上数据安全传输的问题。

（一）SSL 简介

SSL 的主要目的是为网络环境中两个通信应用进程（Client 与 Server）之间提供一个安全通道。该协议共分上、下两层。下层是 SSL 记录协议（SSL Record Protocol），它的作用是对上层传来的数据加密后传输。SSL 记录协议可以建立在任何可靠的传输协议之上（如 TCP）。上层是 SSL 握手协议（SSL Handshake Protocol），它的主要作用有两点。

（1）Client 和 Server 之间互相验证身份。

（2）Client 和 Server 之间协商安全参数。

SSL 协议独立于应用层协议，因此可以保证一个建立在 SSL 协议之上的应用协议能透明地传输数据。

(二) SSL 协议的状态与状态变置

SSL 协议的会话状态由 SSL 握手协议维护。SSL 协议的会话共分两个状态：其中一个是 PendingState，用变量来表示的，状态变量也分为两类：一类是会话 (SSL Session) 状态变量，另一类是连接 (SSL Connection) 状态变量。

(三) SSL 握手协议 (SSL Handshake Protocol)

SSL 握手协议被用来在 Client 与 Server 真正传输应用层数据之前建立安全机制。当 Client 与 Server 第一次通信时，双方通过握手协议，在版本号、密钥交换算法、数据加密算法和 hash 算法上达成一致，然后互相验证对方身份，最后使用协商好的密钥交换算法产生一个只有双方知道的秘密信息，Client 与 Server 各自根据这个秘密信息产生数据加密算法和 hash 算法的参数。下面介绍 SSL 握手协议的主要过程，可以将整个过程划分为 3 个阶段。

1. HELLO 阶段

HELLO 阶段共包括 Hello Request、Client Hello 和 Server Hello 3 条消息。Client 和 Server 通过这三条消息发起一次连接，并在版本号、密钥交换算法、数据加密算法和 hash 算法上达成一致。

2. Key Agreement 阶段

本阶段使用 Hello 阶段协商好的密钥交换算法产生一个共享的秘密信息。Client 和 Server 通过协议相互交换自己的证书，然后使用所选择的密钥交换算法得到一个只有双方才知的共享秘密信息 Pre Master Secret。

3. Finish 阶段

本阶段是 SSL 握手协议的最后部分。通过第二阶段，Client 和 Server 已经完成了身份验证与密钥交换工作，得到了共享的秘密信息 Pre Master Secret，在 Pre Master Secret 的基础上，双方各自计算出 Master Secret，然后分别将 Master Secret 变换成 Key Block。

最后，Client 和 Server 各自按相同的规则从 Key Block 中抽出各种密钥：数据加密算法的加密密钥和解密密钥，以及算法的初始化向量 IV，MAC 算法的写 MAC 密钥与读 MAC 密钥。

由于在所有的变换过程中均为单向变换，变换使用的数据均为双方共享，而且其中包含不为任何第三方所知的秘密信息，以及每次握手所特有的随机数，因此得到的各种密钥是正确、安全的。

（四）SSL 记录协议

SSL 记录协议（SSL Record Protocol）的作用是，使用当前的状态对上层传来的数据进行保护。上层传来的数据共有 3 种可能。

（1）Client 与 Server 各自发出 Change Cipher Spec 之前的握手消息。

（2）Client 与 Server 发出 Finished 消息。

（3）Client 与 Server 在握手结束后发送应用数据。

SSL 记录协议对上层传来的数据进行以下 3 步的处理。

（1）由于应用协议使用的 PDU 和 SSL 记录协议使用的 PDU 长度可能不一样，所以第一步要对应用数据进行分割或重组。

（2）使用当前会话状态中的 Compression Methods 对第一步的结果进行压缩。

（3）使用当前会话状态的 Cipher Spec（包括数据加密算法和 MAC 算法）对第二步的结果进行加密和 hash 运算，算法使用的密钥在当前状态的连接状态变量中。

（五）SSL 使用的安全机制以及提供的安全服务

SSL 中使用的安全机制有加密机制、数据签名机制、数据完整性机制、交换鉴别机制和公证机制，下面分别进行介绍。

1. 加密机制

SSL 协议使用了多种不同种类、不同强度的加密算法（如 DES, Tri-ple-DES, rc4, IDEA 等）对应用层以及握手层（Handshake Protocol）的数据加密传输。

2. 数据签名机制

加密机制只能防止第三者获得真实数据，仅解决了安全问题的一个方面。另一方面，如果通信双方发生下列情况时，则不能解决数据的安全问题。

（1）否认。发送者事后不承认已发送过这样一份文件。

（2）伪造。接收者伪造一份来自发送者的文件。

（3）篡改。接收者对接收到的信息进行部分篡改。

(4) 冒充。网络中的某一用户冒充另一用户作为发送者或接收者。

为了解决上述问题，必须采用数据签名技术。SSL 协议中多处使用了数据签名技术。SSL 协议在握手过程中要相互交换自己的证书（Certificate）以确定对方身份。证书的内容由 CA（Certificate Authority）签名。通信双方收到对方发来的证书时，可使用 CA 的证书来进行验证。

若 Server 没有证书或拥有的证书只能用于签名，则 Server 就会产生一对临时密钥来进行密钥交换，并通过 Server Key Exchange 消息把公钥发送给 Client。为了防止在传输过程中伪造、篡改、冒充等主动攻击，在此消息中，Server 对公钥进行了签名。

另外，当 Client 发出自己的证书后，也可以接着发出签名 Certificate-Verify 消息，以使 Server 能对 Client 证书确认。

3. 数据完整性机制

数据完整性机制包括两种形式：一种是数据单元的完整性，一种是数据单元序列的完整性。

数据单元完整性包括两个过程：一个过程发生在发送实体，另一个过程发生在接收实体。保证数据完整性的一般方法是：发送实体在一个数据单元上加上一个标记，这个标记是数据本身的函数，它本身是经过加密的；接收实体产生一个对应的标记，并将产生的标记与接受到的标记相比较，以确定在传输过程中数据是否被修改过。

数据单元序列的完整性是要求数据编号的连续性和时间标记的正确性，以防止假冒、丢失、重发、插入或修改数据。

SSL 协议使用 MAC(Message Authentication Code) 技术来保证数据完整性，具体说来是由 SSL 的记录协议保证的。

在传输时，密文与 MAC 一起被发送到收方，收方收到数据后校验。

其中 Sequence Numbers 是消息的序列号，长度为 64bit，不会出现序号溢出。序列号可以保证能检测出消息的篡改或失序，有效地防止重播攻击（Replay attack）。

由于 MAC 中包含有 Write MAC Secret，这只有通信双方才知，从而确保 MAC 不会被伪造。

双方握手结束时，都要发出 Finished 消息，消息受双方协商好的算法、密钥的保护。Finished 消息是对双方所有的握手消息 (不包括 Finished 消息和 Change Cipher Spec 消息) 以及 Master Secret hash 后加密的结果。

因为 Finished 消息中包含前面双方所有的握手消息，因此只要其中任一消息在传输过程中发生变化 (受到攻击)，在校验时都会反映出来，另外 Finished 消息中有只有双方才知的 Master Secret，确保 Finished 消息不会被伪造。

4. 鉴别交换机制

鉴别交换机制是以交换信息的方式来确认实体身份的机制，用于鉴别交换的技术有以下几种。

(1) 口令。

(2) 密码技术，将交换的数据加密，只有合法用户才能解密，得出有意义的明文。

(3) 用实体的特征或所有权。

SSL 协议使用了第 2 种鉴别交换机制，这种技术一般与数字签名和公证机制一起使用，具体分析参见数字签名和公证机制部分。

5. 公证机制

在一个大型的网络中，由于有许多节点，在使用这个网络时并不是所有的用户都是诚实的、可信的，同时也可能由于系统故障等原因使信息丢失、迟到等，这很可能会引起责任问题。为了解决这个问题，就需要有一个各方都信任的第三方实体——公证机构。SSL 协议的双方在真正传输数据之前，先要互相交换证书以确认身份。证书就是一种公证机制，双方的证书都是由 CA 产生，且用 CA 证书验证。

SSL 协议本身也存在诸多缺陷，认证和加解密的速度较慢，对用户不透明，尤其是 SSL 不提供网络运行可靠性的功能，不能增强网的健壮性。如对拒绝服务攻击就无能为力；依赖于第三方认证。

三、虚拟专用网

随着 Internet 的普及和不断发展，大多数的企业和部门都利用它来传输信息。而一般这些企业和部门相距较远，当他们要跨地区组成自己的专用网时，通常的做法是租用 PSTN、X.25、帧中继或 DDN 等专用线路，这样做的代价是相当高的。但随着 Internet 本身可靠性和可用性的增强，Internet 已经提供了最为廉价和普遍的 WAN 通信。然而，由于 IP 协议本身的局限性，如果信息直接在 Internet 传输，必然会给网络入侵者带来可乘之机，同时也不能保证 QoS。虚拟专用网（VPN）技术可以向用户提供一个同时具有专业网优点和 Internet 优点的安全、稳定的网络。

（一）VPN 的概念

虚拟专用网（VPN）是架构于公共网络上的私有网络，是专用网的扩展。其通信两端之间是公用传输介质，如 Internet。VPN 允许用户在两台计算机之间通过公共传输介质进行安全的通信，就好像是自己的端到端的专用网一样。在 VPN 内，商业活动就像在私有网中一样，享有同样的策略，如安全、服务质量（QoS）、管理和可靠性等。"虚拟"的含义就是：VPN 只是建立了一种临时的逻辑连接，一旦通信会话结束，这种连接就断开了。也就是说，这种连接看上去像是永久的内部网络连接，但实际上是暂时的：一旦两个通信双方之间发生了交易，那么 VPN 就建立起来了，交易通过公用传输介质如 Internet 来完成，交易结束后连接就终止了。

（二）VPN 的分类

一般来说，根据服务类型或服务区域，VPN 被分成 4 类：Intranet VPN、Remote Access VPN、Extranet VPN 和 Intracompany VPN。

（1）Intranet VPN。Intranet VPN 建立于企业的总部和它的分支机构之间，它们之间通过公网连接。

（2）Remote Access VPN。Remote Access VPN 是企业的员工或小的分支机构通过远程拨号的方式和企业的总部之间构建的虚拟专用网。

（3）Extranet VPN。Extranet VPN 是企业和它的客户、供应商或合作伙伴通过公网构建的虚拟专用网。

（4）Intracompany VPN。许多调查表明，很多的计算机犯罪源于公司内部。在公司的 LAN 之间，甚至是同一个 LAN 内部，重要信息的传送都会受到不同程度的窃听或截获。所以，Intracompany VPN 就是在一个公司内部的 LAN 之间或内部用户之间建立的虚拟专用网。

(三) 隧道技术

隧道是构建 VPN 的基础。隧道代替了传统的 WAN 互联的"专线"。以 Internet 为公共传输媒介。通过隧道，就可以构建一个 VPN。隧道的两边可以是 Intranet；也可以一边是单个的主机，另一边是 Intranet；甚至两边都是单个的主机。隧道需要对进入其中的数据加以处理。这里有两个基本的过程：加密和封装。

(1) 加密很必要，如果流经隧道的数据不加密，那么整个隧道就暴露在了 Internet 上。这样，VPN 所体现的"私有性"就不存在了，VPN 也就不会有什么发展前景。通信双方数据的加密涉及许多方面：加密方法的选择、密钥的交换、密钥的管理等。

(2) 封装是构建隧道的基本手段。从隧道的两端来说，封装就是用来创建、维持和撤销一个隧道。封装使得隧道能够实现信息的隐蔽和信息的抽象。信息的隐蔽表现在企业内部 IP 地址的隐藏：暴露的是隧道两端节点的地址。于是就可以在 VPN 上应用 NAT（网络地址翻译）：在隧道的一端将内部地址转换成外部地址，在另一端将外部地址转换成内部地址。这样做的另外一个好处是节省 IP 地址：企业内部的 IP 地址和外部的合法 IP 地址无关。信息的抽象表现在隧道可以支持多种协议，就是说，允许各种非 IP 协议（比如 IPX）在隧道上的应用。

要构建一个 VPN，不可缺少的是"安全协议"，也就是构建隧道的"隧道协议"。隧道协议可分为第二层隧道协议和第三层隧道协议。第二层隧道协议典型的有 PPTP（Point to Point Tunneling Protocol）、L2F（Layer Two Forwarding）和 L2TP（Layer Two Tunneling Protocol）等；第三层隧道协议典型的有 GRE（Generic Routing Encapsulation）和 IPSec（Internet Protocol Security）。

(四) 国外主要厂商的 VPN 解决方案

下面简要介绍一下国外主要厂商的 VPN 解决方案及特点。

(1) Microsoft 的解决方案。它是通过拨号网络连接到 ISP，再通过 Internet 连接到一个 PPTP 服务器；或者使用拨号网络直接连接到 ISP 的 PPTP 隧道服务器，然后使用 PPTP 隧道服务器建立与其他公共、企业局域网的隧道连接。Microsoft 解决方案优点是实现比较方便，成本较低。

（2）Cisco 的解决方案。它包括隧道技术、基于硬件的集成式 IPSec 加密、分组验证、防火墙、入侵检测系统和用户验证。其中基于硬件的集成式 IPSec 加密，把 DES 或 3DES 加密算法与 IPPCP 压缩结合起来，在加密之前实现数据压缩。对于流动工作人员，则先拨号到 Internet 上，通过 Internet 进入到虚拟专网。另外，Cisco 将防火墙、入侵检测系统和安全扫描程序三者配合起来，用户可以最大限度地来保证他们 VPN 的可靠性和安全性。

（3）3Com 的解决方案。它针对不同用户的需求提供了 3 种 VPN 解决方案：全球 Internet 接入；虚拟专线；安全外联网。使用了 IPSec 协议和 3DES 数据加密算法。任何用户都可以从 3Com 的解决方案找到适合自己的方案。

（4）Cabletron 的解决方案。它使用 ISDN 为本地接入的 VPN 解决方案。并采用 L2TP 和 IPSec 协议建立安全的隧道，利用 DES 协议对在隧道中传输的数据包进行加密和解密。这样做的好处有：通信速率较高且有保证；费用低；可以利用 ISDN 的多业务的特点，在必要时直接利用 ISDN 在三地之间开视频会议或发传真打电话。

四、信息隐藏技术

从 Internet 诞生之日起，如何保证通信的安全一直是研究人员关注的目标。而随着 lnternet 的广泛使用和推广，特别是中国加入了 WTO，中国和国际的经济开始全面接轨，如何保证各种数字化产品的版权，也摆在了研究人员的面前。如何将敏感信息隐藏在非敏感信息中传输，以及如何保护数字产品的版权，正是推动信息隐藏技术发展的动力。一直以来，密码技术是保证通信安全的主要技术。但是，即使通信的各方将通信的内容进行加密传输，他们还是向第三方泄漏了一些主体信息（如通信各方的身份、地址），至少泄漏了密文信息。而密文信息对一个强大的第三方（如某个对立的部门或国家）而言，往往不能保证其足够的安全性。

信息隐藏技术可以成为密码技术的替代方案。因为密码技术隐藏的是通信的内容，而信息隐藏技术则隐藏了通信的存在。如果第三方根本觉察不出某个通信的存在，那么可以说该通信是绝对安全的。而且还可以在信息隐藏技术中引入密码技术，来保证足够的通信安全性。另外，可以在数字化产品中隐藏一些秘密信息，来保证产品版权不受侵犯。国内外也掀起了研究信息隐藏技术的热潮。1996 年在英国召开了第一届信息隐藏国际会议，国内也于 1999 年 12 月召开了第一届信息隐藏研讨会。因此，信息隐藏作为信息安全的一个新的方向，正在得到越来越多的关注。

（一）信息隐藏技术的分类信息

信息隐藏可以分为 4 大类：隐蔽信道、隐写术、匿名通信和版权标记。其中隐写术分为语言性的隐写术和技术性的隐写术，版权标记分为健壮的版权标记和非健壮的版权标记。数字指纹和数字水印属于健壮的版权标记的范畴。

隐蔽信道即是用那些本来并不打算用来传输信息的信道来传输信息的信道。比如在一个多级安全的操作系统中，有较高安全级别的进程 A 有向硬盘"写"的权利，而较低安全级别的进程 B 只有"读"文件列表的权利。但 A 可以通过选择合适的文件名和文件大小来向 B 发送信息，这样就形成了一个隐蔽信道。

匿名通信就是通过隐藏通信的源和目的的信息来达到信息隐藏的目的。比如匿名邮件转发器和网络代理。匿名通信虽然会保证一定的私有性，但也常常会被利用以达到其他目的。如网络攻击者为了隐藏自己的信息，会通过匿名邮件转发器或代理来攻击其他目标。因此，如何保证功能不被滥用，是匿名通信需要注意的问题。

隐写术就是将秘密信息隐藏到另一个看似普通的信息中，从而隐藏真实信息的存在以达到安全通信的目的。隐写术提供了胜过加密技术的保护隐私的方法。由于越来越多的国家限制了高强度密码的使用，隐写术就成了一种替代方案。因为即使通信的双方使用了加密技术进行通信，他们还是泄漏了一些信息：通信的源和目的地被暴露，密文信息也会被截获（而且密文也有被解密的可能性）。而隐写术却隐藏了信息的存在。比如通信的一方浏览另一方网站上的含有秘密信息的某个网页，这种极其普通的浏览网页的行为不会引起其他人的注意，没有人会觉察出一个秘密通信的存在。

版权标记则是在数字化的产品中嵌入标记信息以达到保护版权的目的。"健壮性"是版权标记的一个重要特性。非健壮性版权标记是指隐藏在数字化产品中的标记信息易被检测出来，也易被破坏。健壮性版权标记的标记信息不会被破坏，除非产品本身遭到破坏。健壮性的版权标记包括数字指纹和数字水印。数字水印是指将一些数字信息（如版权信息）嵌入到数字化产品中。数字指纹其实是水印技术的一种特定应用，是指在数字化产品中嵌入标识该产品的作者或发明者的唯一或独特的代码。

以上技术中隐写术和数字水印为当前研究的热点。它们对信息隐藏的健壮性要求不同：隐写术只需将秘密信息隐藏到载体中不被发现即可；而数字水印还要求能够抵御各种针对健壮性的攻击。隐写术在保护隐私方面为我们提供了一种强有力的方法，数字水印则为保护数字版权提供了强有力的武器。

（二）隐写术及其通信模型

隐写术其实由来已久。中国古代的藏头诗和古希腊人 Demeratus 用蜡板来传输秘密信息分别是语言性隐写术和技术性隐写术的例子。和密码技术试图隐藏通信信息的内容不同，隐写术的目标是要隐藏实际正在发生的通信过程的存在性。另外隐写术还可以利用密码技术来加强其通信的安全性。隐写术一般可以分为 3 类：无密钥隐写术、私钥隐写术和公钥隐写术。

无密钥隐写术不需要通信的各方事先共享密钥，也不需要预先交换密钥。假设 C 为所有载体消息的集合，M 为所有秘密消息的集合，且 |C| ≥ |M|。那么接收方提取秘密信息的过程也是一个映射过程：C-M。这里通信的安全性完全依赖于这两个映射过程的保密性，也就是依赖于秘密信息的隐藏算法和提取算法。

Alice 根据随机数随机地从载体消息 C 中选择一个载体消息，然后根据 K 将秘密消息嵌入到载体消息 C 中，形成伪装消息 S，然后通过公共信道发送给 Bob。窃听者并不知道当时传输的消息是载体消息 C 还是伪装消息 S。而 Bob 收到消息后，能够根据 K 从 S 中恢复出秘密消息 E。

公钥隐写术不需要通信的各方事先交换密钥或共享密钥。通信的各方都拥有各自的公钥和私钥：公钥向所有人公开，私钥由自己保存。公钥隐写术的通信模型和私钥隐写术的通信模型比较类似，只是公钥隐写术不需要一个密钥产生器来产生通信各方共享的密钥，而是用各自的公钥 / 私钥对来进行安全的通信。

我们可以应用 RSA 密码体制，提出一种可以抵御中间人攻击的协议，协议描述如下：

假设 Alice 和 Bob 分别在同一个 CA（证书机关）登记有他们的公钥，并且他们分别通过安全的途径获得了对方的公钥，另外他们还各自拥有相应的私钥。就是说，Alice 随机产生一个随机数和会话密钥，并用自己的私钥加密，再用对方的公钥加密，然后发送给 Bob。然后 Alice 向 Bob 发送（y+1），这样 Alice 和 Bob 就协商了一个会话密钥。

最后 Alice 和 Bob 就可以用一种以为密钥的对称加密算法（如 AES）进行通信。由于中间人不知道 Alice 或 Bob 的私钥，所以他不能伪造会话密钥。另外，因为 Alice 和 Bob 分别形成一个随机数，并要求对方将该随机数加 1，因此，本协议还可以避免网络上的重放攻击。

（三）数字水印及其安全性分析

和隐写术侧重保护隐私不同，数字水印的目标是，在数字化产品中嵌入不能被攻击者消除或破坏的秘密信息。我们可以不隐藏数字水印的存在性，但必须要保证数字水印的健壮性。

水印技术流行于所谓的"安全印刷"工业，当时造纸厂间为了竞争，在各自的产品中印入水印，用以标识生产源和质量。数字水印的思想与此类似，除了在数字化产品中嵌入产品的版权信息，还嵌入作者或接收者的信息，以及一些载体跟踪数据。这些数据和数字化产品紧密地捆绑在一起，只有通过特定的方法才能提取出数字水印信息。

系统的输入是水印取、载体数据、私钥或公钥 K。其中私钥或公钥 K 是一个可选项，用来加强数字水印的安全性，从而避免被已知数字水印存在或知道某些衍生密钥的第三方检测或恢复出来。输出就是嵌入了水印的数据 M。一个非健壮的数字水印在 M 被修改的太多时就被破坏了。对一个健壮的数字水印，无论 M 如何修改，都不会遭到破坏，除非 M 本身已经遭到破坏。

假设给定载体数据为 I，水印为 X，密钥为 W，那么一般的数字水印嵌入过程就是这样一种映射过程：$I \times X \times W \rightarrow M$。不带密钥的数字水印嵌入过程就是这样一个映射：不带密钥的数字水印的安全性完全依赖于嵌入算法和检测算法的安全性。

系统的输入是水印 W 和／或原始数据／测试数据 M1(就是要检验的、是否嵌入了水印的数据)，私钥或公钥 X。输出是检测出来的水印 P 或者是某种可信度度量。

和隐写术一样，根据密钥的情况，数字水印可以分为秘密水印、半秘密水印和公开水印。水印技术在嵌入和检测过程中用到的都是同一个密钥尺，另外还有一种基于公钥密码体制的非对称的数字水印技术。这种技术允许使用公开的公钥来读取嵌入数据中的水印，却不可以把水印移走。

数字指纹实际上是数字水印的一种特定的应用。数字指纹技术就是在数字化产品中嵌入一些产品标记，这些标记的集合就是指纹。数字指纹一般不能避免非授权的使用，但可以检测非授权的使用。数字指纹可进行版权保护，而且是一种比较容易、比较有效和轻量级的版权保护方法。

对数字水印的攻击可分主动攻击和被动攻击。被动攻击是指攻击者试图破解数字水印的相应算法。主动攻击却是试图篡改或破坏水印。主动攻击可有以下几种情形：在嵌入了水印的数据中，再嵌入另一个水印，使原来的水印失效；加入轻微的敏感噪声使水印失效；将水印变形，使水印检测算法检测不出来；伪造新的水印；甚至是利用法律存在的某些不足之处。因此，安全问题是数字水印能否得到广泛应用的关键。只有充分保证嵌入信息的机密性，才能使相关的应用(如版权保护)得到充分的安全性。常见的保证水印安全的方案是将水印的安全分等级。比如可以用密钥来保证没有密钥的用户只能判断数据中是否含有水印，却不能读取水印；而未授权用户则不能判断数据中是否含有水印，更不能读取水印。也可以使用公钥和私钥在数据中嵌入多重水印，比如将一个或多个公钥和一个私钥组合起来，嵌入一个公开和秘密联合的水印。还可以利用各种门限密码方案(如门限 RSA 密码方案)，在数据中嵌入门限水印：只有多个公钥的组合才能发挥作用。

总之，隐写术为保护隐私提供了另一种有效的方案，使得网络攻击者甚至不知道通信的存在；而数字水印技术为在这个 Internet 普及的开放的年代保护数字化产品的版权提供了有效的方法。因此，信息隐藏技术为信息安全提供了另一种思路，为研究信息安全提供了一个新的方向。随着网络入侵事件的不断发生，以及保护数字化产品版权的迫切需要，信息隐藏技术将会越来越显示出其优越性，也必将有着光明的发展和应用前景。

第五节　网络多级安全技术

和操作系统一样，网络系统也存在多级安全问题。网络中除了需要操作系统中的强制访问控制、标记和可信等原理外，还有网络自己的多级安全特性。在网络环境下，各用户访问要求和所访问目标的敏感程度多有不同，因此，网络应该提供不同安全等级的服务。在多级安全网络中，通常采用军用安全模型，网络中的数据按敏感程度分类，并按照主题标记。对数据的访问，也要求保持 Bell–LaPadula 模型的简单安全特性和 *– 特性。下面讨论几种实现计算机网络多级安全的方法。

一、可信网络基

在对可信计算机系统的评价准则的讨论中，提出了可信计算基（TCB）的概念，在讨论安全操作系统设计中，又建议把操作系统功能划分为与安全密切相关的功能和对安全几乎没有影响的功能。对前一种功能进行严格设计，形成操作系统的可信计算基，然后由 TCB 控制用户对系统内各个目标的访问。根据同样的思路，在多级安全的网络系统中的每个主机内，建立一个可信网络基（TNB ，Trusted Network Base），且把它作为每个上网主机与网络之间的接口，所以又称为可信网络接口。TNB 除了完成网络通信任务外，主要责任是负责它所在主机资源的安全性。

TNB 完成的主要功能有：负责维护所在主机资源的安全，防止主机把敏感信息泄露给其他主机和保证网络线路的损坏不能危及到数据。每个网络主机必须完成以下功能：一个是对发送到网络的数据作上标记，以表示它们的安全级别。网络应该提供这种功能，使这些标记在传输过程中是不可改变的，并保证把这些带标记的数据传送到目标主机。二是，每个主机应该确保把数据发送给合法的与可信的接受者，这里包括需要认证接受者身份和可能因线路错误而进行重发操作。三是，网络主机必须采取某些保证数据在传输过程中完整性的措施，如密码校验和就是一种完整性措施。每个主机是独立的，有 TNB 的主机还需要防范无 TNB 的主机可能对自己造成的危害。

现有商用操作系统大多是不安全的，对其进行安全性改造也非常困难，如果直接利用操作系统上网，则无法实现安全的网络系统。利用 TNB 的概念，在每个主机内增加一个可信网络接口。每个主机运行在某个特定安全等级上，主机负责按自己的级别加密送往线路上的数据，为每个级别分配唯一的密钥，数据只能发往具有相同级别的目的主机，目的主机可以利用本级别上的唯一的密钥解密所收的加密数据。利用这种方法可以建立一个多级安全网络，但具有不同安全级别的主机之间不可能进行通信，绝密级的主机无法与机密级主机通信，也有一定的不合理性。

二、安全通信服务器

下面讨论在包含几种安全级别的高可信主机和不可信主机的网络中实现多级安全的问题。所谓"高可信"主机是指达到 B1 以上安全级别的计算机系统，这种系统实现了强制性访问控制机制，可以相信主体对目标的访问是根据安全级别要求进行的，而网络中的不可信主机则不能保证这一点。在每个主机上可以运行不同级别（如绝密、机密、秘密等）的进程。

在这种网络中，各个主机负责自己的通信安全。各主机之间的通信将根据 Bell-LaPadula 模型的简单安全特性和 *- 特性要求进行。当两个主机中的相互通信的进程的安全级别相同（如都为绝密级）时，它们之间的通信是允许的。但是根据 *- 特性要求的不允许"下写"的要求，一个主机的绝密级进程和另一个主机的机密级之间的通信是不允许的。

在网络传输质量较差的情况下，两个主机之间的通信需要互相确认。例如，主机甲上的 A 进程向主机乙上的 B 进程发送数据，B 进程应该给 A 回答确认信息。如果 A 进程是机密级，而 B 进程是绝密级的，则 B 向 A 发送回答信息就会违反 *- 特性不许"下写"的原则。

为了解决这种问题，可以在主机乙上建立一个机密级的通信服务器 S。A 进程向进程 B 发送数据，A 不是把数据直接发往 B 而是发往 S，A 和 S 是同一安全级别的，它们之间可以互相发送数据和确认信息。S 把接收到的 A 进程的数据再传送给 B，由于 S 和进程 B 同处于主机乙上，而单个主机内进程之间的通信是可靠的，B 不需要给 S 以确认回答，因而避免了"下写"问题。

为了解决网络中可信与不可信主机之间的通信问题，由于不能在不可信主机上建立可信的通信服务器，可以采用在网络中接入一个可信的网络管理程序的办法加以解决。当主机乙上的机密进程 B3 希望向不可信主机丙上的绝密级进程 C3 发送数据，且要求确认的情况下，可以由网络管理程序同时和 B3 和 C3 双方通信，以便告诉 B3 数据在正确的传输。用这样的方法避免了 C3 进程向 B3 进程的"下写"操作。

可信计算机中的"可信度"是由其可信计算基（TCB）支持的，如果能严格确保它从高密级目标读取的任何信息都没有转移给较低密级的目标的话，就允许它可以不受 Bell–LaPadula 模型和 *– 特性的限制。对于任何一个可信的程序，如果其代码经过严格测试，能证明该程序能够隔离它所处理的高密级数据和低密级数据之间的相互影响，那么这个程序就可以与不同等级的源进行通信。

三、多级安全信道

另一种解决网络多级安全的措施是，把可信的网络接口分隔成不同安全级别的通信子信道，且要求每个子信道的输出端所连接的模块的安全级别不得高于其输入端连接的模块的安全级别。如果一个信道分割为绝密（A）、机密（B）和秘密（C）3 个子信道，虽然可以在子信道 A 的输入端接入绝密级模块，在 B 和 C 子信道的输出端分别连接机密级和秘密级模块，但是这两个输出端的输出与绝密端输入无关，即绝密级数据的输出不会泄露到机密与秘密级两个输出端。而绝密级子信道的输出端则允许输出绝密以下级别的数据。

如果不能把一个信道严格分割为不同安全级别的子信道，那么这个信道的输出只能属于一个级别，由于每个输出子信道都受到最高安全级别输入端的影响，因此输出端的输出都与输入端的最高密级相同。如果两个子信道分别输入绝密和机密的数据，那么它的输出端只能按绝密级数据处理。

如果一个信道的输出标记为绝密级的，那么它所连接的模块的输入等级显然也应标记为绝密级的。用这种方法也可以描述网络系统中进程（模块）之间的允许连接，一个进程的机密输出只能与另一个进程的机密或绝密输入端连接。

绝密级进程 A 和机密级进程 B 之间能否建立双向连接呢？根据上面的

规则，A 不能把自己的输出作为 B 的输入，因为那样将违反不"下写"的原则。因此，建立双向连接的两个进程必须是同等级别的。

如果对多级安全网络中的各个进程的输入和输出分别给出密级的标记，就可以按上述原则在网络不同主机上的进程之间建立允许的保密通信连接。在主机 A 中，网络接口被划分为机密与绝密两个子信道，B 的网络接口划分为 3 种级别的接口，C 是网络中不可信主机，其中的两个安全级别的进程可直接和其他主机中的进程通信。进程 4 和进程 8 之间可以建立双向连接；进程 7 可以通过机密子信道和主机 A 中的进程 1 或进程 2 建立双向连接，通过主机 B 的机密子信道与进程 6 建立双向连接。进程 6 的输出就可以作为 2、4、7、11 的直接输入。

第六节　IPv6 网络的安全机制

IPv4 是整个 Internet 基本的通信协议，它从 1970 年底被采纳以来，几乎保持不变。随着通信技术和计算机技术的发展，以及 Internet 网络性能不断提高，应用越来越广泛。因此，尽管 IPv4 的设计是健全的，但它必然被取代。

下一个 IP 协议是 IPv6。IPv6 除了对 IP 地址做了改动之外，也完全改变了 IPv4 的数据包格式。IPv6 数据包有一个固定大小的基本首部（Base Header），其后可以允许有零个或多个扩展首部（Extension Header），再后是数据。

IPv6 在安全性能方面具有较大提高，它主要是利用了 IPSec 技术。DIPSec 包含两个安全措施：AH（Authentication Head）和 ESP（Encapsulating Security Payload）。在 IPv6 中，AH 和 ESP 都作为一扩展首部。IPv6 和 IPv4 安全性的最大不同就是，IPSec 是作为一种附加的安全措施作用于 IPv4 的，而 IPv6 的所有产品从一开始就具有这些 IP 级的安全措施。

一、IPSec 安全协议簇

IP 本身不提供安全保护，所以网络入侵者就能够通过数据包嗅探（sniffer）、IP 电子欺骗（spoofing）、会话截获（session hijacking）和重放攻击（replay）等方法来攻击。因此，收到的数据包存在着以下危险：该数据包并非来自原先要求的发送方；数据包在传输过程中已被修改；数据包在传输过程中，其内容已被人看过。

针对这些问题，IPSec 可以有效地保护 IP 数据包的机密性（数据没有被别人看过）、完整性（包括数据的真实性及数据未被修改），以及一定程度的抗重放能力。

IPSec 是为解决 TCP/IP 协议簇中 IP 协议的安全性而设计的。如果能在 IP 层保证足够的安全，那么就无需在上层再实行一些安全措施。

IPSec 即 IPSecurity，它的目标是为确保 IP 数据报的安全性。现在，有两个安全机制存于 IPSec 中，第一个安全机制是认证头 AH（Authentication Head），它们提供 IP 数据报的完整性和认证功能，但不能确保数据的保密性（Confidentiality）。第二个安全机制是封装安全净荷 ESP（Encapsulating Security Payload）。它可以确保 IP 数据报的保密性，也可以提供完整性和认证功能（视加密算法和应用模式而定）。在 IPSec 中，这两个机制可以单独使用，也可一起使用。

（一）认证头

当发送端在发送 IP 数据包之前，用户首先选择一个 SPI 和目的 IP 地址，然后产生一个 SA（Security Associations），用这个 SA 的算法和密钥计算整个 IP 数据报的散列（如 MD5）填入 AH 报头的认证数据部分，然后送出。当接收端收到该数据报时，他首先提取认证报头（Auth Head）的信息。然后产生一个类同发送端的 SA，按同样方式计算 IP 数据包的散列，然后比较这个散列与认证头中的散列是否一致。若一致，则验证了 IP 数据报的完整性（即没被改动）。另外，若采用的是非对称密钥，还可验证发送者的身份。也就是说，每个 IP 数据包被签名了。AH 既可用于主机到主机通信，也可用于网关到网关的方式（网关在这里是一个模糊的概念，它既可指路由器，又可指防火墙和堡垒主机等）。用于网关方式中，也可以是网关到主机。在网关模式中，网关参与整个会话的认证过程，内部主机可以透明得到这一功能。从上可以看出，AH 能彻底防止困扰着 TCP/IP 中安全因素的欺骗，提供了一种强大的验证功能，使 TCP/IP 安全迈上了一个新的台阶。然而 AH 并不能确保数据的保密性，于是又产生了 ESP。

（二）封装安全净荷

ESP 能确保 IP 数据包的完整性和机密性，也可提供验证（或签名）功能（视算法而定）。

发送端在发送 IP 数据之前，首先选择一个 SH，产生一个 SH，而后用 SH 中的加密算法加密上层（TCP, UDP）或 IP 整个数据，并在 ESP Head 前面再加上一个明文 IP Head（用于路由）。当接收端收到该数据报时，提取 ESP 中的 SPI 值，产生一个类同于发送端的 SH，然后用 SH 的算法为数据解密。若此处的加密算法采用的是非对称密钥算法（如 RSA），则也能提供认证功能。

IPSec 有两种工作模式：传送模式和隧道模式。

传送模式用来保护上层数据，隧道模式用来保护整个 IP 数据包。在传送模式中，IP 头与上层协议头之间嵌入一个新的 IPSec 头；在隧道模式中，要保护的整个 IP 数据包都封装到另一个 IP 数据包里，同时在外部与内部 IP 头之间嵌入一个新的 IPSec 头。IPSec 的隧道模式为构建一个 VPN 创造了基础。

目前，IPSec 主要用在网关上，也可用在单机和防火墙上。若用在网关上，则内部主机不参与 IPSec 的认证和加密，所有工作由网关透明地完成。用在单机上时，每个参与通信的主机负责 IPSec 的认证和加密。

在以往的防火墙中，大多数过滤都是基于数据报报头（如 IP、TCP 报头），而这些报头都是明文传送（即不可靠），若在应用层采取认证和加密措施，又会带来兼容问题。而更重要的缺陷是，不同的应用协议往往要采用不同的认证措施，且有时需要修改客户端的程序。这一点，对于一个稍大的网络而言是十分不便的。

在防火墙上实现 IPSec，能更好地实现 VPN（Virtual Private Network）的功能。若一个单位或集团有很多不同的站点，如果在这些站点之间的防火墙能正确实施高强度的安全策略，就可以把一个分散于不同地点的网络虚拟成一个内部网络。同时，它又具有开放性，能在确保安全的条件下，对外部用户进行交互。

当然，在 IPSec 中，还有一个重要的方面没提到：密钥的管理。目前，还没有正式的密钥管理协议 IKMP（Internet Keys Management Protocol）推出。很多密钥管理是基于手工配置的，但这是一个热点研究领域，相信不久将会有标准化 IKMP 推出。鉴于这点和实际情况，就不详细讨论 IKMP，但这也是以后的研究方向。

虽然借助于 IPSec，能大幅度提高 TCP/IP 的安全性，然而 IPSec 是一个十分复杂的系统，而且 IPSec 不能保护通信流量的隐蔽性。

二、加密和认证机制

AH（认证头）提供了认证机制，通过这个认证过程，可保证数据包接收者得到的源地址是可靠的，且所接收的数据包在传输过程中没有被篡改或更换。ESP（封装安全净荷）保证只有合法的接收者才能读取数据包的内容，这二者都是建立在安全关联（security association）的概念基础上。

（一）安全关联

认证和加密要求发送者和接收者就密钥、认证或加密算法，以及一系列附属特性（如密钥生命周期、算法使用细节等）达成一致的协定。这套协定机制组成了发送者和接收者之间的一种"安全关联"。接收者在收到数据包后，只有在能将其与一种安全关联的内容相关联起来时，才能对其进行验证和解密。所有的 IPv6 验证和加密数据包都带有安全参数索引 SPI（Security Parameter Index）。

当数据包通过单播地址只发送给一个接收者时，SPI 就由该接收者来选定，如它可以是接收者所维持的安全上下文（security context）表的索引。事实上，一台主机每次接收时所使用的 SPI 都是"安全关联"中的一个参数。每台工作站都必须记住其对端使用的 SPI，以便识别安全上下文。

当数据包通过多播地址发送给一组接收者时，SPI 对组中的所有成员是共同的。每个成员都能将组地址和 SPI 结合起来，并与密钥、算法和其他参数产生关联。通常，对 SPI 的协商操作是在密钥交换过程中进行的。

(二) 认证头

认证头 AH 是 IPv6 所定义的扩展报头中的一种，由有效负载类型 51 来表征。例如，一个被认证的 TCP 数据包会包括有一个 IPv6 报头、一个认证报头和 TCP 数据包本身。不过，还有其他几种变体，如在 AH 前插有路由选择报头，或者在 AH 和有效负载之间插入端到端选项等。

认证头的出现不会改变 TCP 的行为，事实上也不会改变任何端到端协议，如 UDP 和 ICMP。它所提供的就是对数据原始性的明确担保。尽管在实际中端到端协议也可以用来拒绝任何没有被认证的数据包。

认证头的语法很简单。开始部分是一个 96 位的报头，包括下一个报头的编号、认证有效负载的长度、必须设置为 0 到 16 个保留位、安全关联用的 32 位 SPI，以及一个 32 位的序列号。紧随这组固定长度参数之后的就是认证数据，其编码为一组可变长度的 32 位字，该可变长度为紧随 SPI 后的 32 位字的数目，如果认证数据长为 96 位，则长度值就设置为 4。

序列号字段是在安全规范的 1997 年修订版中加入的。发送者在安全关联的数据中加入编号，接收者使用此编号来识别并废弃过时的数据包。这样就可以防止"重播"的攻击：攻击者在获取到一份有效的数据包拷贝后，进行处理，再重新放到网上。不过，实施这种保护措施要慎重小心，因为因特网并不保证对数据包进行有序发送。接收者应该将每一个安全关联都与最高的序列号 N，即在一个经过正确认证的数据包里已经收到的序列号进行关联。而且，接收者还要维持一个二进制值的数组，用来指示对应的数据包已经收到过的介于 N–W 和 N 之间的所有编号。在默认情况下，窗口尺寸 W 设置为 64。

在这里应该注意，若允许循环，则序列号并不能完全保证免受重来的攻击。如果一次安全关联过程中所传输的数据包超过 232 个时，序列号就会出现循环。要想取得更好的安全性，在出现循环之前就应重新协商新的密钥。

认证数据来源于加密校验和的计算。这种计算所涉及的内容包括有效负载数据、IPv6 报头和扩展报头中的某些字段，以及关联成员所约定的秘密值。认证数据的精确长度取决于计算校验和所选定的算法。接收者将根据数据包的内容和 SPI 指引处的秘密值计算出一个预期值，再把它与数据包中所收到的认证数据的计算结果相比较。如果二者相等，那么可以证明数据包是由知道此秘密值的主机发送的，并在传播中未被更改。

认证头的使用将能有效地防止目前因特网上屡见不鲜的地址欺骗攻击，同时它还能保护用户连接不被盗用。

(三) 计算认证数据

保护数据报的完整性，以及证实其内容在传输过程中未被修改。然而，存在的问题是有些字段在传输过程中必须要做修改的。在 IPv6 报头中，每过一跳，跳数值就要减 1。如果用到了路由选择报头，IPv6 的目的地址和下一个地址就会在源路由的每次中继时进行交换，同时下一个地址进行递增。某些端到端选项可能也会在传输中更新，这点由选项类型中的"在路由中改变"(C) 位来表示。

为了解决这个问题，在计算认证数据之前，发送者就必须准备一个该报文的特殊版本，与传输中的转换无关：在 IPv6 报头中，第一个 32 位是不参与计算的；在 IPv6 报头中，跳数设为 0；如果用到了路由选择报头，那么 IPv6 的目的站点就设为最终的目的站点，路由选择报头的内容设为它即将到达的站点值，并对地址索引做相应设置。

在这里，校验和是使用一种特殊的加密算法计算得到的。常规的校验和算法，比如在串行链路和以太网中所使用的传统 IP 的 16 位校验和、16 或 32 位多项式校验和算法等，在这里都不能使用。因为这些算法只能用来防止由噪声引起的随机错误对报文造成的干扰，而并不能防止入侵者的人为进攻。

在 IPSec 中，所建议的算法是 keyedMD5，即带密钥的 MD5 算法。其做法是，把报文与密钥结合后，再对其结果计算散列值。密钥放在报文的起始和末尾，这样能防止某些类型的攻击。其步骤如下。

(1) 通过将跳数设置为 0、修改选项以及构造路由选择报头的最终目的站点等来获得报文，M 的传输无关版本 M'。

(2) 由于 MD5 是以 16B 为单位的块进行运算的，因此将 M' 的不足 16B 的部分填以空字节来补齐。密钥 K 也将以空字节填补成 16B。

（3）将密钥 K 填充字节至 64B，然后就算其与一个由 64 个 0x36 组成的十六进制常量字串的异或结果，得到一个 64B 的字串 K1。

（4）将 K1 与需要认证的报文之间连接起来，计算出该字串的 MD5 校验和。

（5）将 K 填充空字节至 64B，然后就算其与一个由 64 个 0x5C 组成的十六进制常量字串的异或结果，得到一个 64B 的字串 K2。

（6）将 K2 和签名计算的 K1 的 16BMD5 校验和一起与报文连接起来，计算出该字串的 MD5 校验和。

（7）保留上述结果字串的前 12B（96B）。

将校验和缩短到 96bit，将保持 AH 的大小为 24B，即 64bit 的倍数，而不会削弱认证能力。

实际中，认证算法是在安全关联的建立过程中协商的，MD5 算法只在确保所有实现方法都至少有一种共同算法时才被指定为默认算法。

（四）封装安全净荷

认证头并不对数据进行加密，当要求保密时，就应该使用封装安全净荷（ESP）。ESP 报头在 IPv6 报头链中总是在最后的位置，并处于加密部分的最外层。

ESP 的序列号和 AH 的序列号极为相似，它用来保护接收者免受重放攻击。在加密数据之后的认证将会检验和保护接收者免受一种将加密数据切碎或截短的攻击。在任何情况下，检验和都是用来保护序列号和加密数据的。

实际上，具体的格式与所使用的加密算法有关。规范中所建议的默认算法是用 DES-CBC。和 MD5 在认证中的情况相同，DES-CBC 仅是一个默认算法，在安全关联建立后也可以选用其他算法。

当同时要求采用认证和保密时，可以同时使用 AH 和 ESP，并且建议总是将 ESP 置于 AH 中。这样，接收者既不需要在解密前检查报文的真实性，也不需要在做可靠性检查的同时进行解密。

三、密钥的管理

安全关联的建立依赖于只有参与关联的成员才知道密钥的存在，而安全性的有效扩散要依赖于有效的密钥分发方法的存在。密钥管理和安全协议的链接实际上就是安全关联的安全参数索引。因特网机构正在慢慢统一一种密钥分发方案，一开始占主导地位的提议是 Photuris 方案，后来又提出了两种方案：SKIP 和 OAKLEY。

因特网安全协会和密钥管理协议（ISAKMP）为密钥交换协议的实现提供了一个非常通用的框架。所有的 ISAKMP 报文都具有相同的报头，紧随其后的是 ISAKMP 有效负载清单。这些报文通常使用第 500 端口通过 UDP 交换。单一的事务可以同时为几个协议建立密钥。例如，用于两个独立的加密和认证协议，属于同一个协议的有效负载分到一个定义协议标志的封装的有效负载后面。

ISAKMP 报文以两个"cookie"开始，用于防止密钥交换中的阻塞攻击。发送方和接收方"cookie"的结合就定义了一个 ISAKMP 安全关联。接下来是"下一个有效负载"(用来指示报文中第一个有效负载的类型)、版本号、交换类型和标志位。长度字段表示的是报头和有效负载结合在一起的字节长度。

OAKLEY 定义了几种其他模式，用于在交换前向对方传送有用信息。在"使用公开密钥加密的认证"模式中，双方利用从路径中获得的公开密钥对交换进行认证。在"带有预先共享密钥的认证"模式中，双方使用一个共享的密钥。

通过建立一个 ISAKMP 关联而开始的交换被称为阶段 1 交换。一旦关联建立起来，它就可以在阶段 2 交换中使用，为新的关联快速地建立新的密钥。

四、安全机制的应用

IPv6 安全机制有很多潜在的应用，有一些引人注目的应用，如在防火墙之间的应用，移动主机和基站之间的应用，以及安全主机之间的应用。认证过程可以非常有效地保护建网过程，如邻机发现或路由信息交换等。

(一) 管道和防火墙

目前因特网安全机制的实现在很大程度上都依赖于使用防火墙。防火墙是一种保安机器，在享有安全承诺的用户网络和不安全的外部世界之间用作网关。IPv6 的 AH 和 ESP 报头可用来在两个远距离防火墙之间建立安全通道。例如，在同一公司的两个部门之间的距离安全通道。两个部门之间的数据包交换将封装到 IPv6 的数据包中，从一个防火墙通过因特网传到另一个防火墙。如果仅要求认证则使用 AH 即可，如果还需要保密，则还将使用到 ESP。如果使用认证，部门 1 的工作站 U1 和部门 2 的工作站 U2 之间所交换的典型数据包将在防火墙 F1 和 F2 处先后进行两次转换。

如果使用认证，黑客就无法插入伪造数据包；如果使用加密，黑客就无法看穿管道。

(二) 移动主机

移动主机倍受安全组织的关注。将来，移动主机可能会被连接到任何一种远程网，而几乎不受组织管理者的控制。

一个非常简单的防止特殊攻击的方法是，在移动计算机和基地防火墙之间建立安全通道。如果防火墙对于移动主机来说作为基地网，对于邻机发现来说作为代理机，则这个解决方案可以和 IP 等级移动程序相结合。这样移动主机有两个地址：一个在远程网，另一个在基地网。和移动主机基地地址捆绑的数据包将通过使用安全封装的防火墙中继。

(三) 增强主机安全

防火墙和移动服务器是网络对象，它们的安装对于多数应用程序来说是透明的。跟在 AH 或 ESP 后边报头的有效负载类型总是标明出现的 IPv6 数据包。保安应用程序知道 IP 安全机制的存在。它们可以要求只接收认证过的数据包或只发送加密过的数据包。在这种情况下，AH 或 ESP 后边的有效负载类型将是典型的 TCP 或 UDP。

这种服务的推广假定是，对网络编程接口 (如套接字) 的扩充会与新的要求相合并。这些扩充会在 IPv6 实现程序的一开始就表现出来。

(四) 邻机发现

某些建网过程有特殊的安全需求。邻机发现是一个很好的例子。我们很可能想控制对我们网络的访问，以便做到只允许有明确授权的访问者才能将其便携机接入我们的网络。我们还可能想控制对某些报文的授权，以便我们的工作站及时中止向错误的地址传送数据。我们甚至想做下列检查：来自授权路由器的路由器公告；来自授权工作站的邻机公告。

路由器公告是发给多播组中的所有节点的。通过定义 SPI，诸如 MD5 的算法以及会话密钥等，人们很容易就可以为该组配置一个安全关联。然而，需要注意的是，像 MD5 这样的算法仅能保护这个组不受外来者侵犯。由于密钥是本组工作站所共知的，因此，每个工作站都可以以一个路由器的方式出现。不过，这比目前情况好多了。目前任何黑客都可以将一台计算机连接到本地网络上。

邻机公告是发送给请求者的单播地址的。只有在邻机和请求者之间建立了安全关联的情况下邻机公告才是安全的。如果双方还没有交换任何一个数据包，那么它们怎么能协商密钥呢？对此问题有两种回答：网管人员可以让工作站在下一阶段再协商一个安全关联；也可以对路由器编程，使其不广播本地地址前缀，迫使主机总以路由器作为它们的第一个下一跳站点，并且在本地通信中依靠已认证的重定向报文。

保护路由器和主机之间的数据交换比较容易，因为每个主机仅和少量的路由器进行通信，主机可以和本地路由器建立很好的安全关联，或者至少可以和它们优先选择的路由器建立安全关联。这里的唯一问题是认证，它要求主机使用一对公开和秘密密钥。

（五）路由选择协议

如果路由选择协议不安全，那么整个网络将无法维持。如果入侵者可以伪装路由选择更新报文，那么他们就可以中断通信或转移某些连接。RIP，OSPF 或 IDRP 等协议都应在路由器间的安全关联之上运行。使用 IP 安全机制、对定义特定路由器之间的认证和加密函数来说，可能是一个很好的替代。

第六章　加密与认证技术

信息安全主要包括系统安全和数据安全两个方面。系统安全一般采用防火墙、防病毒及其他安全防范技术等措施，属于被动型安全措施；而数据安全则主要采用现代密码技术对数据进行主动的安全保护，如数据保密、数据完整性、身份认证等技术。

第一节　加密技术与 DES 加解密算法

密码学早在公元前 400 多年就已经产生了，正如《破译者》一书中所说"人类使用密码的历史几乎与使用文字的时间一样长"。密码学的起源的确要追溯到人类刚刚出现，并且尝试去学习如何通信的时候，为了确保通信机密，最初是有意识的使用一些简单的方法来加密信息，通过一些(密码)象形文字相互传达信息。接着，由于文字的出现和使用，确保通信的机密性就成为一种艺术，古代发明了不少加密信息和传达信息的方法。例如，我国古代的烽火就是一种传递军情的方法，再如古代的兵符就是用来传达信息的密令，这些都促进了密码学的发展。

密码学真正成为科学是在 19 世纪末和 20 世纪初期，由于军事、数学、通信等相关技术的发展，特别是两次世界大战中对军事信息保密传递和破获敌方信息的需求，密码学得到了空前的发展，并广泛地应用于军事情报部门的决策。例如，在第二次世界大战之前，德国就试验并使用了一种命名为"谜"的密码机，"谜"型机能产生 220 亿种不同的密钥组合，假如一个人日夜不停地工作，每分钟测试一种密钥的话，需要约 4.2 万年才能将所有的密钥可能组合试完。然而，英国获知了"谜"型机的密码原理，完成了一部针对"谜"型机的绰号叫"炸弹"的密码破译机，每秒可处理2000个字符，它几乎可以破译截获的德国所有情报。后来又研制出一种每秒可处理5000个字符的"巨人"型密码破译机并投入使用，至此同盟国几乎掌握了德国纳粹的绝大多数军事秘密和机密，而德国军方却对此一无所知；太平洋战争中，美军成功破译了日本海军的密码机，读懂了日本舰队司令官山本五十六发给各指挥官的命令，在中途岛彻底击溃了日本海军，导致太平洋战争的决定性转折。因此，可以说密码学为战争的胜利立了大功。今天，密码学不仅用于国家军事安全，而且人们已经将重点更多地集中在实际应用中。现实生活中就有很多密码，如为了防止别人查阅你文件，可以将你的文件加密；为了防止窃取钱物，可以在银行账户上设置密码等。随着科技的发展和信息保密的需求，密码学的应用融入了人们的日常生活。

一、密码学的基础知识

密码学（cryptography）一词来自于希腊语中的短语"secret writing"（秘密地书写），是研究数据的加密及其变换的学科。它集数学、计算机科学、电子与通信等诸多学科于一身，包括两个分支：密码编码学和密码分析学。密码编码学主要研究对信息进行变换，以保护信息在传递过程中不被敌方窃取、解读和利用的方法，而密码分析学则于密码编码学相反，它主要研究如何分析和破译密码。这二者之间既相互对立又相互促进。

进入20世纪80年代，随着计算机网络，特别是因特网的普及，密码学得到了广泛的重视。如今，密码技术不仅服务于信息的加密和解密，还是身份认证、访问控制、数字签名等多种安全机制的基础。

加密技术包括密码算法设计、密码分析、安全协议、身份认证、消息确认、数字签名、密钥管理、密钥托管等技术，是保障信息安全的核心技术。

待加密的消息称为明文（plain text），它经过一个以密钥（key）为参数的函数变换，这个过程称为加密，输出的结果称为密文（cipher text），然后，密文被传送出去，往往由通信员或者无线电方式来传送。我们假设敌人或者入侵者听到了完整的密文，并且将密文精确地复制下来。然而，与目标接收者不同的是，他不知道解密密钥是什么，所以他无法轻易地对密文进行解密。有时候人侵者不仅可以监听通信信道（被动人侵者），而且还可以将消息记录下来并且在以后某个时候回放出来，或者插入他自己的消息，或者在合法消息到达接收方之前对消息进行篡改（主动人侵者）。

密码学的基本规则是，你必须假定密码分析者知道加密和解密所使用的方法。每次当老的加解密方法被泄漏（或者认为它们已被泄漏）以后，总是需要极大的努力来重新设计、测试和安装新的算法，这使得将加密算法本身保持秘密的做法在现实中并不可行。当一个算法已不再保密的时候仍然认为它是保密的，这将会带来更大的危害。

二、古典密码算法

从密码学发展历程来看，可分为古典密码（以字符为基本加密单元的密码）以及现代密码（以信息块为基本加密单元的密码）两类。而古典密码有着悠久的历史，从古代一直到计算机出现以前，古典密码学主要有两大基本方法。

（1）替代密码：就是将明文的字符替换为密文中的另一种的字符，接收者只要对密文做反向替换就可以恢复出明文。

（2）置换密码（又称易位密码）：明文的字母保持相同，但顺序被打乱了。

古典密码算法大都十分简单，现在已经很少在实际应用中使用了。但是对古典密码学的研究，对于理解、构造和分析现代实用的密码都是很有帮助的，下面是几种简单的古典密码学。

（一）滚桶密码

在古代，为了确保通信的机密，先是有意识的使用一些简单的方法对信息来加密。如公元6年前的古希腊人通过使用一根称为scytale的棍子，将信息进行加密。送信人先将一张羊皮条绕棍子螺旋形卷起来，然后把要写的信息按某种顺序写在上面，接着打开羊皮条卷，通过其他渠道将信送给收信人。如果不知道棍子的宽度（这里作为密匙）就不容易解密里面的内容，但是收信人可以根据事先和写信人的约定，用同样的scytale棍子将书信解密。

（二）掩格密码

16世纪米兰的物理学和数学家Cardano发明了掩格密码，可以事先设计好方格的开孔，将所要传递的信息和一些其他无关的符号组合成无效的信息，使截获者难以分析出有效信息。

（三）棋盘密码

我们可以建立一张表，使每一个字符对应一数（该字符所在行标号＋列标号）。这样将明文变成形式为一串数字的密文。

（四）凯撒（Caesar）密码

据记载，在罗马帝国时期，凯撒大帝曾经设计过一种简单的移位密码，用于战时通信。这种加密方法就是将明文的字母按照字母顺序，往后依次递推相同的字母，就可以得到加密的密文，而解密的过程正好和加密的过程相反。

（五）圆盘密码

由于凯撒密码加密的方法很容易被截获者通过对密钥赋值（1～25）的方法破解，人们又进一步将其改善，只要将字母按照不同的顺序进行移动就可以提高破解的难度，增加信息的保密程度。如15世纪佛罗伦萨人Alberti发明圆盘密码就是这种典型的利用单表置换的加密方法。在两个同心圆盘上，内盘按不同（杂乱）的顺序填好字母或数字，而外盘按照一定顺序填好字母或数字，转动圆盘就可以找到字母的置换方法，很方便地进行信息的加密与解密。凯撒密码与圆盘密码本质都是一样的，都属于单表置换，即一个明文字母对应的密文字母是确定的，截获者可以分析字母出现的频率，对密码体制进行有效的攻击。

（六）维吉尼亚（Vigenere）密码

为了提高密码破译的难度，人们又发明了一种多表置换的密码，即一个明文字母可以表示为多个密文字母，多表密码加密算法结果将使得对单表置换用的简单频率分析方法失效，其中维吉尼亚密码就是一种典型的加密方法。

维吉尼亚密码是使用一个词组（语句）作为密钥，词组中每一个字母都作为移位替换密码密钥确定一个替换表，维吉尼亚密码循环的使用每一个替换表完成明文字母到密文字母的变换，最后所得到的密文字母序列即为加密得到的密文，具体过程如下：

设明文 P=datasecurity，密钥 K=best。可以先将 P 分解为长为4的序列 datasecurity。每一节利用密钥 K=best 加密得密文 C=EK（P）=EELT TIUN SMLR。当密钥 K 取的词组很长时，截获者就很难将密文破解。

三、单钥加密算法

传统加密方法的统计特性是这类算法致命的缺陷。为了提高保密强度，可将这几种加密算法结合使用，形成秘密密钥加密算法。由于可以采用计算机硬件和软件相结合来实现加密和解密，算法的结构可以很复杂，有很长的密钥，使破译很困难甚至不可能。由于算法难以破译，可将算法公开，攻击者得不到密钥，也就不能破译。因此，这类算法的保密性完全依赖于密钥的保密，而且加密密钥和解密密钥完全相同或等价，又称为对称密钥加密算法，其加密模式主要有序列密码（也称流密码）和分组密码两种方式。

流密码是将明文划分成字符（如单个字母），或其编码的基本单元（如0、1数字），字符分别与密钥流作用进行加密，解密时以同步产生的同样的密钥流解密。流密码的强度完全依赖于密钥流序列的随机性和不可预测性，其核心问题是密钥流生成器的设计，流密码主要应用于政府和军事等国家要害部门。根据密钥流是否依赖于明文流，可将流密码分为同步流密码和自同步流密码，目前，同步流密码较常见。由于自同步流密码系统一般需要密文反馈，因而使得分析工作复杂化，但其具有抵抗密文搜索攻击和认证功能等优点，所以这种流密码也是值得关注的研究方向。围绕着单钥密钥体制，密码学工作者已经开发了许多行之有效的单钥加密算法，常用的有 DES 算法、IDEA 算法等。

四、数据加密标准 DES 算法

DES 算法的发明人是 IBM 公司的 W. Tuchman 和 C. Meyer。美国商业部国家标准局（NBS）于1973年5月和1974年8月两次发布通告，公开征求用于计算机的加密算法，经评选，从一大批算法中采纳了 IBM 的 LUCIFER 方案，该算法于1976年11月被美国政府采用，随后被美国国家标准局和美国国家标准学会（ANSI）承认，并于1977年1月以数据加密标准 DES（data encryption standard）的名称正式向社会公布，并于 1977 年 7 月 15 日生效。

DES 算法是一种对二元数据进行加密的分组密码，数据分组长度为 64位（8B），密文分组长度也是 64 位，没有数据扩展。密钥长度为 64 位，其中有效密钥长度 56 位，其余 8 值为奇偶检验。DES 的整个体制是公开的，系统的安全性主要依赖密钥的保密，其算法主要由初始置换 IP、16 轮迭代的乘积变换、逆初始置换 IF1 以及 16 个子密钥产生器构成。

DES 加密算法框图中，明文加密过程如下。

（1）将长的明文分割成 64 位的明文段，逐段加密。将 64 位明文段首先进行与密钥无关的初始变位处理。

（2）初始变位后的结果要进行 16 次的迭代处理，每次迭代的框图相同，但参加迭代的密钥不同，密钥共 56 位，分成左右两个 28 位，第 i 次迭代用密钥 Ki 参加操作，第 i 次迭代完成后，左右 28 位的密钥都作循环移位，形成第 i+1 次迭代的密钥。

（3）经过 16 次迭代处理后的结果进行左右 32 位的互换位置。

（4）将结果进行一次与初始变位相逆的还原变换处理得到了 64 位的密文。

上述加密过程中的基本运算包括变位、替换和异或运算。DES 算法是一种对称算法，既可用于加密，也可用于解密。解密的过程和加密时相似，但密钥使用顺序刚好相反。

DES 是一种分组密码，是两种基本的加密组块替代和换位的细致而复杂的结合，它通过反复依次应用这两项技术来提高其强度，经过共 16 轮的替代和换位的变换后。使得密码分析者无法获得该算法一般特性以外更多的信息。对于 DES 加密，除了尝试所有可能的密钥外，还没有已知的技术可以求得所用的密钥。DES 算法可以通过软件或硬件实现。

自 DES 成为美国国家标准以来，已有许多公司设计并推广了实现 DES 算法的产品，有的设计专用 LSI 器件或芯片，有的用现成的微处理器实现，有的只限于实现 DES 算法，有的则可以运行各种工作模式。

第二节　电子邮件加密软件 PGP

随着因特网的迅速发展和普及，电子邮件（E-mail）已经成为网络中应用最为广泛、最受欢迎的服务之一，也是唯一广泛地跨平台、跨体系结构的分布式应用。电子邮件的用户已经从科学和教育行业发展到了普通家庭，电子邮件传递的信息也从普通文本信息发展到包含声音、图像在内的多媒体信息。同时，保证邮件本身的安全以及电子邮件对系统安全性的影响也显得越来越重要。

保护电子邮件最常用的方法是加密，而 PGP（pretty good privacy）就是因特网上的一个著名的共享电子邮件加密软件包。PGP 是 20 世纪 90 年代初由美国 Phil Zimmermann 开发，它实际上是将现有的一些算法，如 MD5、RSA、IDEA 等综合在一起，可独立提供数据加密、认证、数字签名、密钥管理和压缩等功能。

PGP 程序和文档在因特网上公开，由于其具有免费、可用于多平台、使用生命力和安全性都为公众认可的算法等特点，使用非常广泛。但尽管如此，PGP 并不是因特网的正式标准。

一、PGP 的工作原理

从保证信息完整性、保密性和可用性的角度来看，PGP 软件的安全功能如下。

（1）数字签名。采用 RSA/SHA-1 或 DSS/SHA-1 算法。

（2）消息认证。采用 MD5、RSA 算法。

（3）消息加密。采用 IDEA 或 CAST-128 或 3DES+Diffle-Hellman 或 RSA 算法。

（4）数据压缩。采用 ZIP。

（5）邮件兼容。将加密文件生成 radix64 格式（就是 MIMe 的 BASE64 格式）的编码文件，将原始二进制流转化为可打印的 ASCII 字符。

在 PGP 认证过程中：

（1）RSA 的强度保证了发送方的身份。

（2）MD5 的强度保证了签名的有效性。

另外，签名是可以分离的。例如，法律合同需要多方签名，每个人的签名是独立的，因而可以仅应用到文档上。否则，签名将只能递归使用，第二个签名对文档的第一个签名进行签名，依此类推。

在 PGP 的加密功能中，发送方 A 生成消息 M 并为该消息生成一个随机数作为会话密钥。用会话密钥加密 M，用接收方 B 的公钥 KUb 仍加密会话密钥并与消息 M 结合发送。接收方 B 用自己的私钥 KRb 解密恢复会话密钥，用会话密钥解密恢复消息 M。

当保密与认证同时运用时，发送者先用自己的私钥签名，然后用会话密钥加密，再用接收者的公钥加密会话密钥。

数据压缩对邮件传输或存储都有节省空间的好处。PGP 压缩的位置发生在签名后、加密前。若压缩之前生成签名，验证时无须压缩；另外，PGP 压缩算法的多样性产生不同的压缩形式，但这些不同的压缩算法是可互操作的。若在加密前压缩，压缩的报文更难分析，增加了安全系数。

电子邮件兼容性。电子邮件常常受限制于最大消息长度（一般限制在最大 50000B）。因此，更长的消息要进行分段处理，每一段分别发送。为了满足这个约束，PGP 自动将报文划分成可以使用电子邮件发送的足够小的报文段，并在接收时自动恢复。而会话密钥部分和签名部分只需在第一个报文的开始位置出现一次。

PGP 报文的发送与接收。在传输时，如果需要认证，使用明文的哈希函数生成签名。然后，明文加上签名被压缩。接着，如果需要保密，报文分组（压缩过的明文或压缩过的明文加签名）被加密，并在前面附加公开密钥加密过的加密密钥。最后这个分组被转换成 radix 64 的格式。而接收时，进入的分组首先从 radix 64 的格式转换成二进制形式。然后，如果报文被加密，接收恢复会话密钥并解密报文。接着，对结果报文解压。如果报文签了名，接收者恢复传输过来的哈希认证码，并与自己计算出的哈希码进行比较。

二、PGP 的主要功能

PGP 安装后，将在 Windows 任务栏的右侧提示区内显示锁形图标，单击该图标，弹出的菜单中显示 PGP 软件各功能。

(一) 密钥管理（PGP keys）

密钥管理是 PGP 的关键，涉及密钥的产生、密钥环、密钥的注销、可导入、导出密钥等。

1.密钥

PGP 系统使用四种类型的密钥，即一次性会话对称密钥、公钥、私钥、基于口令短语的对称密钥。同时，PGP 系统对密钥有几点要求：需要一种生成不可预知（随机）的会话密钥的手段；需要某种手段来标识具体的密钥；为了密钥的更换与分组，一个用户拥有多个公钥 / 私钥对。每个 PGP 实体需要维护两个文件：一个文件保存自己的公钥 / 私钥对，另一个文件保存通信对方的公钥。

2.密钥环

密钥环就是 PGP 系统中每个用户所在结点要维护两个文件：私密密钥环（私钥环）和公开密钥环（公钥环）。

私钥环用作存储该结点用户自己的公钥 / 私钥对，其中部分字段的作用如下。

（1）User ID：通常是用户的邮件地址。也可以是一个名字，或重用一个名字多次。

（2）Private Key：用户自己的私密密钥，系统用 RSA 生成一个用于加密的新的公钥 / 私钥对中的私钥。

（3）Public Key：用户自己的公开密钥，系统用 RSA 生成一个新的公钥 / 私钥对中的公钥。

（4）Key ID：密钥标识符，定义这个实体公开密钥的低 64 位 cmod264）。Key ID 同样也需要 PGP 数字签名。

每个用户可以有多对公钥 / 私钥，为了使用户可经常更换自己的密钥，每一对密钥有对应的标识符（Key ID）。当一个用户有多个公钥 / 私钥对时，接收者如何知道发送者是使用了哪个公钥来加密会话密钥？此时发信人将公钥与消息一起传送，将一个标识符与一个公钥关联，对一个用户来说做到一一对应，使收信人知道应该用哪一个私密密钥进行解密。

Key ID 对于 PGP 是关键的。两个 Key ID 包含在任何 PGP 消息中，提供保密与认证功能。需要一种系统化的方法存储和组织这些密钥以保证使用。

公钥环用作存储本结点知道的其他用户一些经常通信对象的公钥。其中，User ID 是公钥的拥有者的邮件地址或名字，多个 User ID 可以对应一个公钥。公钥环可以用 User ID 或 Key ID 索引。

3. 会话密钥的产生

IDEA 自己生成 128 位的随机数作为会话密钥。输入包括一个 128 位的密钥和两个 64 位的数据块作为加密的输入。使用 CFB 方式，CAST-128 产生两个 64 位的加密数据块，这两个数据块的结合构成 128 位的会话密钥。作为明文输入的两个 64 位数据块，是从一个 128 位的随机数流中导出的。这些数基于用户的键盘输入。键盘输入时间和内容用来产生随机流。因此，如果用户以通常的步调敲击任意键，将会产生合理的随机性。

4. 消息加密

使用 IDEA（或 CAST-128 或 3DES）加密，其过程如下：当系统用 RSA 生成一个新的公钥/私钥对时，要求用户输入口令短语。对该短语使用 MD5 生成一个 128 位的散列码后，销毁该短语。系统用其中 128 位作为密钥，用 IDEA 加密私钥，然后销毁这个散列码，并将加密后的私钥存储到私钥环中。当用户要访问私钥环中的私钥时，必须提供口令短语。PGP 将检索出加密的私钥，生成散列码，并解密私钥。用户选择一个口令短语用于加密私钥

5. 发送消息的格式

一个 PGP 报文包含三部分成员：密钥、签字和报文部分。

（二）剪贴板信息加解密

可实现剪贴板信息的加密、认证、加密并认证、解密等操作。

（三）当前窗口信息加解密

可实现当前窗口信息的加密、认证、加密并认证、解密等操作。

（四）文件的加解密与安全删除（PGP mail）

可对文件独立进行加解密操作。

（五）PGP 加密磁盘（PGP disk）

可在物理硬盘中划出一块区域，由 PGP 作为一个虚拟磁盘管理。使用

时打开 (mount disk)，使用完毕加密关闭 (unmount all disks)。

三、PGP 的安全性

正如大多数加密方法一样，PGP 也是可以被破解的。但是，如果采用穷尽法的话，大约需要 3×1011MIPS 年才能破解一个 1024 位的 PGP 密码，这个运算能力不是一个普通用户可以承受的，就算是拥有强大运算能力的政府机构可能也要花费几十年。当然，如果用的是比较短的 PGP 密码，如 512 位或 256 位，那么强行攻破所需要的时间会短得多。

对于公开密钥体制，最大的问题就是公开密钥的真实性确认。PGP 中的密钥证书是永久有效的，这虽然简化了管理，但是也增加了冒充的可能性。因此，PGP 主要适用于信任用户之间的安全通信。

各种密码破解事件告诉我们这样一个事实：任何一个加密软件都不能通过保守程序秘密而保证其安全性。因此，真正安全的加密软件是公开源码，让世界各国的安全专家加以检验的程序，而 PGP 正符合这个要求。从 1991 年 PGP 诞生开始，PGP 的源代码始终是公开的，虽然也有各种错误 (Bug) 被发现，但是 PGP 的根基始终没有被动摇过。因此，至少目前来说，PGP 是安全的。

第三节　加密算法与认证技术

在历史上，分发密钥往往是绝大多数密码系统中最薄弱的环节。不管一个密码系统有多强大，如果入侵者能够偷取到密钥，则整个系统就毫无价值了。

一、RSA 算法

1976 年，Diffie 和 Heilman 在《密码学的新方向》一文中提出了公开密钥密码体制的思想，开创了现代密码学的新领域。

(一) 双钥加密算法

双钥密码体制 (公开密钥密码体制) 的加密密钥和解密密钥不相同，它们的值不等，属性也不同，一个是可公开的公钥；另一个则是需要保密的私钥。双钥密码体制的特点是加密能力和解密能力是分开的，即加密与解密的密钥不同，或从一个难以推出另一个。它可以实现多个用户用公钥加密的消息只能由一个用户用私钥解读，或反过来，由一个用户用私钥加密的消息可被多个用户用公钥解读。其中前一种方式可用于在公共网络中实现保密通信；后一种方式可用于在认证系统中对消息进行数字签名。

双钥密码体制大大简化了复杂的密钥分配管理问题，但公钥算法（双钥）要比私钥算法（单钥）慢得多（约 1000 倍）。因此，在实际通信中，双钥密码体制主要用于认证（比如数字签名、身份识别等）和密钥管理等，而消息加密仍利用单钥密码体制。双钥密码体制的杰出代表是 RSA 加密算法。

（二）RSA 算法

RSA 体制是由 Rivest、Shamir 和 Adleman 设计的用数论构造双钥的方法，是公开密钥密码系统的加密算法的一种，它不仅可以作为加密算法使用，而且可以用做数字签名和密钥分配与管理。RSA 在全世界已经得到了广泛的应用，ISO 在 1992 年颁布的国际标准 X.509 中，将 RSA 算法正式纳入国际标准。1999 年，美国参议院通过立法，规定电子数字签名与手写签名的文件、邮件在美国具有同等的法律效力。在因特网中广泛使用的电子邮件和文件加密软件 PGP（pretty good privacy）也将 RSA 作为传送会话密钥和数字签名的标准算法。RSA 算法的安全性建立在数论中"大数分解和素数检测"的理论基础上。

1. RSA 算法表述

首先选择两个大素数（典型地应大于 10100，且 p 和 q 是保密的）。

计算出这些参数后，下面就可以执行加 / 解密了。首先将明文（可以看作是一个位串）分成块，每块有 k 位，这里 k 是满足 $2k < n$ 的最大数。其次，为了加密一个消息 P，可计算出 $C=Pc$。

2. RSA 安全性分析

RSA 的保密性基于一个数学假设：对一个很大的合数进行质因数分解是不可能的。若 RSA 用到的两个质数足够大，可以保证使用目前的计算机无法分解。即 RSA 公开密钥密码体制的安全性取决于从公开密钥（n, e）计算出秘密密钥（n, d）的困难程度。想要从公开密钥（n, e）算出 A 只能分解整数 n 的因子，即从 n 找出它的两个质因数 p 和，但大数分解是一个十分困难的问题。RSA 的安全性取决于模 n 分解的困难性，但数学上至今还未证明分解模就是攻击 RSA 的最佳方法。尽管如此，人们还是从消息破译、密钥空间选择等角度提出了针对 RSA 的其他攻击方法，如迭代攻击法、选择明文攻击法、公用模攻击、低加密指数攻击、定时攻击法等，但其攻击成功的概率微乎其微。

出于安全考虑，建议在 RSA 中使用 1024 位的 n，对于重要场合，n 应该使用 2048 位。

（三）其他的公开密钥算法

虽然 RSA 已经被广泛使用了，但它并不是唯一已知的公开密钥算法。第一个公开密钥算法是背包算法。背包算法的思想是：某一个人拥有大量的物品，每个物品的重量各不相同。为了编码一个消息，这个人秘密地选择其中一组物品并将物品放到一个背包中。背包中物品的总重量被公开，所有可能的物品也被公开列出。但是，背包中物品的明细则是保密的。在特定的附加限制条件下，"根据给定的总重量找出可能的物品明细列表"这个问题被认为是一个计算上不可行的问题，从而构成了此公开密钥算法的基础。

算法的发明家 Ralph Merkle 非常确信这个算法不可能被攻破，所以他悬赏 100 美元奖金给破解此算法的人。AdiShamir（即 RSA 中的"S"）迅速地破解了该算法，并领走了奖金。Merkle 并没有气馁，他又加强了算法，并悬赏 1000 美元奖金给破解新算法的人。Ronald Rivest（即 RSA 中的"R"）也迅速地破解了新算法，并领走了奖金。Merkle 不敢再为下一个版本悬赏 10000 美元奖金了，所以"A"（Leonard Adleman）很是不幸。不管怎么样，背包算法已经不再被认为是安全的，在实践中也没有被采用。

其他一些公开密钥方案建立在计算离散对数的困难度基础之上。El Gamal 和 Schnorr 发明了使用这种原理的公开密钥算法。

另外还存在一些方案，比如基于椭圆曲线的公开密钥算法，但是最主要的两大类算法是：

（1）建立在"分解大数的困难度"基础上的算法。

（2）建立在"以大素数为模来计算离散对数的困难度"基础上的算法。这些问题被认为确实很难解决，因为数学家们已经为之研究了许多年而未能有所突破。

二、认证技术

数据加密是密码技术应用的重要领域，在认证技术中，密码技术也同样发挥出色，但它们的应用目的不同。加密是为了隐蔽消息的内容，而认证的目的有三个：一是消息完整性认证，即验证信息在传送或存储过程中是否被篡改；二是身份认证，即验证消息的收发者是否持有正确的身份认证符，如口令或密钥等；三是消息的序号和操作时间（时间性）等的认证，其目的是防止消息重放或延迟等攻击。认证技术是防止不法分子对信息系统进行主动攻击的一种重要技术。

(一) 认证技术的分层模型

认证技术一般可以分为三个层次：安全管理协议、认证体制和密码体制。安全管理协议的主要任务是在安全体制的支持下，建立、强化和实施整个网络系统的安全策略；认证体制在安全管理协议的控制和密码体制的支持下，完成各种认证功能；密码体制是认证技术的基础，它为认证体制提供数学方法支持。

典型的安全管理协议有公用管理信息协议 CMIP、简单网络管理协议 SNMP 和分布式安全管理协议 DSM。典型的认证体制有 Kerberos 体制、X.509 体制和 Light Kryptonight 体制。

一个安全的认证体制至少应该满足以下要求。

（1）接收者能够检验和证实消息的合法性、真实性和完整性。

（2）消息的发送者对所发的消息不能抵赖，有时也要求消息的接收者不能否认收到的消息。

（3）除了合法的消息发送者外，其他人不能伪造发送消息。

发送者通过一个公开的无扰信道将消息送给接收者。接收者不仅得到消息本身，而且还要验证消息是否来自合法的发送者及消息是否经过篡改。

攻击者不仅要截收和分析信道中传送的密报,而且可能伪造密文送给接收者进行欺诈等主动攻击。

认证体制中通常存在一个可信中心或可信第三方(如认证机构 CA,即证书授权中心),用于仲裁、颁发证书或管理某些机密信息。通过数字证书实现公钥的分配和身份的认证。

数字证书是标志通信各方身份的数据,是一种安全分发公钥的方式。CA 负责密钥的发放、注销及验证,所以 CA 也称密钥管理中心。CA 为每个申请公开密钥的用户发放一个证书,证明该用户拥有证书中列出的公钥。CA 的数字签名保证不能伪造和篡改该证书,因此数字证书既能分配公钥,又实现了身份认证。

(二)数字签名技术

鉴别文件或书信真伪的传统做法是亲笔签名或盖章。签名起到认证、核准、生效的作用。

电子商务、电子政务等应用要求对电子文档进行辨认和验证,因而产生了数字签名。数字签名既可以保证信息完整性,同时提供信息发送者的身份认证。

数字签名就是信息发送者使用公开密钥算法技术,产生别人无法伪造的一段数字串。发送者先用自己的私钥加密数据,再用接收方的公钥加密,然后传给接收者。接收者先用自己的私钥解密,然后再用发送者的公钥解开数据,就可以确定消息来自于谁,同时也是对发送者发送信息的真实性的一个证明。发送者对所发信息不能抵赖。

数字签名必须保证以下几点:

(1)可验证:签字是可以被确认的。

(2)防抵赖:防发送者事后不承认发送报文并签名。

(3)防假冒:防攻击者冒充发送者向收方发送文件。

(4)防篡改:防收方对收到的文件进行篡改。

(5)防伪造:防收方伪造对报文的签名。

签名对安全、防伪、速度的要求比加密更高。一个数字签名方案由安全参数、消息空间、签名、密钥生成算法、签名算法、验证算法等成分构成。从接收者验证签名的方式可将数字签名分为真数字签名和公证数字签名两类。在真数字签名中，签名者直接把签名消息传送给接收者，接收者无需求助于第三方就能验证签名；在公证数字签名中，签名者把签名消息经由被称作公证者的可信的第三方发送给接收者，接收者不能直接验证签名，签名的合法性是通过公证者作为媒介来保证的，也就是说接收者要验证签名必须同公证者合作。

（三）身份认证技术

身份认证，又称"身份鉴别"，是指被认证方在不泄露自己身份信息的前提下，能够以电子的方式来证明自己的身份。其目的是验证信息收发方是否持有合法的身份认证符（口令、密钥和实物证件等）。从认证机制上讲，身份认证技术可分为两类：一类是专门进行身份认证的直接身份认证技术；另一类是在消息签名和加密认证过程中，通过检验收发方是否持有合法的密钥进行的认证，称为间接身份认证技术。

在用户接入（或登录）系统时，直接身份认证技术首先要验证他是否持有合法的身份证（口令或实物证件等）。如果是，就允许他接入系统中，进行收发等操作，否则拒绝他接入系统中。通信和数据系统的安全性常常取决于能否正确识别通信用户或终端的个人身份。比如，银行的自动取款机（ATM）可将现款发放给经它正确识别的账号持卡人。对计算机的访问和使用及安全地区的出入放行等都是以准确的身份认证为基础的。

进入信息社会，虽然有不少研究者试图电子化生物唯一识别信息（如指纹、掌纹、声纹、视网膜、脸形等），但由于代价高、准确性低、存储空间大和传输效率低等，不适合计算机读取和判别，一般只能作为辅助措施应用。

1. 身份认证方式

身份认证常用的方式主要有两种：通行字方式和持证方式。

通行字方式，即我们所熟悉的"用户名＋口令"方式，是目前使用最为广泛的一种身份认证方式。通行字一般为数字、字母、特殊字符等组成的字符串。通行字识别的方法是：被认证者先输入他的通行字，然后计算机确定它的正确性。被认证者和计算机都知道这个秘密的通行字，每次登录时，计算机都要求输入通行字，这样就要求计算机存储通行字，一旦通行字文件暴露，攻击者就有机可乘。为此，人们采用单向函数来克服这种缺陷，此时计算机存储通行字的单向函数值而不是存储通行字。

持证方式是一种实物认证方式。持证是一种个人持有物，它的作用类似于钥匙，用于启动电子设备。使用较多的是一种嵌有磁条的塑料卡，磁条上记录有用于机器识别的个人识别号（PIN）。这类卡易于伪造，因此产生了一种被称作"智能卡"（smartcard）的集成电路卡来代替普通的磁卡。智能卡已经成为目前身份认证的一种更有效、更安全的方法。智能卡仅仅为身份认证提供一个硬件基础，要想得到安全的识别，还需要与安全协议配套使用。

2. 身份认证协议

目前的认证协议大多数为询问－应答式协议，它们的基本工作过程是：认证者提出问题（通常是随机选择一些随机数，称作口令），由被认证者回答，然后认证者验证其身份的真实性。询问－应答式协议可分为两类：一类是基于私钥密码体制的，在这类协议中，认证者知道被认证者的秘密；另一类是基于公钥密码体制的，在这类协议中，认证者不知道被认证者的秘密，因此它们又称为零知识身份认证协议。

（四）消息认证技术

消息认证是指通过对消息或消息相关信息进行加密或签名变换进行的认证，目的是防止传输和存储的消息被有意或无意地篡改，包括消息内容认证（即消息完整性认证）、消息的源和宿认证（即身份认证）及消息的序号和操作时间认证等。它在票据防伪（如税务的金税系统和银行的支付密码器）中具有重要应用。

消息认证所用的摘要算法与一般的对称或非对称加密算法不同，它并不用于防止信息被窃取，而是用于证明原文的完整性和准确性。也就是说，消息认证主要用于防止信息被篡改。

（五）数字水印技术

数字水印就是将特定的标记隐藏在数字产品中，用以证明原创者对产品的所有权，并作为起诉侵权者的证据，用来对付数字产品的非法复制、传播和篡改，保护知识产权。数字水印技术还可以广泛应用于其他信息的隐藏，如在一个正常的文件中嵌入文本、图像、音频等信息。

当然，数字水印技术必须不影响原系统，还要善于伪装，使人不易察觉。隐藏信息的分布范围要广，能抵抗数据压缩、过滤等变换及人为攻击。

第七章　防火墙与网络隔离技术

　　防火墙可以是非常简单的过滤器，也可能是精心配置的网关，但它们的原理是一样的，都是监测并过滤所有内部网和外部网之间的信息交换。防火墙通常是运行在一台单独计算机之上的一个特别的服务软件，它可以识别并屏蔽非法的请求，保护内部网络敏感的数据不被偷窃和破坏，并记录内外通信的有关状态信息日志，如通信发生的时间和进行的操作等。

　　防火墙技术是一种有效的网络安全机制，它主要用于确定哪些内部服务允许外部访问，以及允许哪些外部服务访问内部服务。其基本准则就是：一切未被允许的就是禁止的；一切未被禁止的就是允许的。

第一节　防火墙技术及 Windows 防火墙配置

一、防火墙技术

　　防火墙是建立在现代通信网络技术和信息安全技术基础上的应用性安全技术，并越来越多地应用于专用与公用网络的互联环境中。

（一）防火墙的作用

　　防火墙应该是不同网络或网络安全域之间信息的唯一出入口，能根据企业的安全策略控制（允许、拒绝、监测）出入网络的信息流，且本身具有较强的抗攻击能力，是提供信息安全服务，实现网络和信息安全的基础设施。在逻辑上，防火墙是一个分离器，一个限制器，也是一个分析器，它有效地监控着内部网和因特网之间的任何活动，保证了内部网络的安全。

1.防火墙是网络安全的屏障

由于只有经过精心选择的应用协议才能通过防火墙，所以防火墙（作为阻塞点、控制点）能极大地提高内部网络的安全性，并通过过滤不安全的服务而降低风险，使网络环境变得更安全。防火墙同时可以保护网络免受基于路由的攻击，如 IP 选项中的源路由攻击和 ICMP 重定向中的重定向路径等。

2.防火墙可以强化网络安全策略

通过以防火墙为中心的安全方案配置，能将所有安全软件（如口令、加密、身份认证、审计等）配置在防火墙上。与将网络安全问题分散到各个主机上相比，防火墙的集中安全管理更经济。例如，在网络访问时，一次一密口令系统（即每一次加密都使用一个不同的密钥）和其他的身份认证系统完全可以集中于防火墙一身。

3.对网络存取和访问进行监控审计

如果所有的访问都经过防火墙，那么防火墙就能记录下这些访问并做出日志记录，同时也能提供网络使用情况的统计数据。当发生可疑动作时，防火墙能进行适当的报警，并提供网络是否受到监测和攻击的详细信息。另外，收集一个网络的使用和误用情况也是非常重要的，这样可以清楚防火墙是否能够抵挡攻击者的探测和攻击，清楚防火墙的控制是否充分。而网络使用统计对网络需求分析和威胁分析等而言也是非常重要的。

4.防止内部信息的外泄

通过利用防火墙对内部网络的划分，可实现内部网重点网段的隔离，从而限制局部重点或敏感网络安全问题对全局网络造成的影响。再者，隐私是内部网络非常关心的问题，一个内部网络中不引人注意的细节可能包含了有关安全的线索而引起外部攻击者的兴趣，甚至因此而暴露了内部网络的某些安全漏洞。使用防火墙就可以隐蔽那些透漏内部细节的服务，如 Finger(用来查询使用者的资料)、DNS（域名系统）等服务。Finger 显示了主机的所有用户的注册名、真名、最后登录时间和使用 shell 类型等。但是 Finger 显示的信息非常容易被攻击者所获悉。攻击者可以由此而知道一个系统使用的频繁程度，这个系统是否有用户正在连线上网，这个系统是否在被攻击时引起注意等。防火墙可以同样阻塞有关内部网络中的 DNS 信息，这样一台主机的域名和 IP 地址就不会被外界所了解。除了安全作用，防火墙还支持具有因特网服务特性的企业内部网络技术体系 VPN（虚拟专用网络）。

（二）防火墙的种类

根据防范方式和侧重点的不同，防火墙技术可分成很多类型，但总体来讲还是两大类：分组过滤和应用代理。

1. 包过滤或分组过滤技术（packet filtering）

作用于网络层和传输层，通常安装在路由器上，对数据进行选择，它根据分组包头源地址、目的地址和端口号、协议类型（TCP/UDP/ICMP/IP tunnel）等标志，确定是否允许数据包通过。只有满足过滤逻辑的数据包才被转发到相应的目的地出口端，其余数据包则被从数据流中丢弃。

2. 代理服务技术

也叫应用代理（application proxy）和应用网关（application gateway），它作用在应用层，其特点是完全"阻隔"了网络通信流，通过对每种应用服务编制专门的代理程序，实现监视和控制应用层通信流的作用。与包过滤防火墙不同之处在于内部网和外部网之间不存在直接连接，同时提供审计和日志服务。实际中的应用网关通常由专用工作站实现。

应用代理型防火墙是内部网与外部网的隔离点，工作在 OSI 模型的最高层，掌握着应用系统中可用作安全决策的全部信息，起着监视和隔绝应用层通信流的作用。同时也常结合过滤器的功能。

3. 复合型技术

针对更高安全性的要求，常把基于包过滤的方法与基于应用代理的方法结合起来，形成复合型防火墙产品。所用主机称为堡垒主机，负责提供代理服务。这种结合通常有屏蔽主机和屏蔽子网这两种防火墙体系结构方案。

在屏蔽主机防火墙体系结构中，包过滤路由器或防火墙与因特网相连，同时一个堡垒主机安装在内部网络，通过在包过滤路由器或防火墙上过滤规则的设置，使堡垒主机成为因特网上其他结点所能到达的唯一结点，确保内部网络不受未授权外部用户的攻击。

在屏蔽子网防火墙体系结构中，堡垒主机放在一个子网（非军事化区，DMZ）内，两个包过滤路由器放在这一子网的两端，使这一子网与因特网及内部网分离，堡垒主机和包过滤路由器共同构成了整个防火墙的安全基础。

4. 审计技术

通过对网络上发生的各种访问过程进行记录和产生日志，并对日志进行统计分析，从而对资源使用情况进行分析，对异常现象进行追踪监视。

（三）防火墙操作系统

防火墙应该建立在安全的操作系统之上，而安全的操作系统来自对专用操作系统的安全加固和改造。从现有的诸多产品看，对安全操作系统内核的固化与改造主要从以下几方面进行。

（1）取消危险的系统调用。

（2）限制命令的执行权限。

（3）取消 IP 的转发功能。

（4）检查每个分组的接口。

（5）采用随机连接序号。

（6）驻留分组过滤模块。

（7）取消动态路由功能。

（8）采用多个安全内核等。

作为一种安全防护设备，防火墙在网络中自然是众多攻击者的目标，故抗攻击能力也是防火墙的必备功能。

防火墙也有局限性，存在着一些防火墙不能防范的安全威胁，如防火墙不能防范不经过防火墙的攻击（例如，如果允许从受保护的网络内部向外拨号，一些用户就可能形成与因特网的直接连接）。另外，防火墙很难防范来自于网络内部的攻击以及病毒的威胁等。

二、防火墙的功能指标

防火墙的功能指标主要包括以下方面。

（1）产品类型。从产品和技术发展来看，防火墙分为基于路由器的包过滤防火墙、基于通用操作系统的防火墙和基于专用安全操作系统的防火墙。

（2）局域网（LAN）接口。指防火墙所能保护的网络类型，如以太网、快速以太网、千兆以太网、ATM、令牌环及 FDDI 等。

支持的最大 LAN 接口数：指防火墙所支持的局域网络接口数目，也是其能够保护的不同内网数目。

服务器平台：防火墙所运行的操作系统平台（如 Linux、UNIX、Windows 2000/XP、专用安全操作系统等）。

（3）协议支持。除支持 IP 协议之外，又支持 AppleTalk、DECnet、IPX 及 NETBEUI 等非 IP 协议。此外，还有建立 VPN 通道的协议、可以在 VPN 中使用的协议等。

（4）加密支持。VPN 中支持的加密算法，如数据加密标准 DES、3DES、RC4 以及国内专用的加密算法等。此外，还有加密的其他用途，如身份认证、报文完整性认证、密钥分配等，以及是否提供硬件加密方法等。

（5）认证支持。指防火墙支持的身份认证协议，以及是否支持数字证书等。一般情况下，具有一个或多个认证方案，如 RADIUS、Kerberos、TACACS/TACACS+、口令方式、数字证书等。防火墙能够为本地或远程用户提供经过认证与授权的对网络资源的访问，防火墙管理员必须决定客户以何种方式通过认证。

（6）访问控制。包过滤防火墙的过滤规则集由若干条规则组成，它应涵盖对所有出入防火墙的数据包的处理方法，对于没有明确定义的数据包，应该有一个默认处理方法；过滤规则应易于理解，易于编辑修改；同时应具备一致性检测机制，防止冲突。

应考虑防火墙是否支持应用层代理，如 HTTP、FTP、TELNET、SNMP 等；是否支持传输层代理服务；是否支持 FTP 文件类型过滤，允许 FTP 命令防止某些类型文件通过防火墙；用户操作的代理类型，如 HTTiPOP3；支持网络地址转换（NAT）；是否支持硬件口令、智能卡等。

（7）防御功能。是否支持防病毒功能，是否支持信息内容过滤，能防御的 DoS 攻击类型，以及阻止 ActiveX、Java、Cookies、Javascript 侵入等。

（8）安全特性。是否支持 ICMP（网间控制报文协议）代理，提供实时入侵告警功能，提供实时入侵响应功能，识别 / 记录 / 防止企图进行 IP 地址欺骗等。

（9）管理功能。通过集成策略集中管理多个防火墙。防火墙管理是指对防火墙具有管理权限的管理员行为和防火墙运行状态的管理，管理员的行为主要包括：通过防火墙的身份鉴别，编写防火墙的安全规则，配置防火墙的安全参数，查看防火墙的日志等。防火墙的管理一般分为本地管理、远程管理和集中管理等。

（10）记录和报表功能。防火墙规定了对于符合条件的报文做日志，应该提供日志信息管理和存储方法。应考虑防火墙是否具有日志的自动分析和扫描功能，这可以获得更详细的统计结果，达到事后分析、亡羊补牢的目的。

国内有关部门的许可证类别及号码是防火墙合格与销售的关键要素之一，其中包括公安部的销售许可证、国家信息安全测评中心的认证证书、总参的国防通信入网证和国家保密局的推荐证明等。

三、防火墙技术的发展

目前，对防火墙的发展普遍存在着两种观点，即所谓的"胖、瘦"防火墙之争。一种观点认为，要采取分工协作，防火墙应该做得"精瘦"，只做防火墙的专职工作，可采取多家安全厂商联盟的方式来解决；另一种观点认为，应该把防火墙做得尽量的"胖"，把所有安全功能尽可能多地附加在防火墙上，成为一个集成化的网络安全平台。

从本质上讲，"胖、瘦"防火墙没有好坏之分，只有需求上的差别。低端的防火墙是一个集成的产品，它可以具有简单的安全防护功能，还可以具有一定的 IDS（入侵检测系统）功能，但一般不会集成防病毒功能。而中高端的防火墙更加专业化，安全和访问控制并重，主要对经过防火墙的数据包进行审核，安全会更加深化，对协议的研究更加深入，同时会支持多种通用的路由协议，对网络拓扑更加适应，VPN 会集成到防火墙内，作为建立广域网安全隧道的一种手段，但防火墙不会集成 IDS 和防病毒，这些还是由专门的设备负责完成。

四、Windows 防火墙

Windows XP Service Pack 2（SP2）为连接到因特网上的小型网络提供了增强的防火墙安全保护。默认情况下，会启用 Windows 防火墙，以便帮助保护所有因特网和网络连接。用户还可以下载并安装自己选择的防火墙。Windows 防火墙将限制从其他计算机发送来的信息，使用户可以更好地控制自己计算机上的数据，并针对那些未经邀请而尝试连接的用户或程序（包括病毒和蠕虫）提供一条防御线。

用户可以将防火墙视为一道屏障，它检查来自因特网或网络的信息，然后根据防火墙设置，拒绝信息或允许信息到达计算机。

当因特网或网络上的某人尝试连接到你的计算机时，我们将这种尝试称为"未经请求的请求"。当收到"未经请求的请求"时，Windows 防火墙会阻止该连接。如果运行的程序（如即时消息程序或多人网络游戏）需要从因特网或网络接收信息，那么防火墙会询问阻止连接还是取消阻止（允许）连接。如果选择取消阻止连接，Windows 防火墙将创建一个"例外"，这样当该程序日后需要接收信息时，防火墙就会允许信息到达你的计算机。虽然可以为特定因特网连接和网络连接关闭 Windows 防火墙，但这样做会增加计算机安全性受到威胁的风险。

Windows 防火墙有三种设置："开""开并且无例外"和"关"。

（1）"开"：Windows 防火墙在默认情况下处于打开状态，而且通常应当保留此设置不变。选择此设置时，Windows 防火墙阻止所有未经请求的连接，但不包括那些对"例外"选项卡上选中的程序或服务发出的请求。

（2）"开并且无例外"：当选中"不允许例外"复选框时，Windows 防火墙会阻止所有未经请求的连接，包括那些对"例外"选项卡上选中的程序或服务发出的请求。当需要为计算机提供最大程度的保护时（例如，当连接到旅馆或机场中的公用网络时，或者当危险的病毒或蠕虫正在因特网上扩散时），可以使用该设置。但是，不必始终选择"不允许例外"复选框，其原因在于，如果该选项始终处于选中状态，某些程序可能会无法正常工作，并且文件和打印机共享、远程协助和远程桌面、网络设备发现、列表上预配置的程序和服务以及已添加到例外列表中的其他项等服务会被禁止接受未经请求的请求。

如果选中"不允许例外"复选框，仍然可以收发电子邮件、使用即时消息程序或查看大多数网页。

（3）"关"：此设置将关闭 Windows 防火墙。选择此设置时，计算机更容易受到未知入侵者或因特网病毒的侵害。此设置只应由高级用户用于计算机管理目的，或者在计算机有其他防火墙保护的情况下使用。

在计算机加入域时创建的设置与计算机没有加入域时创建的设置是分开存储的，这些单独的设置组称为"配置文件"。

第二节　网络隔离技术与网闸应用

尽管我们正在广泛地采用着各种复杂的安全技术，如防火墙、代理服务器、入侵检测机制、通道控制机制等，但是由于这些技术基本上都是一种逻辑机制，这对于逻辑实体（如黑客或内部用户等）而言，是可能被操纵的。在政府、军队、企业等领域，由于核心部门的信息安全关系着国家安全、社会稳定，因此迫切需要比传统产品更为可靠的技术防护措施，由此产生了物理隔离技术，该技术主要基于这样的思想：如果不存在与网络的物理连接，网络安全威胁便受到了真正的限制。

在电子政务建设中，我们会遇到安全域的问题，安全域是以信息涉密程度划分的网络空间，它包括以下内容。

（1）涉密域。就是涉及国家秘密的网络空间。

（2）非涉密域。就是不涉及国家的秘密，但是涉及本单位、本部门或者本系统的工作秘密的网络空间。

（3）公共服务域是指既不涉及国家秘密也不涉及工作秘密，是一个向互联网络完全开放的公共信息交换空间。

国家有关文件严格规定，政务的内网和政务的外网要实行严格的物理隔离。政务的外网和互联网络要实行逻辑隔离，按照安全域的划分，政府的内网就是涉密域，政府的外网就是非涉密域，因特网就是公共服务域。

网络隔离（network isolation）主要是指把两个或两个以上可路由的网络（如 TCP/IP）通过不可路由的协议（如 IPX/SPX、NetBEUI 等）进行数据交换而达到隔离目的。由于其原理主要是采用了不同的协议，所以通常也叫协议隔离（protocol isolation）。

隔离概念是在保护高安全度网络环境的情况下产生的，而隔离产品的大量出现，也经历了五代隔离技术不断的理论和实践相结合的过程。

第一代隔离技术——完全隔离。此方法使得网络处于信息孤岛状态，做到了完全的物理隔离，一般需要至少两套网络和系统，更重要的是信息交流的不便和成本的提高，给维护和使用带来了极大的不便。

第二代隔离技术——硬件卡隔离。在客户机端增加一块硬件卡，客户机端硬盘或其他存储设备首先连接到该卡，然后再转接到主板上，通过该卡能控制客户机端硬盘或其他存储设备。而在选择不同的硬盘时，同时选择了该卡上不同的网络接口，连接到不同的网络。但是这种隔离产品有的仍然需要网络布线为双网线结构，产品存在着较大的安全隐患。

第三代隔离技术——数据转播隔离。利用转播系统分时复制文件的途径来实现隔离，但切换时间非常长，甚至需要手工完成。这不仅明显地减缓了访问速度，更不支持常见的网络应用，失去了网络存在的意义。

第四代隔离技术——空气开关隔离。它通过使用单刀双掷开关，使得内外部网络分时访问临时缓存器来完成数据交换，但在安全和性能上存在有许多问题。

第五代隔离技术——安全通道隔离。此技术通过专用通信硬件和专有安全协议等安全机制，来实现内、外部网络的隔离和数据交换。不仅解决了以前隔离技术存在的问题，并有效地把内、外部网络隔离开来，而且高效地实现了内、外网数据的安全交换，透明支持多种网络应用，成为当前隔离技术的发展方向。

一、网络隔离的技术原理

物理隔离的技术架构在隔离上，物理隔离是如何实现的。

从连接特征可以看出，这样的结构从物理上完全分离。外网是安全性不高的因特网，内网是安全性很高的内部专用网络。正常情况下，隔离设备和外网，隔离设备和内网，外网和内网是完全断开的，即保证网络之间是完全断开的。隔离设备可以理解为纯粹的存储介质和一个单纯的调度和控制电路。

当外网有数据需要到达内网时，以电子邮件为例，外部服务器立即发起对隔离设备的非 TCP/IP 协议的数据连接，隔离设备将所有协议剥离，将原始的数据写入存储介质。根据不同的应用，可能有必要对数据进行完整性和安全性检查，如防病毒和恶意代码等。

一旦数据完全写入隔离设备的存储介质，隔离设备立即中断与外网的连接。转而发起对内网的非 TCP/IP 协议的数据连接。隔离设备将存储介质内的数据推向内网。内网收到数据后，立即进行 TCP/IP 的封装和应用协议的封装，并交给应用系统。此时，内网电子邮件系统就收到了外网的电子邮件系统通过隔离设备转发的电子邮件。

在控制器收到完整的交换信号之后，隔离设备立即切断隔离设备于内网的直接连接，恢复到完全隔离状态。

如果内网有电子邮件要发出，隔离设备收到内网建立连接的请求之后，建立与内网之间的非 TCP/IP 协议的数据连接。隔离设备剥离所有的 TCP/IP 协议和应用协议，得到原始的数据，将数据写入隔离设备的存储介质。如有必要，对其进行防病毒处理和防恶意代码检查，然后中断与内网的直接连接。

一旦数据完全写入隔离设备的存储介质，隔离设备立即中断与内网的连接。转而发起对外网的非 TCP/IP 协议的数据连接。隔离设备将存储介质内的数据推向外网。外网收到数据后，立即进行 TCP/IP 的封装和应用协议的封装，完成数据的传递。

控制器收到信息处理完毕的消息后，立即中断隔离设备与外网的连接，恢复到完全隔离状态。每一次数据交换，隔离设备都经历了数据的接收、存储和转发三个过程。由于这些规则都是在内存和内核中完成的，因此速度上有保证，可以达到 100% 的总线处理能力。

物理隔离的一个特征，就是内网与外网永不连接，内网和外网在同一时间最多只有一个同隔离设备建立非 TCP/IP 协议的数据连接，其数据传输机制是存储和转发。

二、网络隔离的技术分类

网络隔离技术主要分成下面三类。

（1）基于代码、内容等隔离的反病毒和内容过滤技术。随着网络的迅速发展和普及，下载、浏览器、电子邮件、局域网等已成为最主要的病毒、恶意代码及文件的传播方式。防病毒和内容过滤软件可以将主机或网络隔离成相对"干净"的安全区域。

（2）基于网络层隔离的防火墙技术。防火墙被称为网络安全防线中的第一道闸门，是目前企业网络与外部实现隔离的最重要手段。防火墙包括包过滤、状态检测、应用代理等基本结构。目前主流的状态检测不但可以实现基于网络层的 IP 包头和 TCP 包头的策略控制，还可以跟踪 TCP 会话状态，为用户提供了安全和效能的较好结合。

漏洞扫描、入侵检测和管理等技术并不直接"隔离"，而是通过旁路监测侦听、审计、管理等功能使安全防护作用最有效化。

（3）基于物理链路层的物理隔离技术。物理隔离的思路源于逆向思维，即首先切断可能的攻击途径（如物理链路），再尽力满足用户的应用。物理隔离技术演变经历了几个阶段：双机双网通过人工磁盘复制实现网络间隔离；单机双网等通过物理隔离卡 / 隔离集线器切换机制实现终端隔离；隔离服务器实现网络间文件交换复制等。这些物理隔离方式对于信息交换实效性要求不高，仅局限于少量文件交换的小规模网络中采用。切断物理通路可以避免基于网络的攻击和入侵，但不能有效地阻止依靠磁盘复制传播的病毒、木马程序等流入内网。此外，采用隔离卡由于安全点分散容易造成管理困难。

三、网络隔离的安全要点

网络隔离的安全要点包括以下几点。

（1）要具有高度的自身安全性。隔离产品要保证自身具有高度的安全性，理论上至少要比防火墙高一个安全级别。从技术实现上，除了和防火墙一样对操作系统进行加固优化或采用安全操作系统外，关键在于要把外网接口和内网接口从一套操作系统中分离出来。也就是说至少要由两套主机系统组成，一套控制外网接口，另一套控制内网接口，然后在两套主机系统之间通过不可路由的协议进行数据交换。如此，即便黑客攻破外网系统，仍然无法控制内网系统，就达到了更高的安全级别。

（2）要确保网络之间是隔离的。保证网间隔离的关键是网络包不可路由到对方网络，无论中间采用了什么转换方法，只要最终使得一方的网络包能够进入到对方的网络中，都无法称之为隔离，即达不到隔离的效果。显然，只是对网间的包进行转发，并且允许建立端到端连接的防火墙，是没有任何隔离效果的。此外，那些只是把网络包转换为文本，交换到对方网络后，再把文本转换为网络包的产品也是没有做到隔离的。

（3）要保证网间交换的只是应用数据。既然要达到网络隔离，就必须做到彻底防范基于网络协议的攻击，即不能够让网络层的攻击包到达要保护的网络中，所以就必须进行协议分析，完成应用层数据的提取，然后进行数据交换，这样就把诸如 Smurf 和 SYN Flood 等网络攻击包彻底地阻挡在了可信网络之外，从而明显地增强了可信网络的安全性。

（4）要对网间的访问进行严格的控制和检查。作为一套适用于高安全度网络的安全设备，要确保每次数据交换都是可信的和可控制的，严格防止非法通道的出现，以确保信息数据的安全和访问的可审计性。所以必须施加以一定的技术，保证每一次数据交换过程都是可信的，并且内容是可控制的，可采用基于会话的认证技术和内容分析与控制引擎等技术来实现。

（5）要在坚持隔离的前提下保证网络畅通和应用透明。隔离产品会部署在多种多样的复杂网络环境中，并且往往是数据交换的关键点，因此产品要具有很高的处理性能，不能够成为网络交换的瓶颈，要有很好的稳定性；不能够出现时断时续的情况，要有很强的适应性，能够透明接入网络，并且透明支持多种应用。

（6）网络隔离的关键是在于系统对通信数据的控制，即通过不可路由的协议来完成网间的数据交换。由于通信硬件设备工作在网络七层的最下层，并不能感知到交换数据的机密性、完整性、可用性、可控性、抗抵赖等安全要素，所以这要通过访问控制、身份认证、加密签名等安全机制来实现，而这些机制都是通过软件来实现的。因此，隔离的关键点就成了要尽量提高网间数据交换的速度，并且对应用能够透明支持，以适应复杂和高带宽需求的网间数据交换。

四、隔离网闸

物理隔离网闸最早出现在美国、以色列等国家的军方，用以解决涉密网络与公共网络连接时的安全。

网闸是使用带有多种控制功能的固态开关读写介质连接两个独立主机系统的信息安全设备。由于物理隔离网闸所连接的两个独立主机系统之间不存在通信的物理连接、逻辑连接、信息传输命令、信息传输协议，不存在依据协议的信息包转发，只有数据文件的无协议"摆渡"，且对固态存储介质只有"读"和"写"两个命令。所以物理隔离网闸从物理上隔离、阻断了具有潜在攻击可能的一切连接，使"黑客"无法入侵、无法攻击、无法破坏，实现了真正的安全。

隔离网闸（GAP，又称安全隔离网闸）技术是一种通过专用硬件使两个或者两个以上的网络在不连通的情况下，实现安全数据传输和资源共享的技术，它采用独特的硬件设计，能够显著地提高内部用户网络的安全强度。

GAP技术的基本原理是：切断网络之间的通用协议连接；将数据包进行分解或重组为静态数据；对静态数据进行安全审查，包括网络协议检查和代码扫描等；确认后的安全数据流入内部单元；内部用户通过严格的身份认证机制获取所需数据。

GAP一般由三个部分构成：内网处理单元、外网处理单元和专用隔离硬件交换单元。内网处理单元连接内部网，外网处理单元连接外部网，专用隔离硬件交换单元在任一时刻点仅连接内网处理单元或外网处理单元，与两者间的连接受硬件电路控制高速切换。这种独特设计保证了专用隔离硬件交换单元在任一时刻仅连通内部网或者外部网，既满足了内部网与外部网网络物理隔离的要求，又能实现数据的动态交换。GAP系统的嵌入式软件系统里内置了协议分析引擎、内容安全引擎和病毒查杀引擎等多种安全机制，可以根据用户需求实现复杂的安全策略。

GAP系统可以广泛应用于银行、政府等部门的内部网络访问外部网络，也可用于内部网的不同信任域间的信息交互。

第八章　安全检测技术

传统的操作系统加固技术和防火墙技术等都是静态安全防御技术，对网络环境下日新月异的攻击手段缺乏主动的反应；而入侵检测技术则是动态安全技术的核心技术之一，可以作为防火墙的合理补充，帮助系统对付网络攻击，扩展系统管理员的安全管理能力（包括安全审计、安全检测、入侵识别、入侵取证和响应等），提高了信息安全基础结构的完整性。

第一节　入侵检测技术与网络入侵检测系统产品

入侵检测系统（intrusion detection system, IDS）是一类专门面向网络入侵的安全监测系统，它从计算机网络系统中的若干关键点收集信息，并分析这些信息，查看网络中是否有违反安全策略的行为和遭到袭击的迹象。入侵检测被认为是防火墙之后的第二道安全防线，在不影响网络性能的情况下能对网络进行监测，从而提供对内部攻击、外部攻击和误操作的实时保护。

入侵检测系统主要执行以下任务。

（1）监视、分析用户及系统活动。

（2）系统构造和弱点的审计。

（3）识别反映已知进攻的活动模式并报警。

（4）异常行为模式的统计分析。

（5）评估重要系统和数据文件的完整性。

（6）对操作系统的审计追踪管理，并识别用户违反安全策略的行为。

一个成功的入侵检测系统，不但可使系统管理员时刻了解网络系统（包括程序、文件和硬件设备等）的任何变更，还能给网络安全策略的制订提供指南。同时，它管理和配置简单，使非专业人员能容易地获得网络安全。当然，入侵检测的规模还应根据网络威胁、系统构造和安全需求的改变而改变。入侵检测系统在发现入侵后应及时做出响应，包括切断网络连接、记录事件和报警等。

目前，入侵检测系统主要以模式匹配技术为主，并结合异常匹配技术。从实现方式上一般分为两种：基于主机和基于网络，而一个完备的入侵检测系统则一定是基于主机和基于网络这两种方式兼备的分布式系统。另外，能够识别的入侵手段数量的多少、最新入侵手段的更新是否及时也是评价入侵检测系统的关键指标。

利用最新的可适应网络安全技术和 P2DR（policy protection detection response，即策略、防护、检测、响应）安全模型，已经可以深入研究入侵事件、入侵手段本身及被入侵目标的漏洞等。随着 P2DR 安全模型被广泛认同，入侵检测系统在信息系统安全中占据越来越重要的地位。

P2DR 模型是动态安全模型（可适应网络安全模型）的代表性模型。在整体的安全策略的控制和指导下，在综合运用防护工具（如防火墙、操作系统身份认证、加密等手段）的同时，利用检测工具（如漏洞评估、入侵检测等系统）了解和评估系统的安全状态，通过适当的响应将系统调整到"最安全"和"风险最低"的状态。

一、IDS 分类

可以根据检测方法或者数据源的不同给 IDS 分类。

（一）根据检测方法不同分类

按具体的检测方法，可将入侵检测系统分为基于行为和基于知识两类。

（1）基于行为的检测：也称为异常检测，是指根据使用者的行为或资源使用状况的正常程度来判断是否发生入侵，而不依赖具体行为是否出现，即建立被检测系统正常行为的参考库，并通过与当前行为进行比较来寻找偏离参考库的异常行为。异常阈值与特征的选择是异常发现技术的关键。例如，通过流量统计分析将异常时间的异常网络流量视为可疑。

异常发现技术的局限是，并非所有的入侵都表现为异常，而且系统的轨迹也难以计算和更新。例如，一般在白天使用计算机的某用户，如果他突然在午夜注册登记，则有可能被认为是入侵者在使用。

（2）基于知识的检测：也称为误用检测，是指运用已知攻击方法，根据已定义好的入侵模式，通过与这些入侵模式是否匹配来判断入侵。入侵模式是入侵过程的特征、条件、排列以及事件间的关系，即具体入侵行为的迹象。这些迹象不仅对分析已经发生的入侵行为有帮助，而且对即将发生的入侵也有警戒作用，因为只要部分满足这些入侵迹象就意味着可能有入侵发生。入侵模式匹配的关键是如何表达入侵的模式，把入侵与正常行为区分开。入侵模式匹配的优点是误报少，局限是它只能发现已知的攻击，对未知的攻击无能为力。

（二）根据数据源不同分类

根据检测系统所依据分析的原始数据不同，可将入侵检测分为来自系统日志和网络数据包两种。

入侵检测的早期研究主要集中在对主机系统日志文件的分析上，因为当时的用户对象局限于本地用户。操作系统的日志文件中包含了详细的用户信息和系统调用数据，从中可以分析系统是否被侵入以及侵入者留下的痕迹等审计信息。随着因特网的普及，用户可随机地从不同客户机上登录，主机间也经常需要交换信息，网络数据包中同样也含有用户信息，这样就使入侵检测的对象范围扩大至整个网络。

此外，还可根据系统运行特性分为实时检测和周期性检测，以及根据检测到入侵行为后是否采取相应措施而分为主动型和被动型等。

二、IDS 的基本原理

由于对安全事件的检测通常包括大量复杂的步骤，涉及很多方面，任何单一技术都很难提供完备的检测能力，需要综合多个检测系统以达到尽量完备的检测能力。在根据安全事件报警的标准格式所定义的安全模型中，对一些入侵检测术语进行了规范，包括以下内容。

(1) 数据源 (data source)

入侵检测系统用来检测非授权或不希望的活动的原始信息。通常的数据源包括 (但不限于) 原始的网络包、操作系统审计日志、应用程序日志以及系统生成的校验和数据等。

(2) 活动 (activity)

由传感器或分析器识别出的数据源的实例。例如，网络会话、用户活动和应用事件等。活动既包括极其严重的事件 (如明显的恶意攻击)，也包括不太严重的事件 (如值得进一步深究的异常用户活动)。

(3) 传感器 (sensor)

从数据源搜集数据的入侵检测构件或模块。数据搜集的频率由具体提供的入侵检测系统决定。

(4) 事件 (event)

在数据源中发生且被分析器检测到的，可能导致警报传输的行为。例如，10s 内的 3 次失败登录，可能表示强行登录尝试攻击。

(5) 分析器 (analyzer)

入侵检测的构件或进程，它分析传感器搜集的数据，这些数据反映了一些非授权的或不希望的活动，以及安全管理员感兴趣的安全事件的迹象。在很多现有的入侵检测系统中，将传感器和分析器作为同一构件的不同部分。

(6) 安全策略 (security policy)

预定义的正式文档声明，定义哪些服务可以通过被监控的网段，还包括 (但不限于) 哪些主机不允许外部网络访问，从而支持组织的安全需求。

(7) 报警 (alert)

由分析器发给管理器的消息，表明一个事件被检测到。报警通常包含被检测到的异常活动的有关信息和事件细节。

当一个入侵正在发生或者试图发生时，IDS 系统将发布一个 alert 信息通知系统管理员。如果控制台与 IDS 系统同在一台机器，alert 信息将显示在监视器上，也可能伴随着声音提示。如果是远程控制台，那么 alert 将通过 IDS 系统内置方法 (通常是加密的)、SNMP (简单网络管理协议，通常不加密)、E-mail、SMS (短信息) 或者以上几种方法的混合方式传递给管理员。

（8）管理器（manager）

入侵检测的构件或进程，操作员通过它可以管理入侵检测系统的各种构件。典型管理功能通常包括：传感器配置、分析器配置、事件通告管理、数据合并及报告等。

（9）通告（notification）

入侵检测系统管理器用来使操作员知晓事件发生的方法。在很多入侵检测系统中，尽管有许多其他的通告技术可以采用，但通常是通过在入侵检测系统管理器屏幕上显示一个彩色图标、发送电子邮件或寻呼机消息，或者发送 SNMP 的陷门来实现。

（10）管理员（administrator）

负责维护和管理一个组织机构的网络信息系统安全的人员。管理员与负责安装配置入侵检测系统及监视入侵检测系统输出的人员，可能是一人也可能是多人；他可能属于网络/系统管理组，也可能是一个单独的职位。

（11）操作员（operator）

入侵检测系统管理器的主要使用者，操作员监视入侵检测系统的输出，并负责发起或建议进一步的行动。

（12）响应（response）

对一个事件所采取的响应动作。响应可以由入侵检测系统体系结构中的一些实体自动执行，也可由人工发起。基本的响应包括：向操作员发送通告、将活动记入日志、记录描述事件特征的原始数据、中断网络连接或用户应用程序会话过程，或者改变网络或系统的访问控制等。

（13）特征表示（signature）

分析器用于标识安全管理员感兴趣的活动的规则。表示符代表了入侵检测系统的检测机制。

三、入侵检测系统（IDS)

由一个或多个传感器、分析器、管理器组成，可自动分析系统活动，是检测安全事件的工具或系统。系统可以分成数据采集、入侵分析引擎、管理配置、响应处理和相关的辅助模块等。

（1）数据采集模块

为入侵分析引擎模块提供分析用的数据。一般有操作系统的审计日志、应用程序日志、系统生成的校验和数据，以及网络数据包等。

（2）入侵分析引擎模块

依据辅助模块提供的信息（如攻击模式），按照一定的算法对收集到的数据进行分析，从中判断是否有入侵行为出现并产生入侵报警。该模块是入侵检测系统的核心模块。

（3）管理配置模块

它的功能是为其他模块提供配置服务，是入侵检测系统中模块与用户的接口。

（4）响应处理模块

当发生入侵后，预先为系统提供紧急的措施，如关闭网络服务、中断网络连接及启动备份系统等。

（5）辅助模块

协助入侵分析引擎模块工作，为它提供相应的信息，如攻击模式库、系统配置库和安全控制策略等。

四、入侵检测系统的结构

由于 IDS 的物理实现方式不同，即系统组成的结构不同，按检测的监控位置划分，入侵检测系统可分为基于主机、基于网络和分布式三类。

（一）基于主机的入侵检测系统

这是早期的入侵检测系统结构，系统的检测目标主要是主机系统和系统的本地用户。检测原理是在每一个需要保护的主机上运行一个代理程序，根据主机的审计数据和系统的日志发现可疑事件。检测系统可以运行在被检测的主机或单独的主机上，从而实现监控。

这种类型的系统依赖于审计数据或系统日志的准确性和完整性，以及安全事件的定义。若入侵者设法逃避审计或进行合作入侵，就会出现问题。特别是在网络环境下，单独依靠主机审计信息进行入侵检测，将难以适应网络安全的需求。

　　基于主机的入侵检测系统可以精确地判断入侵事件，并可对入侵事件立即进行反应；还可针对不同操作系统的特点来判断应用层的入侵事件。但一般与操作系统和应用层入侵事件的结合过于紧密，通用性较差，并且 IDS 的分析过程会占用宝贵的主机资源。另外，对基于网络的攻击不敏感，特别是假冒 IP 的入侵。

　　由于服务器需要与因特网交互作用，因此在各服务器上应当安装基于主机的入侵检测软件，并将检测结果及时向管理员报告。基于主机的入侵检测系统没有带宽的限制，它们密切监视系统日志，能识别运行代理程序的机器上受到的攻击。基于主机的入侵检测系统提供了基于网络系统不能提供的精细功能，包括二进制完整性检查、系统日志分析和非法进程关闭等功能，并能根据受保护站点的实际情况进行有针对性的定制，使其工作效果明显，误警率相当低。

（二）基于网络的入侵检测系统

　　随着计算机网络技术的发展，单独依靠主机审计信息进行入侵检测将难以适应网络安全的需求。因此，人们提出了基于网络的入侵检测系统体系结构。这种检测系统使用原始的网络分组数据包作为进行攻击分析的数据源，通常利用一个网络适配器来实时监视和分析所有通过网络进行传输的通信。一旦检测到攻击，IDS 的相应模块通过通知、报警以及中断连接等方式来对攻击做出反应。

　　系统中数据采集模块由过滤器、网络接口引擎和过滤规则决策器组成。它的功能是按一定的规则从网络上获取与安全事件相关的数据包，然后传递给入侵分析引擎模块进行安全分析；入侵分析引擎模块将根据从采集模块传来的数据包并结合网络安全数据库进行分析，把分析结果传送给管理 / 配置模块；而管理 / 配置模块的主要功能是管理其他功能模块的配置工作，并将入侵分析引擎模块的输出结果以有效的方式通知网络管理员。

　　基于网络的入侵检测系统有以下优点。

　　（1）检测的范围是整个网段，而不仅仅是被保护的主机。

　　（2）实时检测和应答。一旦发生恶意访问或攻击，基于网络的 IDS 检测就可以随时发现它们，因此能够更快地做出反应，从而将入侵活动对系统的破坏降到最低。

（3）隐蔽性好。由于不需要在每个主机上安装，所以不易被发现。基于网络的入侵检测系统的端系统甚至可以没有网络地址，从而使攻击者没有攻击的目标。

（4）不需要任何特殊的审计和登录机制，只要配置网络接口就可以了，不会影响其他数据源。

（5）操作系统独立。基于网络的 IDS 并不依赖主机的操作系统作为其检测资源，而基于主机的 IDS 需要特定的操作系统才能发挥作用。

基于网络的入侵检测系统的主要不足在于：只能检测经过本网段的活动，并且精确度较差，在交换式网络环境下难以配置，防入侵欺骗的能力也比较差；而且无法知道主机内部的安全情况，而主机内部普通用户的威胁也是网络信息系统安全的重要组成部分；另外，如果数据流进行了加密，就不能审查其内容，对主机上执行的命令也就难以检测。

因此，基于网络和基于主机的安全检测在方法上是需要互补的。

（三）分布式入侵检测系统

随着网络系统结构的复杂化和大型化，带来了许多新的入侵检测问题，于是产生了分布式入侵检测系统。分布式 IDS 的目标是既能检测网络入侵行为，又能检测主机的入侵行为。系统通常由数据采集模块、通信传输模块、入侵检测分析模块、响应处理模块、管理中心模块及安全知识库组成。这些模块可根据不同情况进行组合，如由数据采集模块和通信传输模块组合产生出的新模块能完成数据采集和传输这两种任务，所有这些模块组合起来就变成了一个入侵检测系统。需要特别指出的是，模块按网络配置情况和检测的需要，可以安装在单独的一台主机上，也可分散在网络中的不同位置，甚至一些模块本身就能够单独检测本地的入侵，同时将入侵检测的局部结果信息提供给入侵检测管理中心。

分布式 IDS 结构对大型网络的安全是有帮助的，它能够将基于主机和基于网络的系统结构结合起来，检测所用到的数据源丰富，可克服前两者的弱点。但是分布式的结构增加了网络管理复杂度，如传输安全事件过程中增加了对通信安全问题的处理等。

五、入侵检测的基本方法

入侵检测的基本方法主要有基于用户行为概率统计模型、基于神经网络、基于专家系统和基于模型推理等。

(一) 基于用户行为概率统计模型的入侵检测方法

这种方法是基于对用户历史行为以及在早期的证据或模型的基础上进行的，系统实时检测用户对系统的使用情况，根据系统内部保存的用户行为概率统计模型进行检测。当有可疑行为发生时，保持追踪并监测、记录该用户的行为。

通常系统要根据每个用户以前的历史行为，生成每个用户的历史行为记录库，当某用户改变其行为习惯时，这种异常就会被检测出来。例如，统计系统会记录 CPU 的使用时间，I/O 的使用通道和频率，常用目录的建立与删除，文件的读 / 写、修改、删除，以及用户习惯使用的编辑器和编译器，最常用的系统调用，用户 ID 的存取，文件和目录的使用等。

这种方法的弱点主要有以下几点。

(1) 对于非常复杂的用户行为很难建立一个准确匹配的统计模型。

(2) 统计模型没有普遍性，因此一个用户的检测措施并不适用于其他用户，这将使得算法庞大而且复杂。

(3) 由于采用统计方法，系统将不得不保留大量的用户行为信息，导致系统臃肿且难以剪裁。

(二) 基于神经网络的入侵检测方法

这种方法是利用神经网络技术来进行入侵检测的，因此对于用户行为具有学习和自适应性，能够根据实际检测到的信息有效地加以处理并做出判断，但尚不十分成熟，目前还没有出现较为完善的产品。

(三) 基于专家系统的入侵检测方法

根据安全专家对可疑行为的分析经验形成了一套推理规则，在此基础上建立相应的专家系统，专家系统能自动对所涉及的入侵行为进行分析。该系统应当能够随着经验的积累，利用其自学习能力进行规则的扩充和修正。

(四) 基于模型推理的入侵检测方法

根据入侵者在进行入侵时所执行程序的某些行为特征，建立一种入侵行为模型；根据这种行为模型来判断用户的操作是否属于入侵行为。当然，这种方法也是建立在对已知入侵行为的基础上的，对未知入侵行为模型的识别需要进一步学习和扩展。

上述每一种方法都不能保证准确地检测出变化无穷的入侵行为，因此在网络安全防护中要充分衡量各种方法的利弊，综合运用这些方法才能有效地检测出入侵者的非法行为。

第二节　漏洞检测技术和微软系统漏洞检测工具 MBSA

就网络信息系统的安全而言，仅有事后追查或实时报警功能是不够的，还需要具备系统安全漏洞检测能力的事先检查型安全工具。系统漏洞检测又称"漏洞扫描"，即对网络信息系统进行检查，主动发现其中可被攻击者利用的漏洞。不管攻击者是从外部还是从内部攻击某一网络系统，一般都会利用该系统已知的漏洞。因此，漏洞扫描技术应该用在攻击者入侵和攻击网络系统之前。

一、入侵攻击可利用的系统漏洞类型

入侵者常常从收集、发现和利用信息系统的漏洞来发起对系统的攻击。不同的应用，甚至同一系统不同的版本，其系统漏洞都不尽相同，但大致上可以分为三类。

(一) 网络传输和协议的漏洞

攻击者一般利用网络传输时对协议的信任以及网络传输过程本身所存在的漏洞进入系统。例如，IP 欺骗和信息腐蚀就是利用网络传输时对 IP 和 DNS 协议的信任；而网络嗅探器则利用了网络信息明文传送的弱点。另外，攻击者还可利用协议的特性进行攻击，如对 TCP 序列号的攻击等。攻击者还可以设法避开认证过程，或通过假冒 (如源地址) 而混过认证过程。例如，

有的认证功能是通过主机地址来做认证的，一个用户通过认证，则这个机器上的所有用户就都通过了认证。此外，DNS、WHOIS（用来查询域名是否已经被注册，以及注册域名的详细信息的数据库）、FINGER 等服务也会泄露出许多对攻击者有用的信息，如用户地址、电话号码等。

（二）系统的漏洞

攻击者可以利用服务进程的 bug 和配置错误进行攻击，任何提供服务的主机都有可能存在这样的漏洞，它们常被攻击者用来获取对系统的访问权。由于软件的 bug 不可避免，这就为攻击者提供了各种机会。另外，软件实现者为自己留下的后门（和陷门），也为攻击者提供了机会。

系统内部的程序也存在许多 bug，因此存在着入侵者利用程序中的 bug 来获取特权用户权限的可能。

窃取系统中的口令是最简单和直截了当的攻击方法，因而对系统口令文件的保护方式也在不断地改进。口令文件从明文（隐藏口令文件）改进成密文，又改进成使用阴影（shadow）的方式。攻击者窃取口令的方法可以是：

（1）窃取口令文件并做字典攻击。

（2）从信道截获并做进一步分析。

（3）利用特洛伊木马窃取。

（4）采用其他方式进行窃取。

（三）管理的漏洞

攻击者可以利用各种方式从系统管理员和用户那里诱骗或套取可用于非法进入系统的信息，包括口令、用户名等。通过对入侵攻击过程进行分析，可以将系统的安全漏洞划分为以下五类。

（1）可使远程攻击者获得系统一般访问权限。

（2）可使远程攻击者获得系统管理权限。

（3）远程攻击者可使系统拒绝合法用户的服务请求。

（4）可使一般用户获得系统管理权限。

（5）一般用户可使系统拒绝其他合法用户的服务请求。

根据安全漏洞所在程序的类型，以上五类安全漏洞又可以划分为两类：前三种安全漏洞主要存在于系统的网络服务程序中，包括 Telnet、FTP 等用户服务，也包括 HTTP、send mail 等共用网络服务；后两种安全漏洞主要存在于一些系统服务程序及其配置文件中，尤其是以 mot 身份运行的服务程序。

从系统本身的层次结构看，系统的安全漏洞可以分为以下四类。

（1）安全机制本身存在的安全漏洞。

（2）系统服务协议中存在的安全漏洞，按层次可细分为物理层、数据链路层、IP 与 ICMP 层、TCP 层、应用服务层。

（3）系统、服务管理与配置的安全漏洞。

（4）安全算法、系统协议与服务实现中存在的安全问题等。

针对攻击者利用网络各个层次上的安全漏洞破坏网络的安全性，系统安全必须进行全方位多层次的安全防卫，才能使系统安全的风险最小。

提示：bug 一词的原意是"臭虫"或"虫子"。现在，在计算机系统或程序中，如果隐藏着的一些未被发现的缺陷或问题，人们也叫它"bug"。

原来，第一代的计算机是由许多庞大且昂贵的真空管组成，并利用大量的电力来使真空管发光。可能正是由于计算机运行产生的光和热，引得一只小虫子（bug）钻进了一支真空管内，导致整个计算机无法工作，研究人员费了半天时间，总算发现原因所在，把这只小虫子从真空管中取出后，计算机又恢复正常，后来，bug 这个名词就沿用下来，表示计算机系统或程序中隐藏的错误、缺陷或问题。

与 bug 相对应，人们将发现 bug 并加以纠正的过程叫做"Debug"，意即"捉虫子"或"杀虫子"。在中文里面，至今仍没有与"bug"准确对应的词汇，于是只能直接引用"bug"一词。虽然也有人使用"臭虫"一词替代"bug"，但容易产生歧义，所以推广不开。

二、漏洞检测技术分类

漏洞检测技术通常采用两种策略，即被动式和主动式策略。被动式策略是基于主机的检测，对系统中不合适的设置、脆弱的口令以及其他同安全策略相抵触的对象进行检查；而主动式策略是基于网络的检测，通过执行一些脚本文件对系统进行攻击，并记录它的反应，从而发现其中的漏洞。漏洞检测的结果实际上是对系统安全性能的一个评估，因此成为安全方案的一个重要组成部分。

根据所采用的技术特点，漏洞检测技术可分为以下五类。

（1）基于应用的检测技术。采用被动、非破坏性的办法来检查应用软件包的设置，发现安全漏洞。

（2）基于主机的检测技术。采用被动、非破坏性的办法对系统进行检测，常涉及系统内核、文件的属性、操作系统的补丁等问题。这种技术还包括口令解密，因此可以非常准确地定位系统存在的问题，发现系统漏洞。其缺点是与平台相关，升级复杂。

（3）基于目标的检测技术。采用被动、非破坏性的办法检查系统属性和文件属性，如数据库、注册号等。通过消息摘要算法，对系统属性和文件属性进行杂凑（hash）函数运算。如果函数的输入有一点变化，其输出就会发生大的变化，这样文件和数据流的细微变化都会被感知。这些算法实现是运行在一个闭环上，不断地处理文件和系统目标属性，然后产生校验数，把这些校验数同原来的校验数相比较，一旦发现改变就通知管理员。

（4）基于网络的检测技术。采用积极、非破坏性的办法来检验系统是否有可能被攻击而崩溃。它利用了一系列脚本对系统进行攻击，然后对结果进行分析。网络检测技术常被用来进行穿透实验和安全审计。这种技术可以发现系统平台的一系列漏洞，也容易安装，但是它容易影响网络的性能。

（5）综合技术。它集中了以上四种技术的优点，极大地增强了漏洞识别的精度。

三、漏洞检测的基本要点

漏洞检测的基本要点如下。

（1）检测分析的位置。在漏洞检测中，第一步是数据采集，第二步是数据分析。在大型网络中，通常采用控制台和代理相结合的结构，这种结构特别适用于异构型网络，检测不同的平台较容易。在不同威胁程度的环境下，可以有不同的检测标准。

（2）报告与安装。漏洞检测系统生成的报告是理解系统安全状况的关键，它记录了系统的安全特征，针对发现的漏洞提出需要采取的措施。整个漏洞检测系统还应该提供友好的界面及灵活的配置特性。安全漏洞数据库可以不断更新补充。

（3）检测后的解决方案。如果发现了漏洞，一旦检测完毕，系统应有多种反应机制。预警机制可以让系统发送消息、电子邮件、传呼、短信等来报告发现了漏洞。报表机制生成综合的报表，列出所有的漏洞，管理员根据这些报告可以采取有针对性的补救措施。同入侵检测系统一样，漏洞检测有许多管理功能，通过一系列的报表可让系统管理员对这些结果做进一步的分析。

（4）检测系统本身的完整性。这里同样有许多在设计、安装、维护检测系统时要考虑的安全问题。安全数据库必须安全，否则就会成为黑客的工具，因此加密就显得特别重要。由于新的攻击方法不断出现，所以要给用户提供一个更新系统的方法。更新的过程也必须进行加密，否则将产生新的危险。实际上，漏洞检测系统本身就是一种攻击，如果被黑客利用，就会产生难以预料的后果，因此必须采用保密措施。

四、微软系统漏洞检测工具 MBSA

为了确保计算机系统的安全，除了安装安全防护软件（如杀毒软件、防火墙等）外，及时安装漏洞补丁程序也是非常重要的。例如，对于 Windows 系统来说，几乎每个星期都有新的漏洞被发现。这些漏洞常被计算机病毒和黑客们用来非法入侵计算机和进行破坏。虽然微软会及时发布修补程序，但是发布时间是随机的，而且这些漏洞会因 Windows 软件版本的不同而发生变化；另一方面，尽管 Windows 的"附件"带了一个自动更新程序，但它只是机械地把一大堆补丁程序一起安装到系统中，安装完成后用户仍然不知道系统还存在着哪些漏洞。因此，完全修补所有漏洞成为每个 Windows 用户的难题。

解决这个难题的简单方法，就是利用特定的软件，如微软的系统漏洞检测工具 MBSA（Microsoft Baseline Security Analyzer，微软基准安全分析器）对 Windows 系统进行扫描，检查是否存在漏洞，哪些方面存在漏洞，以便及时修补。

MBSA 是一个免费软件，它具有其他同类软件无法比拟的优点：除了能检查 Windows 的漏洞，还能检测 Office、IIS、SQL Server 等微软产品的漏洞，扫描完成后会用"x"将存在的漏洞标示出来，并提供相应的解决方法来指导用户进行修补。对于每个使用微软产品并联网的用户来说，MBSA 是个必装的软件。

当然，除了 MBSA 之外，还有很多免费或共享的漏洞扫描工具，如 HF Net Chk、LAN guard Network Security Scanner 等，它们的功能也很实用。

第九章　病毒防范技术

计算机病毒实际上是一种在计算机系统运行过程中能够实现传染和侵害计算机系统功能的程序。在系统穿透或违反授权攻击成功后，攻击者通常要在系统中植入一种能力，为攻击系统、网络提供条件。例如，向系统中侵入病毒、蠕虫、特洛伊木马、陷门、逻辑炸弹；或通过窃听、冒充等方式来破坏系统正常工作。因特网是目前计算机病毒的主要传播源。

第一节　病毒防范技术与杀病毒软件

针对病毒的严重性，我们应提高防范意识，做到所有软件都经过严格审查，经过相应的控制程序后才能使用；积极采用防病毒软件，定时对系统中的所有工具软件、应用软件进行检测，以防止各种病毒的入侵。

一、计算机病毒的概念

"病毒"一词源于生物学，人们通过分析研究发现，计算机病毒在很多方面与生物病毒有相似之处，以此借用生物病毒的概念。在《中华人民共和国计算机信息系统安全保护条例》中的相关定义是："计算机病毒，是指编制或者在计算机程序中插入的破坏计算机功能或者毁坏数据，影响计算机使用，并且能够自我复制的一组计算机指令或者程序代码。"

（一）病毒的产生和发展

随着计算机应用的普及，早期就有一些科普作家意识到可能会有人利用计算机进行破坏，提出了"计算机病毒"这个概念。不久，计算机病毒便在理论、程序上都得到了证实。

计算机的创始人冯·诺依曼发表《复杂自动机器的理论和结构》的论文，提出了计算机程序可以在内存中进行自我复制和变异的理论。此后，许多计算机人员在自己的研究工作中应用和发展了程序自我复制的理论。AT&T 贝尔实验室的三位成员设计出具有自我复制能力、并能探测到别的程序在运行时能将其销毁的程序。Fred Cohen 博士研制出一种在运行过程中可以复制自身的破坏性程序，并在全美计算机安全会议上提出和在VAX11/150 机上演示，从而证实计算机病毒的存在，这也是公认的第一个计算机病毒程序。

随着计算机技术的发展，出现了一些具有恶意的程序。最初是一些计算机爱好者恶作剧性的游戏，后来有一些软件公司为防止盗版在自己的软件中加入了病毒程序。罗伯特·莫里斯制造的蠕虫病毒是首个通过网络传播而震撼世界的"计算机病毒侵入网络的案件"。后来，又出现了许多恶性计算机病毒。计算机病毒会抢占系统资源、删除和破坏文件，甚至对硬件造成毁坏，而网络的普及使得计算机病毒传播更加广泛和迅速。

（二）恶意程序

所谓恶意程序，是指一类特殊的程序，它们通常在用户不知晓也未授权的情况下潜入进来，具有用户不知道（一般也不许可）的特性，激活后将影响系统或应用的正常功能，甚至危害或破坏系统。恶意程序的表现形式多种多样，有的是改动合法程序，让它含有并执行某种破坏功能；有的是利用合法程序的功能和权限，非法获取或篡改系统资源和敏感数据，进行系统入侵。

根据恶意程序威胁的存在形式不同，将其分为需要宿主程序和不需要宿主程序可独立存在的威胁两大类。前者基本上是不能独立运行的程序片段，而后者是可以被操作系统调度和运行的自包含程序。

另外，也可以根据是否进行复制来区分这些恶意程序。前者是当宿主程序被调用时被激活起来完成一个特定功能的程序片段；后者是由程序片段（病毒）或由独立程序（蠕虫、细菌）组成，在执行时可以在同一个系统或某个其他系统中产生自身的一个或多个以后将被激活的副本。

事实上，随着恶意程序彼此间的交叉和互相渗透（变异），这些区分正变得模糊起来。恶意程序的出现、发展和变化给计算机系统、网络系统和各类信息系统带来了巨大的危害。

（1）陷门。是进入程序的秘密入口。知道陷门的人可以不经过通常的安全访问过程而获得访问权力。陷门技术本来是程序员为了进行调试和测试程序时避免烦琐的安装和鉴别过程，或者想要保证存在另一种激活或控制的程序而采用的方法。如通过一个特定的用户 ID、秘密的口令字、隐蔽的事件序列或过程等，这些方法都避开了建立在应用程序内部的鉴别过程。

当陷门被无所顾忌地用来获得非授权访问时就变成了威胁，如一些典型的可潜伏在用户计算机中的陷门程序，可将用户上网后的计算机打开陷门，任意进出；可以记录各种口令信息，获取系统信息，限制系统功能；还可以远程对文件操作、对注册表操作等。

在有些情况下，系统管理员会使用一些常用的技术来加以防范。例如，利用工具给系统打补丁，把已知的系统漏洞给补上；对某些存在安全隐患的资源进行访问控制；对系统的使用人员进行安全教育等。这些安全措施是必要的，但绝不是足够的。只要是在运行的系统，总是可能找出它的漏洞而进入系统，问题只是进入系统的代价大小不同。另外，信息网络的迅速发展是与网络所能提供的大量服务密切相关的。由于种种原因，很多服务也存在这样或那样的漏洞，这些漏洞若被入侵者利用，就成了有效进入系统的陷门。

（2）逻辑炸弹。在病毒和蠕虫之前，最古老的软件威胁之一就是逻辑炸弹。逻辑炸弹是嵌入在某个合法程序里面的一段代码，被设置成当满足特定条件时就会"爆炸"，执行一个有害行为的程序，如改变、删除数据或整个文件，引起机器关机，甚至破坏整个系统等破坏活动。

（3）特洛伊木马。是指一个有用的，或者表面上有用的程序或命令过程，但其中包含了一段隐藏的、激活时将执行某种有害功能的代码。完整的木马程序一般由两个部分组成：一个是服务器程序，一个是控制器程序。"中了木马"就是指安装了木马的服务器程序，若用户的计算机被安装了服务器程序，则拥有控制器程序的人就可以通过网络控制你的计算机、为所欲为，这时用户计算机上的各种文件、程序，以及在计算机上使用的账号、密码就无安全可言了，并可能造成用户的系统被破坏甚至瘫痪。

特洛伊木马程序是一个独立的应用程序，不具备自我复制能力，但具有潜伏性，常常有更大的欺骗性和危害性，而且特洛伊木马程序可能包含蠕虫病毒程序。特洛伊木马的一个典型例子是被修改过的编译器。该编译器在对程序（如系统注册程序）进行编译时，将一段额外的代码插入到该程序中。这段代码在注册程序中构造陷门，使得可以使用专门的口令来注册系统。不阅读注册程序的源代码，永远不可能发现这个特洛伊木马。

（4）细菌。是一些并不明显破坏文件的程序，它们的唯一目的就是繁殖自己。一个典型的细菌程序除了在多进程系统中同时执行自己的两个副本，或者可能创建两个新的文件（每一个都是细菌程序原始源文件的一个复制品）外，可能不做其他事情。那些新创建的程序又可能将自己两次复制，依此类推，细菌以指数级地再复制，最终耗尽了所有的处理机能力、存储器或磁盘空间，从而拒绝用户访问这些资源。

（5）蠕虫。是一种可以通过网络进行自身复制的病毒程序。一旦在系统中激活，蠕虫可以表现得像计算机病毒或细菌。可以向系统注入特洛伊木马程序，或者进行任何次数的破坏或毁灭行动。普通计算机病毒需要在计算机的硬盘或文件系统中繁殖，而典型的蠕虫程序则不同，只会在内存中维持一个活动副本，甚至根本不向硬盘中写入任何信息。此外，蠕虫是一个独立运行的程序，自身不改变其他程序，但可携带一个具有改变其他程序功能的病毒。

为了自身复制，网络蠕虫使用了某种类型的网络传输机制（如电子邮件）。网络蠕虫表现出有潜伏期、繁殖期、触发期和执行期的特征。

二、计算机病毒的特征

计算机病毒的特征主要是传染性、隐蔽性、潜伏性和表现性。

1. 传染性

计算机病毒会通过各种媒体从已被感染的计算机扩散到未被感染的计算机。这些媒体可以是程序、文件、存储介质甚至网络，并在某些情况下造成被感染的计算机工作失常甚至瘫痪。这就是计算机病毒最重要的特征——传染和破坏。

一般而言，若计算机在正常程序控制下工作，只要不运行带病毒的程序，则这台计算机总是正常的，如反病毒技术人员整天就是在这样的环境下工作。然而，一旦在计算机上运行，绝大多数病毒首先要做初始化工作，在内存中找一片安身之处，随后将自身与系统软件挂钩，再执行原来被感染的程序。这一系列的操作中，只要系统不瘫痪，系统每执行一个操作，病毒就有机会得以运行，危害未曾被感染的程序。病毒程序与正常系统程序在同一台计算机内争夺系统控制权时，结果会造成系统崩溃、导致计算机瘫痪。因此，反病毒技术要提前取得计算机系统的控制权，识别出计算机病毒的代码和行为，阻止其取得系统控制权。

一个好的抗病毒系统甚至应该能够识别出未知计算机病毒在系统内的行为，阻止其传染和破坏系统的行动。而低性能的抗病毒系统只能完成抵御已知病毒的任务。

2. 隐蔽性

不经过程序代码分析或计算机病毒代码扫描，计算机病毒程序与正常程序是不容易区别的。在没有防护措施的情况下，计算机病毒程序一经运行取得系统控制权后，可以迅速传染其他程序，而在屏幕上没有任何异常显示。传染操作完成后，计算机系统以及被感染的程序仍能执行。这种现象就是计算机病毒传染的隐蔽性。

3. 潜伏性

计算机病毒具有依附其他媒体寄生的能力，它可以在磁盘、光盘或其他介质上潜伏几天，甚至几年，不满足其触发条件时，除了传染以外不做其他破坏。触发条件一旦得到满足，病毒就四处繁殖、扩散、破坏。

计算机病毒使用的触发条件主要有：利用计算机系统时钟、利用病毒体自带计数器、利用计算机内执行的某些特定操作等。

4. 表现性

当触发条件满足时，病毒在被感染的计算机上开始发作，表现出一定的症状和破坏性。根据计算机病毒的危害性不同，病毒发作时表现出来的症状可能有很大差别。从显示一些令人讨厌的信息，到降低系统性能，破坏数据（信息），直到永久性摧毁计算机硬件和软件，造成系统崩溃、网络瘫痪等。

第二节　解析计算机蠕虫病毒

凡是能够引起计算机故障，破坏计算机数据的程序我们都统称为计算机病毒。所以，从这个意义上说，蠕虫也是一种病毒。但与传统的计算机病毒不同，网络蠕虫病毒以计算机为载体，以网络为攻击对象，其破坏力和传染性不容忽视。

一、蠕虫病毒的定义

蠕虫病毒和普通病毒有很大区别。一般认为，蠕虫是一种通过网络传播的恶性病毒，它具有病毒的一些共性，如传播性、隐蔽性、破坏性等，同时具有自己的一些特征，如不利用文件寄生（有的只存在于内存中），对网络造成拒绝服务，以及和黑客技术相结合等。在产生的破坏性上，蠕虫病毒也不是普通病毒所能比拟的，网络的发展使得蠕虫可以在短短的时间内蔓延整个网络，造成网络瘫痪。

根据其发作机制，蠕虫病毒一般可分为两类：一类是利用系统级别漏洞（主动传播），主动攻击企业用户和局域网的蠕虫病毒，这种病毒以"红色代码""尼姆达"以及"SQL 蠕虫王"为代表，可以对整个因特网造成瘫痪性的后果；另一类是针对个人用户，利用社会工程学（欺骗传播），通过网络电子邮件和恶意网页等形式迅速传播的蠕虫病毒，如爱虫、求职信病毒等。在这两类中，第一类具有很大的主动攻击性，而且爆发也有一定的突然性，但相对来说，查杀这种病毒并不是很难；第二种病毒的传播方式比较复杂和多样，少数利用了应用程序的漏洞，更多的是利用社会工程学对用户进行欺骗和诱使，这样的病毒造成的损失非常大，同时也很难根除。比如求职信病毒，在 2001 年就已经被各大杀毒厂商发现，但直到 2002 年底依然排在病毒危害排行榜的首位。

（一）蠕虫病毒与普通病毒的异同

普通病毒是需要寄生的，它可以通过自己指令的执行，将自己的指令代码写到其他程序的体内，而被感染的文件就称为"宿主"。例如，当病毒感染 Windows 可执行文件时，就在宿主程序中建立一个新节，将病毒代码写到新节中，并修改程序的入口点等。这样，宿主程序执行的时候就可以先执行病毒程序，然后再把控制权交给原来的宿主程序指令。可见，普通病毒主要是感染文件，当然也有像 DIRII 这样的链接型病毒和引导区病毒等。

蠕虫一般不采取插入文件的方法，而是在因特网环境下通过复制自身进行传播，普通病毒的传染主要针对计算机内的文件系统，而蠕虫病毒的传染目标是因特网内的所有计算机局域网条件下的共享文件夹、电子邮件、网络中的恶意网页、存在着大量漏洞的服务器等，这些都成为蠕虫传播的良好途径。网络的普及与发展也使得蠕虫病毒可以在几个小时内蔓延全球，而且其主动攻击性和突然爆发性将使人们手足无策。

(二) 蠕虫的破坏和变化

1988 年，一个由美国 CORNELL 大学研究生莫里斯编写的蠕虫病毒蔓延造成了数千台计算机停机，蠕虫病毒开始现身网络；而后来的红色代码和尼姆达病毒疯狂的时候曾造成几十亿美元的损失；2003 年 1 月 26 日，一种名为 "2003 蠕虫王" 的计算机病毒迅速传播并袭击了全球，致使因特网严重堵塞，作为因特网主要基础的域名服务器（DNS）的瘫痪造成网民浏览因特网网页及收发电子邮件的速度大幅减缓，同时银行自动提款机的运作中断，机票等网络预订系统的运作中断，信用卡等收付款系统出现故障。专家估计，此病毒造成的直接经济损失至少在 12 亿美元以上。

通过对蠕虫病毒的分析，可以知道蠕虫发作的一些特点和变化。

（1）利用操作系统和应用程序的漏洞主动进行攻击。例如，由于 IE 浏览器的漏洞，使得感染了 "尼姆达" 病毒的邮件在不打开附件的情况下就能激活病毒；"红色代码" 是利用了微软 IIS 服务器软件的漏洞（idq.dll 远程缓存区溢出）来传播的；SQL 蠕虫王病毒则是利用了微软数据库系统的一个漏洞进行大肆攻击。

（2）传播方式多样。如 "尼姆达" 和 "求职信" 等病毒，其可利用的传播途径包括文件、电子邮件、Web 服务器、网络共享等。

（3）病毒制作技术与传统的病毒不同。许多新病毒是利用当前最新的编程语言与编程技术实现的，易于修改以产生新的变种，从而逃避反病毒软件的搜索。另外，新病毒利用 Java、ActiveX、VBScript 等技术，可以潜伏在

HTML 页面里，在上网浏览时触发。

（4）与黑客技术相结合，潜在的威胁和损失更大。以红色代码为例，感染后，机器 web 目录下的 \scripts 子目录将生成一个 root.exe 文件，可以远程执行任何命令，从而使黑客能够再次进入。

二、网络蠕虫病毒分析和防范

蠕虫病毒往往能够利用的漏洞或者说是缺陷分为两种，即软件缺陷和人为缺陷。软件缺陷，如远程溢出、微软 IE 和 Outlook 的自动执行漏洞等，需要软件厂商和用户共同配合，不断升级和改进软件；而人为缺陷，主要是指计算机用户的疏忽，这就属于所谓的社会工程学范畴。对企业用户来说，威胁主要集中在服务器和大型应用软件的安全上，而对个人用户而言，则主要是防范第二种缺陷。

企业防范蠕虫病毒的措施。企业网络主要应用在文件和打印服务共享、办公自动化系统、管理信息系统（MIS）、因特网应用等领域。网络具有便利信息交换的特性，蠕虫病毒也可以充分利用网络快速传播达到其阻塞网络的目的。企业在充分利用网络进行业务处理时，就不得不考虑病毒防范问题，以保证关乎企业命运的业务数据完整不被破坏。

以 2003 年 1 月 26 日爆发的 SQL 蠕虫为例，该病毒在爆发数小时内就席卷了全球网络，造成网络大塞车。SQL 蠕虫攻击的是 Microsoft SQL Server 2000，而其所利用的漏洞在 2002 年 7 月份微软公司的一份安全公告中就有详细说明，微软也提供了安全补丁下载，然而在时隔半年之后，因特网上还有相当大的一部分服务器没有安装最新的补丁，从而被蠕虫病毒所利用。网络管理员的安全防范意识由此可见一斑。

企业防治蠕虫病毒的时候需要考虑几个问题：病毒的查杀能力、病毒的监控能力、新病毒的反应能力，而企业防毒的一个重要方面就是管理和策略。

就个人而言，威胁较大的蠕虫病毒采取的传播方式一般为电子邮件和恶意网页等。恶意网页确切地讲是一段黑客破坏代码程序，它内嵌在网页中，当用户在不知情的情况下打开含有病毒的网页时，病毒就会发作。这种病毒代码镶嵌技术的原理并不复杂，常常采取 VB Script 和 Java Script 编程形式，由于编程方式十分简单，所以在网上非常流行，这也使得此类病毒的变种繁多，破坏力极大，同时也非常难以根除，会被某些怀有不良企图者利用。

第三节　反垃圾邮箱技术

简单邮件传输协议（SMTP）是在因特网几乎完全由学术界使用的时候就开发的，它有一个致命的缺陷，就是无限信任你。换而言之，就是因为SMTP 给予的信任太多了，因而导致了今天垃圾邮件的反对者、安全专家，也包括电子邮件系统的最初设计者们一起来要求对它进行全面评估。

一、垃圾邮件的概念

就像很多网络衍生物一样，垃圾邮件也没有一个准确的定义，但它的诸多特征已经得到了国内外安全人士的认可。例如，垃圾邮件通常是未经收件人主动请求又无法拒收的、大量的邮件内容相似并且隐藏或伪造发件人身份、地址、标题信息、部分邮件成为黑客利用的对象等。垃圾邮件的内容形形色色，常见的包括广告、色情信息，还有病毒或蠕虫引起邮件深度扩散等诸多类型。

2010 年 8 月，中国电信制定的垃圾邮件处理办法中，将垃圾邮件定义为：向未主动请求的用户发送的电子邮件广告、刊物或其他资料；没有明确的退信方法、发信人、回信地址等的邮件；利用中国电信的网络从事违反其他 ISP 的安全策略或服务条款的行为；其他预计会导致投诉的邮件。

2015 年 5 月 20 日，中国教育和科研计算机网公布了《关于制止垃圾邮件的管理规定》，其中对垃圾邮件的定义为：凡是未经用户请求强行发到用户信箱中的任何广告、宣传资料、病毒等内容的电子邮件，一般具有批量发送的特征。

中国互联网协会在《中国互联网协会反垃圾邮件规范》中是这样定义垃圾邮件的：本规范所称垃圾邮件，包括下述属性的电子邮件：收件人事先没有提出要求或者同意接收的广告、电子刊物、各种形式的宣传品等宣传性的电子邮件；收件人无法拒收的电子邮件；隐藏发件人身份、地址、标题等信息的电子邮件；含有虚假的信息源、发件人、路由等信息的电子邮件。

二、反垃圾邮件技术

垃圾邮件的发送方式总结起来无非是这几点：其一，垃圾邮件发送者利用宽带连接，建立 SMTP 服务器，大量发送垃圾邮件；其二，病毒邮件、蠕虫邮件，利用操作系统或者应用系统的漏洞，大量转发含带病毒的邮件；其三，邮件服务器的漏洞被利用来进行垃圾邮件的发送；其四，利用互联网数据中心（internet data center，IDC）提供的邮件服务，以正常用户的方式进行垃圾邮件的发送等。

尽管几乎所有的安全网关、防火墙和个人安全软件都提供了垃圾邮件过滤功能，但是垃圾邮件的数量仍然大得惊人。时至今日，反垃圾邮件技术已经成为影响甚至是改变互联网环境的重要内容。

（1）实时黑名单法。就是将发送垃圾邮件的服务器列入黑名单中拒收。所谓实时黑名单，实际上是一组可供查询的 IP 地址列表，判断一个 IP 地址是否已经被列入了黑名单，只要使用黑名单服务的软件发出一个查询到黑名单服务器。如果该地址被列入了黑名单，那么服务器会返回一个有效地址的答案。反之则得到一个否定答案。同时，由于现在世界上大多数的主流邮件服务器都支持实时黑名单服务，通常多数的提供者都是有国际信誉的组织，因此该名单是可信任的。

（2）贝叶斯算法（贝叶斯过滤器）。这是一个非常著名的算法，其理论基础是通过对大量垃圾邮件中常见关键词进行分析后得出其分布的统计模型，并由此推算目标邮件是垃圾邮件的概率。贝叶斯过滤器是用户根据自己所接受的垃圾邮件和非垃圾邮件的统计数据来创建的，这意味着垃圾邮件发送者无法猜测出过滤器是如何配置的，从而有效阻止垃圾邮件。贝叶斯过滤器能够学习分辨垃圾邮件与非垃圾邮件之间的差别，差别是用概率来表示的，并且自动应用到以后的检测中。在收到几百封信件后，一个好的贝叶斯过滤器就可以自动识别各种垃圾邮件。这是一种相对于关键字来说，更复杂和更智能化的内容过滤技术。这种方法具有一定的自适应、自学习能力，目前已经得到了广泛的应用。

（3）服务器认证法。相互认证的服务器和用户之间建立信任关系，接收邮件。当然，由于邮件服务器的数量非常巨大，因此这是一个庞大的社会工程。这是一个看起来很简单但是实施起来很麻烦的方法，世界上那么多服务器根本不可能建立一个全社会都互相关联的服务器网络，尽管有些邮件服务器已经开始建立起这样的关联，但是这只是这项"社会工程"里的一小部分。

（4）连接／发送频率监测法。正常用户发送和接收邮件的数量和频率远远低于垃圾邮件发送者，因此，可以根据垃圾邮件发送具有一定时间内邮件数量和邮件连接频率都非常大的情况，从频率和数量对垃圾发送者的连接行为进行控制。

上述方法已经成为对付垃圾邮件的主要"斗士"，为很多安全厂商用来阻击垃圾邮件。

（5）反垃圾邮件防火墙。专用的反垃圾邮件防火墙由专用服务器和固化的操作系统构成，逻辑位置部署在网关和服务器之间，拥有专项服务、设置简单、邮件保护等功能。虽然增加了网络建设的成本，但是这种设备可以保证处理效率，不会造成高速网络环境的停滞，比较适合大型公司。

（6）将专用反垃圾设备集成在网关来检测流入的邮件称为网关级反垃圾邮件设备。在网关部署的优点是在不打破网络拓扑环境的情况下，加强了原来邮件服务器的安全，而这种设备的缺点也比较明显，是由于反垃圾邮件属于内容安全，反垃圾邮件处理需要更多的处理资源，在大流量的网络环境中，一旦网络流量很大，反垃圾邮件的智能检查有可能会降低网络性能，成为高速网络中的瓶颈设备，所以网关级反垃圾邮件产品适用于网络流量不大的中小企业网络环境，用户可以不用专门购买反垃圾邮件防火墙从而降低企业成本。

（7）在服务器上加装反垃圾邮件功能模块称为服务器级反垃圾邮件产品，它的本职工作是"处理—转发"邮件，因此不会像反垃圾邮件防火墙那样具备强大的功能。

（8）桌面级的反垃圾邮件防火墙更加简单，它其实只是邮件接收端的一个功能模块，是反垃圾邮件的最后一道关卡，可以集成在 Outlook、Hotmail 里发挥过滤功能，这是纯粹的个人级产品。

随着垃圾邮件危害面逐渐扩大，现在无论是安全厂商还是政府都在进行着艰苦的反垃圾邮件斗争。

第十章　虚拟专用网络技术

随着因特网的服务焦点转移到电子商务上，对于那些基于传统信息系统的关键性商务应用及数据，公司希望通过因特网来实现方便快捷的访问。通过安全虚拟专用网络的实现，把公司的业务安全、有效地拓展到世界各地。

第一节　VPN 的安全性

虚拟专用网络（virtual private network, VPN）被定义为通过一个公用网络（通常是因特网）建立的一个临时的安全连接，是一条穿过公用网络的安全、稳定的隧道。VPN 是企业网在因特网等公共网络上的延伸，它通过安全的数据通道，帮助远程用户、公司分支机构、商业伙伴及供应商，与公司的内部网建立可信的安全连接，并保证数据的安全传输，构成一个扩展的公司企业网。VPN 可用于不断增长的移动用户的全球因特网接入，以实现安全连接，可用于实现企业网站之间安全通信的虚拟专用线路。

说得通俗一点，VPN 实际上是"线路中的线路"，类似于城市道路上的"公交专用线"，所不同的是，由 VPN 组成的"线路"并不是物理存在的，而是通过技术手段模拟出来，即是"虚拟"的。不过，这种虚拟的专用网络技术却可以在一条公用线路中为两台计算机建立一个逻辑上的专用"通道"，它具有良好的保密性和不受干扰性，使双方能进行自由而安全的点对点连接，因此被网络管理员们广泛关注着。

因特网工程任务小组（IETF）已经开始为 VPN 技术制订标准，基于这一标准的产品，将使各种应用场合下的 VPN 有充分的互操作性和可扩展性。

VPN 可以实现不同网络组件和资源之间的相互连接，利用因特网或其他公共互联网络的基础设施为用户创建隧道，并提供与专用网络一样的安全和功能保障。提高 VPN 效用的关键问题在于当用户的业务需求发生变化时，用户能很方便地调整他的 VPN 以适应变化，并且能方便地升级到将来新的 TCP/IP 技术；而那些提供门类齐全的软、硬件 VPN 产品的供应商，则能提供一些灵活的选择以满足用户的要求。目前的 VPN 产品主要运行在 IPv4 之上，但应当具备升级到 IPv6 的能力，同时要保持良好的互操作性。

IPv6：现有的互联网是在 IPv4 协议的基础上运行的。IPv6 是下一版本的互联网协议，它的提出最初是因为随着互联网的迅速发展，IPv4 定义的有限地址空间将被耗尽，地址空间的不足必将影响互联网的进一步发展，为了扩大地址空间，拟通过 IPv6 重新定义地址空间。IPv4 采用 32 位地址长度，只有大约 43 亿个地址，而 IPv6 采用 128 位地址长度，几乎可以不受限制地提供地址，除了一劳永逸地解决地址短缺问题以外，IPv6 的主要优势还体现在以下几方面：提高网络的整体吞吐量、改善服务质量（QoS）、安全性有更好的保证、支持即插即用和移动性、更好实现多播功能。

使用虚拟专用网络涉及一些传统企业内部网络中不存在的安全问题。在虚拟专用网络中，一个典型的端到端的数据通路可能包含：

（1）数台不在公司控制之下的机器（例如 ISP 的接入设备和因特网上的路由器）。

（2）介于内部网（intranet）和外部网之间的安全网关（可能是防火墙或者是路由器）。

（3）一个包含若干主机和路由器的内部网，其中一些机器可能由恶意攻击者操作，有的机器同时参与公司内部的通信以及与公司外部的通信。

（4）一个外部公共网络（因特网），上面的数据通信来源不仅限于公司网络。

在这样一个开放的复杂环境下，很容易被窃听和篡改数据报文的内容，很容易实施拒绝服务的攻击或者是修改数据报文的目的地址的攻击。

第二节　因特网的安全协议 IP Sec

实现 VPN 通常用到的安全协议主要是 SOCKS v5、IP Sec 和 PPTP/L2TP。其中，PPTP/L2TP 用于链路层，IP Sec 主要应用于网络层，SOCKSv5 应用于会话层。为了解决因特网所面临的不安全因素的威胁，实现在不信任通道上的数据安全传输，使安全功能模块能兼容 IPv4 和下一代网络协议 IPv6，IP Sec 协议将会是主要的实现 VPN 的协议。

IP Sec 是 IP 与 Security 的简写。IP Sec 结合使用多种安全技术为 IP 数据包提供保密性、完整性和真实性。IP Sec 实际上指的是多个相关的协议，它们在 RFC2401~2411 和 RFC2451 中定义，规约已经变得相当复杂。

IP Sec 的主要设计目标是良好的互操作性。如果得到正确的实现，IP Sec 对那些不支持它的主机和网络不会产生任何负面影响，IP Sec 的体系结构独立于当前的密码算法，IP Sec 对于 IPv6 是必需的，而对 IPv4 是可选的。

一、IP Sec 的体系结构

IP Sec 框架主要有两个协议：一个是用于认证的认证首部（authentication header, AH）协议和一个用于加密数据的安全封装（encapsulating security payload, ESP）协议。这些安全特征都是作为主要的 IP 报文首部之后的扩展首部来实现的。AH 和 ESP 可以使用两种模式，即传输模式和隧道模式。

（一）IP Sec 文档

IP Sec 文档被划分成七个组，这是由 IETF 成立的 IP 安全协议工作组在做了大量的工作之后划分的。

（1）体系结构：覆盖了定义 IP Sec 技术的一般性概念、安全需求、定义和机制。

（2）ESP 协议：覆盖了使用 ESP 进行分组加密（可选的认证）的格式和一般问题。

（3）AH 协议：覆盖了使用 AH 进行分组认证的格式和一般问题。

（4）加密算法：描述了怎样将不同的加密算法用于 ESP 中。

（5）认证算法：描述了怎样将不同的认证算法用于 AH 和 ESP 可选的认

证选项。

（6）解释域（DOI）：包含了其他文档需要的为了彼此间相互联系的一些值。这些值包括经过检验的加密和认证算法的标识以及操作参数，如密钥的生存期。

（7）密钥管理：描述密钥管理机制的文档，其中 IKE（因特网密钥交换协议）是默认的密钥自动交换协议。

（二）IP Sec 的服务

IP Sec 在 IP 层提供下列安全服务：

（1）访问控制。

（2）无连接的完整性（对 IP 数据包自身的一种检测方法）。

（3）数据源的认证。

（4）拒绝重发的数据包（部分序列号完整性的一种形式）。

（5）有限的通信流保密性。

二、安全关联

安全关联（security association, SA）是在发送者和接收者之间为进出通信量提供安全服务的一种单向的关系，它是 IP Sec 中的一个基本的概念。每一对使用 IP Sec 的主机必须在它们之间建立一个 SA。SA 数据库定义了与每一个 SA 相关联的参数。例如，通信使用何种保护类型（是 AH 还是 ESP）、使用的加密算法、密钥、协议方式（隧道或传输）以及该 SA 的有效期等。SA 在发送者和接收者之间建立一种单向的关系。如果需要进行双向通信，则需要第二个 SA。

AH 协议和 ESP 协议可以单独使用，也可以组合使用，因为每一种协议都有两种使用模式，这样组合使用就有多种可能的组合方式。但是在这么多可能的组合中只有几个有实际意义的应用。用 SA 束来实现 IP Sec 的组合，定义了两种组合 SA 的方式：传输邻接和循环隧道。

三、传输模式与隧道模式

IP Sec 有两种使用模式：传输模式（transportmode）和隧道模式（tunnelmode）。

在传输模式中，IP Sec 头被直接插在 IP 头的后面。IP 头中的 Protocol 域也被做了修改，以表明有一个 IP Sec 头紧跟在普通 IP 头的后面（但是在 TCP 头的前面）。IP Sec 头包含了安全信息，主要有 SA 标识符、一个新的序列号，可能还包括净荷数据的完整性检查信息。

在隧道模式中，整个 IP 分组，连同头部和所有的数据一起被封装到一个新的 IP 分组中，并且这个新的 IP 分组有一个全新的 IP 头。当隧道的终点并不是最终的目标结点时，隧道模式将非常有用。在有些情况下，隧道的终点是一台安全网关机器，如公司的一个防火墙。在这种模式中，当分组通过防火墙的时候，防火墙负责封装分组，或者解除封装。由于隧道终止于这台安全的机器上，所以公司 LAN 上的机器不必知晓 IP Sec 的存在。只有防火墙必须要知道 IP Sec。

四、AH 协议

AH 协议为 IP 数据包提供了数据完整性服务和认证服务，并使用一个带密钥的哈希函数以实现认证服务。

(一) AH 协议的原理

AH 协议可以保证 IP 分组的可靠性和数据的完整性。它的原理是发送方将 IP 分组头、上层数据、共享密钥这三部分通过 MD5（或 SHA-1）算法进行计算，得出 AH 首部的认证数据，并将 AH 首部加入 IP 分组中。当数据传输到接收方时，接收方将收到的 IP 分组头、数据部分和公共密钥用相同的 MD5（或 SHA-1）算法运算，并把得到的结果和收到的数据分组的 AH 首部进行比较和认证。

但是，AH 头并不提供对数据的保密性保护，因此当数据通过网络时，如果攻击者使用协议分析器照样能窃取敏感数据。

(二) 传输与隧道模式

AH 协议服务可以使用两种模式：传输模式和隧道模式。

在传输模式中，AH 协议仅仅应用从主机到主机的连接中，并且除了对选定的 IP 头域之外还对上层协议提供保护。该模式通过传输安全关联（SA）来提供。

AH 既可以用于主机，也可以用于安全网关。

当在一个安全网关中实现 AH 以保护传输的通信时，必须使用隧道模式。

"隧道"技术是 VPN 的核心，它允许 VPN 的数据流被路由通过 IP 网络，而不管生成数据流的是何种类型的网络或设备。隧道内的数据流可以是 IP、IPX、AppleTalk 或其他类型的数据包。

五、ESP 协议

ESP 协议为通过不可信网络传输的 IP 数据提供保密性服务。另外，ESP 协议还可以提供认证服务。根据所使用的加密类型和方式的不同，ESP 的格式也会有所不同。在任何情况下，与加密关联的密钥都是使用 SPI（安全参数索引）来选择的。

（一）ESP 协议的加密算法

ESP 协议兼容多种密码算法。系统必须有使用密码分组链接（Cipher Block Chaining, CBC）模式 DES 算法：对于要求认证的兼容系统则必须含有 NULL 算法。同时，也定义了 ESP 服务使用的其他加密算法：三重 DES，RC5, IDEA, CAST, BLOWFISH, 3IDEA。

（二）传输与隧道模式

与 AH 相同，ESP 也可以用于传输模式和隧道模式。这些模式的工作方式与它们在 AH 中的工作方式类似。但是有一个例外：对 ESP，在每一个数据之后将附加一个尾部（trailer）的数据。

ESP 传输模式只用于实现主机之间的加密（和可选的认证）服务，为上层协议提供保护而不是 IP 头本身。

ESP 隧道模式既可以用于主机，也可以用于安全网关。当在一个安全网关中实现 ESP 时（用于保护用户传输通信流），必须使用隧道模式。内部网络上的主机使用因特网是为了传输数据，而不是同其他基于因特网的主机进行交互。在每个内部网络上的安全网关用于终止隧道。

六、安全管理

IP Sec 包含两个指定的数据库：安全策略数据库（security policy database, SPD）和安全关联数据库（security association database, SAD）。SPD 指定了决定所有输入或者输出的 IP 通信部署的策略；SAD 包含有与当前活动的安全关联相关的参数。

七、密钥管理

当使用 IP Sec 时，与其他安全协议一样，必须提供密钥管理功能。例如，应提供一种方法，用于与其他人协商协议、加密算法以及在数据交换中使用的密钥。此外，IP Sec 需要知道实体之间的所有的这样的协定。IETF 的 IP Sec 工作组已经指定所有兼容的系统必须同时支持手工和自动的 SA 和密钥管理。

第三节　VPN 应用

IP Sec 提供了在局域网、专用和公用的广域网（WAN）和因特网上安全通信的能力。

一、通过因特网实现远程用户访问

一个系统中配备了 IP 安全协议的最终用户，可以通过调用本地的因特网服务提供商（ISP）来获得对一个公司网络的安全访问，这为在外出差的雇员和远程的工作者减少了长途通信费用。

虚拟专用网络支持以安全的方式通过公共互连网络远程访问企业资源。与使用专线拨打长途或电话连接企业的网络接入服务器（NAS）不同，虚拟专用网络用户首先拨通本地 ISP 的 NAS，然后 VPN 软件利用与本地 ISP 建立的连接，在拨号用户和企业 VPN 服务器之间，创建一个跨越因特网或其他公共互联网络的虚拟专用网络。

客户通过拨号到 ISP 来连接到因特网，然后和内部网边界上的安全网关建立一个经认证的、加密的安全通道。通过在远程和安全网关之间实行 IPSec 方式的认证，内部网可以免受那些不必要的或恶意的 IP 包攻击。通过将远程主机与安全网关之间的数据流进行加密，可以防止窃听。

二、通过因特网实现网络互连

一个公司可以在因特网或者公用的广域网上建立安全的虚拟私有网络。这可以使企业主要依赖因特网而减少它构造专用网络的需求，节省了费用和网络管理有负担。

通过因特网实现两个相互信任的内部网络安全连接，在这种情况下，即要防范外部对内部网络的攻击，又要保护在因特网上传输数据的安全。例如，一个公司的两个分公司之间通过因特网建立分支机构的 VPN，需要满足公司对通信、安全和成本的需求。

可以用以下两种方式使用 VPN 来连接远程局域网络。

(一) 使用专线连接分支机构和企业局域网

不需要使用价格昂贵的长距离专用电路，分支机构和企业端路由器可以使用各自本地的专用线路通过本地的 ISP 连通因特网。VPN 软件使用与本地 ISP 建立的连接和因特网，在分支机构和企业端路由器之间创建一个虚拟专用网络。

(二) 使用拨号线路连接分支机构和企业局域网

不同于传统的使用连接分支机构路由器的专线拨打长途或电话连接企业 NAS (网络接入服务器) 的方式，分支机构端的路由器可以通过拨号方式连接本地 ISP。VPN 软件使用与本地 ISP 建立起的连接，在分支机构和企业端路由器之间创建一个跨越因特网的虚拟专用网络。

在以上两种方式中，都是通过使用本地设备在分支机构和企业部门与因特网之间建立连接。无论是在客户端还是服务器端都是通过拨打本地接入电话建立连接，因此 VPN 可以大大节省连接的费用。建议作为 VPN 服务器的企业端路由器使用专线连接本地 ISP。VPN 服务器必须一天 24 小时对 VPN 数据流进行监听。

三、连接企业内部网络计算机

IP Sec 可以用于与其他组织之间的安全通信保证认证和机密性，并提供密钥交换机制。在企业的内部网络中，考虑到一些部门可能存储有重要数据，为确保数据的安全性，传统的方式只能是把这些部门同整个企业网络断开，形成孤立的小网络。这样做虽然保护了部门的重要信息，但是由于物理上的中断，使其他部门的用户无法连接，造成通信上的困难。

采用 VPN 方案，通过使用一台 VPN 服务器既能够实现与整个企业网络的连接，又可以保证保密数据的安全性。路由器虽然也能够实现网络之间的互联，但是并不能对流向敏感网络的数据进行限制。使用 VPN 服务器，企业网络管理人员可通过指定只有符合特定身份要求的用户才能连接 VPN 服务器获得访问敏感信息的权利。此外，可以对所有 VPN 数据进行加密，从而确保数据的安全性。没有访问权利的用户无法看到部门的局域网络。

参考文献

[1] 李小恺 . 云计算环境下计算机侦查取证问题研究 [D]. 北京：中国政法大学，2011.

[2] 虞尚智，丁锐 . 云计算环境下的计算机网络安全技术 [J]. 电脑知识与技术，2016(35)：59-60.

[3] 萧益民 . 云计算技术在计算机网络安全存储中的应用 [J]. 科技展望，2016(29)：15.

[4] 周海波 . 云计算技术在计算机安全存储中的应用 [J]. 网络安全技术与应用，2016(10)：78-79.

[5] 阮英勇 . 计算机网络安全存储系统设计及应用——云计算技术下 [J]. 现代商贸工业，2016(10)：186-187.

[6] 赵立新 . 计算机网络云计算技术 [J]. 信息与电脑 (理论版)，2016(05)：160-161.

[7] 黄为 . "云计算" 技术对中职计算机基础教学体系的应用性拓展分析 [J]. 教育现代化，2016(01)：134-135.

[8] 慈健，黄强 . 计算机网络云计算技术研究 [J]. 科技创新与应用，2015(32)：88.

[9] 窦青嵩 . 关于对计算机 "云计算" 技术现状及发展的几点探讨 [J]. 电子技术与软件工程，2015(16)：193.

[10] 郭雪雪 . 云环境下基于 ECC 的数字认证技术研究 [D]. 济南：山东师范大学，2015.

[11] 王启东 . 计算机网络的云计算技术 [J]. 网络安全技术与应用，2015(05)：120-122.

[12]　李从明 . 云计算技术在高校计算机实验室中的应用 [J]. 太原城市职业技术学院学报，2015(04)：175-177.

[13]　王耀斌 . 基于云计算技术的公安计算机信息系统整合探讨 [J]. 数字技术与应用，2015(04)：48-50.

[14]　马文宁 . 云计算技术在大学生计算机应用大赛中的应用 [J]. 计算机光盘软件与应用，2014(15)：24-25.

[15]　董燕 . 云计算环境下公共图书馆信息资源共享模式与运行机制研究 [D]. 济南：山东大学，2014.

[16]　赵智超，吴铁峰.《编译原理》课程在线考试系统设计 [J].数字技术与应用，2012(05)：147.

[17]　赵智超，吴铁峰.基于 J2EE 的网上体育用品店的设计 [J].数字技术与应用，2012(06)：173.

[18]　赵智超，吴铁峰.浅析计算机技术在环境监测中的应用 [J].中国新通信，2017(04)：113.

[19]　赵智超，吴铁峰.计算机应用技术对企业信息化的影响探讨 [J].中国新通信，2017(05)：73.

[20]　赵智超，吴铁峰.防火墙技术在计算机网络安全中的应用研究 [J].经营管理者，2017(09)：254.

[21]　赵智超，吴铁峰.浅析企业管理中计算机技术的应用 [J].中国新通信，2017(06)：92.